应用型高校食品科学与工程专业建设研究

◎吴广辉 著

YINGYONGXING GAOXIAO SHIPINKEXUE YU GONGCHENG ZHUANYE JIANSHE YANJIU

中央民族大学出版社
China Minzu University Press

图书在版编目（CIP）数据

应用型高校食品科学与工程专业建设研究 / 吴广辉著. --北京：中央民族大学出版社，2024.7. --ISBN 978-7-5660-2157-1

Ⅰ. TS201

中国国家版本馆 CIP 数据核字第 2024WW7694 号

应用型高校食品科学与工程专业建设研究

著　　者　吴广辉
策划编辑　舒　松
责任编辑　舒　松
封面设计　布拉格
出版发行　中央民族大学出版社
　　　　　北京市海淀区中关村南大街27号　邮编：100081
　　　　　电话：(010) 68472815（发行部）　传真：(010) 68932751（发行部）
　　　　　　　　(010) 68932218（总编室）　　　　(010) 68932447（办公室）
经 销 者　全国各地新华书店
印 刷 厂　北京鑫宇图源印刷科技有限公司
开　　本　787×1092　1/16　印张：21.75
字　　数　340千字
版　　次　2024年7月第1版　2024年7月第1次印刷
书　　号　ISBN 978-7-5660-2157-1
定　　价　86.00元

本书以应用型高校食品科学与工程专业为研究对象，深入探讨了应用型高校在食品科学与工程专业建设方面的理论与实践。全书以当前食品行业发展的需求为导向，系统分析了应用型高校食品科学与工程专业的人才培养方案、师资队伍、教学研究、金课、教学模式、实验室、教学成果奖、专业评估等方面的关键问题。该书不仅详细阐述了专业建设的核心要素与策略，还结合了大量实际案例，展示了应用型高校在食品科学与工程专业建设中的创新做法与成功经验。

本书对于应用型高校食品科学与工程专业的教育工作者、研究人员以及行业从业者来说，具有重要的参考价值。它有助于推动应用型高校在食品科学与工程专业建设方面的不断创新与发展，为培养更多高素质应用型的食品科学与工程人才提供有力支持。

随着社会的不断发展和科技进步的日新月异，食品行业作为国民经济的重要组成部分，正面临着前所未有的发展机遇与挑战。应用型高校食品科学与工程专业建设的水平直接关系到食品行业的创新发展和国家的食品安全。对应用型高校食品科学与工程专业建设的深入研究，不仅具有重要的理论价值，更有着广泛的实践意义。

本书以应用型高校食品科学与工程专业为研究对象，通过深入的理论探讨和丰富的案例分析，旨在系统揭示应用型高校在食品科学与工程专业建设方面的成功经验和做法，为相关专业的发展提供有益的借鉴和参考。本书撰写过程中，坚持以当前食品行业发展的需求为导向，紧密结合应用型高校的实际情况，全面分析了食品科学与工程专业建设中的关键问题。不仅对人才培养方案、师资队伍、教学研究等核心要素进行了深入探讨，还对金课建设、教学模式创新、实验室建设、教学成果奖申报以及专业评估等关键环节进行了详细阐述。本书在撰写过程中注重理论与实践的相结合。不仅阐述了专业建设的理论框架和策略思路，还结合了大量实际案例。读者可以更加直观地了解应用型高校在食品科学与工程专业建设中的实际情况。

应用型高校食品科学与工程专业建设是一个动态发展的过程。随着技术的不断进步和行业的不断发展，新的理念、新的方法和新的手段将不断涌现。本书虽然力求全面和系统，但仍难免存在一些不足之处。衷心希望广大读者能够在阅读过程中提出宝贵的意见和建议，共同推动应用型高校食品科学与工程专业建设的不断发展。

本书的出版得到了茅台学院、中央民族大学出版社及众多专家学者的支持和帮助。感谢茅台学院、中央民族大学出版社及各位专家学者的指导和建议。也感谢提供无私帮助和支持的茅台学院同事。

吴广辉

2024 年 5 月

目录

第一章　人才培养方案建设研究

人才培养方案是应用型高校人才培养工作的总体设计和实施方案，是落实学校办学思想、实现人才培养目标、提高教学质量的重要保证，是安排教学内容、组织教学过程、确定教学编制的纲领性文件。食品科学与工程专业人才培养方案制（修）订要深入贯彻党和国家的教育方针，全面落实立德树人根本任务；遵守《高等教育法》《普通高等学校本科专业类教学质量国家标准》和国家有关规定；遵循高等教育教学基本规律和人才成长规律。依据社会发展对食品科学与工程人才规格的需求，立足为地方经济建设和社会发展服务，结合学校办学理念、办学定位、办学特色和人才培养目标，确定食品科学与工程专业人才培养的特色、目标和要求。以学生为中心、以产出为导向，坚持专业质量标准，将专业教育、通识教育、创新创业教育、个性化教育等有机融合，在促进学生知识、能力、素质的协调发展基础上，强化学生自主学习、实践应用和创新创业三大能力的培养。

第一节　人才培养方案的初次制定

一、调研与分析

（一）行业现状与发展趋势调研

当前，食品行业正面临变革与挑战。消费者需求提升与科技进步推动食品科学与工程领域发展多元化、精细化。全球食品市场规模扩大，功能性食品、有机食品等细分市场增长迅猛。智能化、数字化技术的广泛应用提升了行业水平。

应用型本科高校食品科学与工程人才培养需结合行业现状与发展趋势。需深入分析市场需求、技术革新及竞争格局，确保培养目标与行业需求对接；关注前沿技术，引入最新科研成果和技术应用，提升学生专业素养和实践能力。

牧原食品股份有限公司，近年来引入智能化生产线和大数据分析技术提升生产效率和产品质量，市场占有率在快速提升，2023 年生猪屠宰量 1300 多万头，居中国第一。此案例为人才培养提供启示，把先进技术融入教学，培养学生的创新意识和实践能力。

随着消费者对食品安全关注度的提高，食品质量与安全管理成为企业发展的重要方向。人才培养应加强食品安全法律法规、质量控制体系教育，培养食品安全意识和责任意识。注重跨学科交叉融合课程构建，拓宽学生知识视野和综合素质。

应用型本科高校食品科学与工程人才培养需紧密结合行业现状与发展趋势制定人才培养方案。深入分析市场需求、技术革新等因素，制定科学合理的目标和课程体系；引入先进技术、加强跨学科交叉融合教育、培养创新意识和实践能力，培养高素质应用型人才。

（二）企业对食品专业人才需求的分析

随着食品行业的快速发展和市场竞争的加剧，企业对于具备专业技能和创新能力的食品专业人才的需求日益迫切。据相关数据显示，近年来食品行业对于人才的需求量呈现出稳步增长的趋势，尤其是对于那些既具备扎实的专业知识，又能够灵活应对市场变化的人才更是求贤若渴。

食品企业在招聘食品专业人才时，不仅要求应聘者具备食品科学相关基础知识，还强调其应具备食品研发、质量控制等方面的实践能力。企业还希望应聘者能够具备创新思维和市场洞察力，以便在产品研发和市场推广中能够提出独到的见解和方案。

为了更好地满足企业对食品专业人才的需求，在人才培养方案的制定过程中，应充分考虑到企业的实际需求和市场的发展趋势。加强与企业的

交流合作，了解企业的最新行业动态和需求，以便及时调整和优化人才培养方案。

在食品科学与工程专业人才的培养过程中，应始终坚持以学生为中心，以市场需求为导向，不断优化和完善人才培养方案，为食品行业的可持续发展提供有力的人才保障。

（三）人才培养目标与行业需求对接研究

据统计，随着消费者对食品安全和营养健康的关注度不断提升，食品行业对专业人才的需求也日益旺盛。因此，人才培养目标必须紧密围绕行业需求进行设定，确保毕业生具备适应行业发展的核心能力和素质。

双汇集团、顶津食品、牧原食品等公司招聘更看重应聘者的实践经验和创新能力。在人才培养过程中，除了注重理论知识的传授，还应加强实践环节的设计，提高学生的实践动手能力和分析问题、解决问题的能力。鼓励学生参与创新创业活动和科研项目，培养学生的创新意识和实践能力。

为了实现人才培养目标与行业需求的精准对接，可以采用 SWOT 分析模型对人才培养方案进行全面评估。通过分析行业发展趋势、市场需求以及高校自身的优势和劣势，明确人才培养方案的改进方向。比如针对行业对食品安全和质量控制的高要求，加强食品安全和质量控制相关课程的设置，并引入先进的实验设备和教学方法，以提高学生的实践能力和专业素养。

要积极借鉴国内外食品科学与工程教育的先进经验，制定人才培养方案。引入国际先进的工程教育理念，注重培养学生的工程实践能力和跨学科综合素质。同时，加强与企业的合作与交流，共同开展人才培养和科学研究工作，实现产学研的深度融合。

人才培养目标与行业需求的对接研究是制定和优化人才培养方案的关键环节。通过深入调研、案例分析以及借鉴先进经验，可以确保人才培养目标与行业需求紧密对接，为食品行业培养出更多高素质、高能力的应用型专业人才。

（四）人才培养目标设定的科学性与前瞻性探讨

在应用型本科高校食品科学与工程专业的人才培养方案制定中，人才培养目标的设定至关重要。其科学性与前瞻性不仅关乎学生未来的职业发展，更影响着整个食品行业的创新与发展。科学性的体现，在于人才培养目标紧密贴合行业需求，通过深入调研与分析，确保目标设定与行业发展趋势相吻合。前瞻性则体现在对未来食品行业技术革新和市场变化的预见，通过引入前沿技术和跨学科知识，培养具备创新能力和适应未来挑战的食品专业人才。

茅台学院在制定食品科学与工程专业人才培养目标时，充分借鉴了国内外先进的教育理念和行业经验。通过对比分析国内外食品科学与工程专业教育的差异，结合我国食品行业的实际发展情况，设定了既符合国情又具有前瞻性的人才培养目标。同时，还注重与行业企业的紧密合作，通过产学研结合的方式，不断调整和优化人才培养目标，确保其始终与行业发展保持同步。

在制定人才培养目标时，应充分考虑学生的个体差异和兴趣特长，通过多样化的课程设置和教学方法，满足不同学生的成长需求。另外，还应注重培养学生的跨学科素养和创新能力，以适应未来食品行业的多元化发展。

人才培养目标的科学性与前瞻性对于应用型本科高校食品科学与工程专业的发展具有重要意义。通过深入调研、对比分析、产学研结合等方式，可以制定出既符合国情又具有前瞻性的人才培养目标，为培养高素质的食品专业人才提供有力保障。

二、课程设置与教学内容

（一）核心课程与选修课程的设置

在应用型本科高校食品科学与工程专业的人才培养方案中，核心课程与选修课程的平衡设置至关重要。核心课程旨在构建学生扎实的专业基

础，包括食品工艺学、食品工程原理、食品分析等，这些课程占据了学生大部分的学习时间，确保了学生在专业领域内的深度和广度。而选修课程则为学生提供了更广阔的知识视野和实践机会，如功能性食品、食品高新技术、食品包装学等，这些课程能够帮助学生根据自己的兴趣和职业规划进行个性化选择。

根据行业发展趋势和市场需求，不断调整和优化选修课程的内容，确保学生能够接触到最新的技术和知识。鼓励学生根据自己的兴趣和职业规划进行个性化选择。不仅有助于培养学生的专业素养，还能够提高学生的未来就业竞争力。

核心课程与选修课程的平衡设置是应用型本科高校食品科学与工程专业人才培养方案中的重要一环。通过合理的比例分配和个性化的选择机制，能够培养出既具备扎实专业知识又具备广泛视野和创新能力的优秀人才。

（二）理论与实践相结合的教学内容设计

在应用型本科高校食品科学与工程专业的人才培养方案中，理论与实践相结合的教学内容设计显得尤为重要。将最新的食品科技研究成果和前沿技术融入课堂，通过案例分析、实验操作和模拟演练等多种方式，使学生能够在实践中深化对理论知识的理解。例如，在食品安全课程中，引入大量的实际案例，让学生分析食品中可能存在的安全隐患，并提出相应的预防措施。在食品工艺实验课程中让学生在实验室亲手操作，掌握食品加工的基本技能。这种理论与实践相结合的教学方式，不仅提高学生的学习兴趣和积极性，也使他们能够更好地适应未来的职业需求。

（三）课程内容与行业前沿技术的融合

课程内容与行业前沿技术的融合策略在应用型本科高校食品科学与工程专业人才培养中至关重要。近年来，人工智能在食品生产、质量控制等领域取得显著进展。在课程内容中引入人工智能知识和技术，如机器学习、深度学习等，有助于学生掌握前沿技术在食品行业中的应用。通过案例分析和实践操作，学生能亲身体验其实际应用，加深理解。生物技术也是食品科学与工程领域的重要技术。引入基因工程、酶工程等生物技术知识，可帮助学生了解生物转化机制，掌握改善食品品质、提高生产效率的方法。结合实验和实践，培养学生的实际操作和解决问题能力。

通过引入前沿技术知识，结合实践操作和案例分析，可帮助学生更好地理解和掌握课程内容，提高创新和实践能力，为未来职业发展奠定坚实基础。

（四）交叉融合课程的构建与实施

在构建与交叉融合课程方面，应用型本科高校食品科学与工程专业需要积极探索与实践。茅台学院食品科学与工程专业引入了酿酒工程与食品工程交叉融合课程“白酒工艺学”。该课程实施后，学生的综合素质和实践能力得到了显著提升，就业率与创业率均有所增长。

交叉融合课程的构建与实施对于提升食品科学与工程专业的教学质量具有重要意义。可以培养学生的创新思维和综合能力，使其更好地适应行业发展的需求，为食品科学与工程领域的发展注入新的活力。

在实施交叉融合课程时，还需要注意课程评价与反馈机制的完善。通过收集学生对课程的反馈意见，及时调整课程内容与教学方法，确保交叉融合课程的有效实施。同时，建立科学的评价体系，对交叉融合课程的教学质量进行定期评估，以持续改进和提升教学质量。

交叉融合课程的构建与实施是应用型本科高校食品科学与工程专业人才培养方案中的重要环节。提高学生的综合素质和实践能力，为食品科学与工程领域的发展提供有力的人才支撑。

三、实践环节设计

（一）指导思想与原则

在实践环节设计方面，坚持以行业需求为导向，以提升学生实践能力为核心。通过调研，了解到当前行业对食品专业人才的需求主要集中在技术创新、质量控制和食品安全等方面。因此，注重将理论知识与实际应用

相结合，通过多种形式让学生在实践中深化理解，提升学生解决问题的能力。另外遵循产学研结合的原则，与企业合作建立实践基地，提供更多实践机会；还要注重实践环节的层次性和连贯性，按照由浅入深、循序渐进的原则，逐步提升学生的实践能力。从基础实验到企业生产实习和毕业设计（论文），每个阶段都有明确目标，确保学生逐步积累实践经验，形成完整的实践体系。

实践环节设计的指导思想与原则是人才培养方案的重要部分。旨在培养具备扎实理论基础和较强实践能力的食品科学与工程专业人才，为食品行业提供人才支撑和智力保障。

（二）实验课程与实习

在实验课程与实习活动规划与安排方面，注重理实结合，旨在提升学生实践与创新能力。实验课程设计涵盖食品加工、安全、分析等领域，紧密结合行业前沿技术。实验课程分基础、综合、创新层次，逐步提升实验技能和解决问题能力。实习活动方面，与食品企业合作建立实习基地，学生可参与生产、研发、管理，深入了解行业运作机制。鼓励学生参与科研项目，培养科研素养和创新精神。

建立质量监控与评估机制，定期评估实验课程和实习活动，收集反馈，针对性改进。与行业专家交流合作，提供广阔视野和丰富实践经验。通过精心规划，构建理论与实践结合、学校企业协同育人的教学模式，培养学生实践与创新能力，以适应食品行业发展需求。

（三）产学研结合模式下的实践环节设计

在产学研结合模式下的实践环节设计中，注重将学术研究与产业需求紧密结合，以提升学生的实践能力和创新能力。通过与食品行业企业的深度合作，为学生提供丰富的实践机会。与食品企业合作共同建立实践教育基地，学生可以参与食品生产线的实际操作，了解食品加工的工艺流程和质量控制要求。此外，与企业合作开展科研项目，引导学生参与实际问题的研究和解决，培养他们的科研素养和创新能力。引入行业专家和企业家作为兼职教师，为学生提供更贴近行业实际的指导和建议。专家不仅带来丰富的行业经验，还可以为学生提供宝贵的职业规划和就业指导。

注重实践环节的评估和反馈机制建设。通过定期收集学生的实践报告和反馈意见，不断优化实践环节的设计和实施方式。与行业企业保持密切沟通，了解他们对人才的需求和期望，以便更好地调整人才培养方案。

产学研结合模式下的实践环节设计是应用型本科高校食品科学与工程专业人才培养方案中不可或缺的一部分。通过与企业深度合作、引入行业专家和建立评估反馈机制等措施，可以有效提升学生的实践能力和创新能力，为食品行业的发展培养更多高素质的应用型人才。

四、师资配备与教学资源

（一）师资队伍

师资队伍应具备合理的规模和结构，以满足专业教学的需要。这包括确保专任教师数量和结构满足专业教学需求，并且生师比不高于 18∶1。对于新开办的专业，至少应有 10 名专任全职教师作为基础，随着学生人数的增加，在 120 名学生的基础上，每增加 20 名学生，须增加 1 名教师。

师资队伍应具备较高的学术水平和专业能力。教师队伍中应有学术造诣较高的学科或专业带头人，以引领专业发展和学术研究。专任教师中具有硕士、博士学位的比例不低于 60%，且所有专任全职教师必须取得教师资格证书。在编的主讲教师中，90%应具有讲师及以上专业技术职务或具有硕士、博士学位，并通过岗前培训。此外，60%专任教师应有食品科学与工程及相关专业的学习经历，以增强其专业背景和教学能力。

师资队伍应具备丰富的工程实践经验。从事工程教学（含实验教学）工作的教师，80%应有不少于 3 个月的工程实践经历，包括指导实习、与企业合作项目、企业工作等。这有助于教师将理论知识与实际应用相结合，提高教学质量。

师资队伍应保持相对稳定和持续发展。应用型高校应重视师资队伍的建设和培养，为教师提供持续的学习和发展机会，鼓励教师参与学术研究、学术交流以及行业合作，以提升其专业水平和综合素质。

（二）教学资源

在教学资源配置方面，实现资源共享与高效利用对提升教学质量至关重要。构建教学资源共享平台，实现课程资源的数字化与在线化，提升资源利用率和学生学习效果。同时，推行实验室和设备共享使用制度，加强与周边企业和行业合作，为学生提供更多实践机会，提升教学质量。

为实现资源共享与高效利用，需注重资源整合和优化。全面梳理和评估现有教学资源，科学配置和布局，加强维护和更新，保障资源可持续利用。同时，创新教学方法和手段，结合新型教学模式与教学资源，实现资源共享与高效利用的最大化。

教学资源优化配置是实现资源共享与高效利用的关键。通过整合和优化资源、创新教学方法等手段，能有效提升教学质量和效益，推动学校与社会的深度融合。

（三）教学设施

在应用型本科高校食品科学与工程专业的人才培养方案中，先进教学设施的引入对于提升教学条件与效果具有至关重要的作用。近年来，我校高度重视教学设施的现代化建设，投入大量资金引进一系列先进的食品科学与工程教学设备，如高精度分析仪器、生产线等，为实践教学提供坚实的技术支撑。

这些先进设备的引入，不仅极大地丰富教学内容，拓宽学生的知识视野，更显著提升学生的实践操作能力和解决实际问题的能力。先进教学设施的引入也推动教学方法的创新与发展。教师可以充分利用这些设施设计更具挑战性和实践性的实验项目，引导学生开展探究式学习，培养他们的创新精神和团队协作能力。同时，通过收集和分析学生在使用先进设备过程中的数据，教师可以更准确地评估学生的学习效果，为教学改进提供有力依据。

（四）校企合作与教师培训

在校企合作方面，与食品行业内的领军企业建立深度合作关系，通过共建实验室、联合研发项目等形式，为教师提供实践锻炼的机会。

在教师培训方面，注重教师的专业成长和职业发展。定期举办各类培训班和研讨会，邀请行业内的专家学者和资深从业者来校授课，分享他们的实践经验和行业洞察。还鼓励教师参加国内外高水平的学术会议和研讨会，拓宽他们的学术视野和知识面。

五、校内外专家论证

（一）校内外专家论证的目的与意义

校内外专家论证的目的与意义在于确保食品科学与工程专业人才培养方案的科学性、实用性和前瞻性。通过邀请校内外专家进行深度论证，可以充分借鉴他们的丰富经验和专业知识，对现有的培养方案进行全面的审视和评估。根据国内外食品行业的发展趋势和市场需求，专家们可以提出针对性的建议，帮助优化课程设置，提升教学质量。校外专家还可以从行业角度出发，提供宝贵的实践经验和行业资源，更好地培养学生的实践能力和创新精神。通过校内外专家的论证，可以不断完善和优化食品科学与工程专业的人才培养方案，为培养更多高素质的食品科学与工程人才奠定坚实的基础。

（二）专家论证

1. 课程设置的合理性与前瞻性

课程设置的合理性与前瞻性对于食品科学与工程专业的人才培养至关重要。在当前国内外食品行业快速发展的背景下，课程设置必须紧跟时代步伐，确保学生掌握的知识和技能能够满足行业的需求。深入分析国内外食品科学与工程专业的课程设置，结合行业发展趋势和市场需求，对课程进行优化和调整。

2. 校内专家对课程与教学的建议

课程设置应更加注重实践性与前瞻性。实验课程的比重，通过实际操作来提升学生的实践能力和问题解决能力。引入前沿科技，如人工智能、大数据等，开设相关课程，以培养学生的创新能力和适应未来食品工业发展的能力。

针对校内专家的建议，可以借鉴一些成功案例来优化食品科学与工程专业的课程与教学。增加食品类实验课程，让学生在实践中掌握实践操作基本技能，提高学生的实践能力和就业竞争力。与企业合作开展“产学研”项目，邀请企业专家参与课程设计和授课，使学生更好地了解行业前沿技术和市场需求。校内专家的建议，可以不断优化食品科学与工程专业的课程与教学，培养出更多符合市场需求的高素质人才。

3. 校外专家对人才培养方案的建议

当前食品行业正面临着快速变革和持续创新的需求，因此，人才培养应更加注重实践能力和创新思维的培养。在课程设置上，应增加与食品行业前沿技术、市场趋势和消费者需求紧密相关的课程，以提升学生的专业素养和竞争力。专家强调实践教学的重要性，建议加强实验室建设，增加实验课程和实践教学环节的比重，让学生在实践中掌握理论知识，提升解决问题的能力。

学校能够与企业建立更紧密的合作关系，共同开展人才培养工作。可以邀请企业专家来校授课或开设讲座，分享行业经验和最新技术；同时，也可以组织学生到企业实习，参与实际项目的研发和生产，从而更好地了解行业需求和职业发展方向。

（三）人才培养方案的优化与调整

1. 根据校内外专家论证结果调整课程设置

根据校内外专家的深度论证结果，对食品科学与工程专业的课程设置进行全面而细致地调整。针对国内外食品科学与工程专业的发展现状，增加前沿课程，以提升学生的专业素养和竞争力。加强与食品产业界的联系，引入实践课程，以培养学生的实践能力和创新精神。

在校内专家的指导下，优化课程结构，注重课程之间的衔接与互补。在调整课程设置的过程中，充分借鉴国内外知名高校的成功经验。同时，结合国内食品产业的实际情况，设置具有针对性的课程，以培养学生的实际应用能力。

2. 加强实践教学与创新能力培养

在食品科学与工程专业的人才培养方案中，加强实践教学与创新能力培养显得尤为重要。实践教学是提高学生实际操作能力和问题解决能力的关键环节。通过引入先进的实验设备和模拟生产线，学生可以在实践中深入了解食品生产的全过程，掌握食品加工、质量控制和食品安全等方面的实际操作技能。

创新能力培养也是现代高等教育的重要目标之一。培养学生的创新思维和实践能力，可以引入创新实验、创新竞赛等活动，鼓励学生自主设计实验方案、解决实际问题。还可以邀请行业内的专家和学者来校举办讲座和研讨会，为学生提供更广阔的视野和更深入地思考。通过这些措施，学生的创新能力将得到显著提升，为学生未来的职业发展奠定基础。

3. 完善评价与反馈机制，持续改进人才培养方案

为了确保食品科学与工程专业的人才培养方案能够与时俱进，适应不断变化的市场需求和技术发展，进一步完善评价与反馈机制，持续改进人才培养方案。

首先，建立科学有效的评价体系，对学生的学习成果进行全面、客观地评估。除了传统的考试和作业评价外，引入实践项目、课程设计等多元化的评价方式，以更好地反映学生的综合素质和能力。邀请企业参与评价过程，根据行业标准和实际需求，对学生的学习成果进行客观评价。

其次，建立健全的反馈机制，及时收集和分析学生、教师以及企业等各方面的反馈意见。通过定期召开座谈会、问卷调查、实地考察等方式，收集各方对人才培养方案的意见和建议。针对收集到的反馈意见，进行深入分析和研究，找出问题所在，提出改进措施，不断完善和优化人才培养方案。

最后，加强与其他高校和行业的交流与合作，借鉴他们的成功经验和做法，不断完善和提升人才培养方案。通过参加学术会议、研讨会等活动，了解国内外食品科学与工程专业的最新发展动态和趋势，为人才培养工作提供有益的参考和借鉴。

第二节　人才培养方案的后期修订

一、修订背景与必要性

（一）食品行业技术革新对人才培养的新要求

随着食品行业技术的持续革新，对人才培养的要求也随之发生深刻变革。当前，食品行业正经历着智能化、绿色化、个性化等多重变革的洗礼，这些变革不仅深刻改变食品的生产流程和消费模式，而且对食品科学与工程领域的人才在知识结构、技能掌握和创新能力等方面提出更为严苛的标准。

随着大数据、人工智能等先进技术在食品行业的广泛应用，专业人才需要具备数据处理、模型构建等专业技能，以有效应对食品生产过程中可能出现的复杂问题。同时，鉴于消费者对食品安全和营养健康的日益关注，食品科学与工程专业人才还需掌握食品安全风险评估、营养学等专业知识，以更好地满足市场需求。

针对这些新的人才培养要求，必须对现有人才培养方案进行修订。修订后的方案应更加注重理论与实践的紧密结合，积极引入前沿技术和跨学科课程内容，旨在全面提升学生的创新能力和实践能力。加强师资队伍建设，提升教师的工程教育素质和实践经验，是提升人才培养质量的重要途径。通过不断优化师资队伍结构，提高教师的教学水平和指导能力，可以为学生提供更加优质的教学资源和指导。

校企合作也是提升人才培养质量的有效手段。通过与食品企业的深度合作，可以为学生提供更多的实践机会和就业渠道，帮助学生更好地了解行业发展趋势和市场需求。此外，校企合作还可以促进产学研深度融合，推动食品行业的技术创新和产业升级。

（二）教学改革背景下人才培养方案的适应性调整

在深化教学改革的时代背景下，应用型本科高校食品科学与工程专业的人才培养方案必须进行科学、系统的适应性调整，以适应行业发展的快速变革。近年来，随着食品科技领域的不断创新与突破，企业对食品专业人才的需求呈现出多元化、专业化的特点。这就要求毕业生不仅要具备扎实的专业理论基础，还需具备突出的创新能力和丰富的实践经验。人才培养方案必须更加注重理论与实践的有机结合，加大实验、实习等实践环节的比重，切实提高学生的实际操作能力和创新思维能力。

随着食品行业的不断发展和科技进步的推动，应用型本科高校食品科学与工程专业的人才培养方案仍需持续优化和完善。密切关注行业发展的最新动态和技术进步趋势，及时调整和更新教学内容和教学方法，以适应行业发展的需求变化。加强与企业的合作与交流，建立产学研深度融合的人才培养模式，为培养更多符合行业发展需求的高素质食品专业人才提供有力保障。

（三）行业发展趋势与高校人才培养方案的对接与协同

随着科技的不断进步和人们生活水平的日益提高，食品行业正以前所未有的速度迅猛发展。在这个充满变革与机遇的时代，技术革新的推进与市场需求的多样化对食品科学与工程专业的人才培养提出全新的挑战。作为肩负着为国家培养高素质食品科技人才重任的高校，必须紧密围绕行业发展的脉搏，积极协同各方力量，共同制定和优化人才培养方案，以更好地满足社会对于食品专业人才的需求。

食品科学与工程专业人才培养需紧跟技术革新。近年来，食品行业出现新技术、新工艺、新材料和新兴产品。这些技术革新提升食品品质和安全性，推动产业转型升级。因此，高校应引进新技术教学，确保学生掌握前沿技术，为行业创新提供支持。

市场需求多样化对食品专业人才提出更高要求。消费者追求高品质和口感，健康饮食理念深入人心，市场需求多元化。高校应培养学生综合素质和创新能力，注重跨学科知识和问题解决能力。加强实践教学，鼓励学生参与项目研发和生产，提高实践能力和团队协作精神。

高校与企业和行业组织合作制定人才培养方案。合作可及时了解行业动态和需求，提供精准定位。企业可提供实践教学基地和就业资源，帮助学生融入社会。

（四）国内外食品科学与工程专业教育发展趋势分析

在国内外食品科学与工程专业教育发展趋势的剖析中，科技进步和全球化推动了食品科学与工程领域的快速发展。国内高校重视创新与实践能力培养，优化课程设置，增强实践教学，引入前沿技术。国外食品科学与工程教育也在创新发展中。发达国家高校在食品科学与工程领域取得卓越成果，为我国提供借鉴经验。新一代信息技术的发展给食品科学与工程教育带来数字化转型的机遇与挑战。引入数据分析、机器学习等技术手段，实现食品生产、加工、质量控制等环节的智能化管理与优化，提升产业效率与质量。因此，未来教育应培养学生数字化素养和创新能力。

国内外食品科学与工程专业教育发展趋势多元化、创新化、国际化。应优化人才培养方案，加强实践教学，引入先进技术，同时加强国际交流与合作，培养创新人才。

（五）人才培养方案修订在提升教学质量中的作用与意义

人才培养方案修订在提升教学质量过程中占据着举足轻重的地位。经过修订能够紧密结合行业发展的实际需求和技术进步的新趋势，对现有的课程设置、教学方法以及教学资源进行全面而深入地优化，从而确保人才培养工作能够精准对接社会需求和行业标准，切实提升教学质量和效果。人才培养方案修订也是推动教学改革和创新的重要动力。通过修订可以积极引入先进的教学方法和手段，如项目式教学、案例教学等，有效激发学生的学习兴趣和主动性，培养学生的创新能力和实践能力。修订方案还有助于加强师资队伍建设，优化教学资源配置，为教学质量的持续提升提供坚实的支撑和保障。人才培养方案修订是提升教学质量的重要途径和有效手段，对于培养符合社会发展需求的高素质人才具有重要意义。

二、修订内容与重点

（一）课程设置与行业发展趋势对接分析

在应用型本科高校食品科学与工程专业的人才培养方案中，课程设置与行业发展趋势的对接分析至关重要。随着食品行业的快速发展，新技术、新工艺和新产品的不断涌现，对食品科学与工程专业人才的需求也在不断变化。高校在制定人才培养方案时，必须密切关注行业发展趋势，及时调整和优化课程设置，以确保人才培养与行业需求的高度契合。

根据近年来的行业报告和数据分析，食品行业正朝着智能化、绿色化和健康化的方向发展。因此，在课程设置上，高校应增加与智能化生产、绿色加工和营养健康相关的课程，如食品智能制造技术、食品绿色加工技术、食品营养与健康等。这些课程能够帮助学生掌握行业前沿技术，提升他们的专业素养和实践能力。

高校还应加强与企业的合作，了解企业对人才的需求和期望，根据企业反馈调整课程设置。高校还可以邀请企业专家参与课程设计和教学，将企业的实际案例和经验融入教学中，使学生更好地了解行业现状和发展趋势。

（二）理论与实践深度融合的课程教学方法改革

在应用型本科高校食品科学与工程专业的人才培养方案中，理论与实践深度融合的课程教学方法改革显得尤为重要。传统的理论教学往往侧重于知识的灌输，而实践教学则侧重于技能的训练，两者之间存在一定程度的脱节。为了打破这种局面，可以提出并实施一系列理论与实践深度融合的教学方法。

引入项目式教学法，让学生在完成实际项目的过程中，将理论知识应用于实践。例如，在食品工艺学课程中，设计一系列与食品生产相关的项目，要求学生分组完成从原料选择、工艺设计到产品制作的全过程。通过这种方式，学生不仅能够深入理解食品生产的各个环节，还能在实践中掌握相关技能。加强实验室教学与课程教学的结合。在实验室中，学生可以进行各种食品分析与检测实验，通过实际操作加深对理论知识的理解。同时，鼓励学生在实验室中开展创新性实验，培养他们的科研能力和创新精神。与企业合作，建立实践教学基地，为学生提供更多的实践机会。在这些基地中，学生可以接触到真实的生产环境，了解企业的生产流程和管理模式。通过与企业的合作，学生不仅能够将所学知识应用于实际生产中，还能了解行业的最新动态和发展趋势。

（三）前沿技术与跨学科课程内容的引入策略

在食品科学与工程专业的人才培养方案中，关于前沿技术与跨学科课程内容的引入策略，具有极其重要的地位。鉴于科技日新月异的发展，食品行业正经历着前所未有的变革，其中超高压技术、纳米技术、等离体技术等新兴科技在食品领域的应用尤为引人瞩目。课程体系必须与时俱进，将这些前沿技术纳入教学内容，以确保学生掌握行业前沿知识。

跨学科课程内容的引入同样是提升人才培养质量的关键所在。在课程设置中特别注重跨学科知识的融合与贯通，开设诸如“食品营养与健康”“食品安全与环境保护”等跨学科课程，旨在拓宽学生的知识视野，提升其综合素质和创新能力。

与企业开展深度合作，引入行业前沿技术和实践经验，进一步丰富教学内容。通过与企业的紧密合作，不仅能够及时了解行业发展趋势和人才需求，还能够为学生提供更多的实践机会和就业渠道。这种产学研相结合的教学模式，有助于培养学生的实践能力和创新精神，提高其综合素质和竞争力。

（四）教学方法创新与学生主动学习能力培养

教学方法创新与学生主动学习能力培养可以采用项目教学，将理论与实践结合，提升学生的主动学习能力，实践操作能力。采用翻转课堂模式，培养学生自主学习能力，提高教学效率。此外，利用在线学习平台提供个性化学习路径和多元化学习方式。这些创新方法激发学生学习兴趣，培养学生的创新思维和解决问题的能力。

在培养过程中，注重批判性思维与团队协作能力培养。引导学生深入分析、多角度思考，鼓励提出见解和解决方案，培养独立思考和创新能力。通过小组合作、团队项目等方式，提升团队协作和沟通能力。

（五）课程评价与反馈机制的完善与优化

课程评价与反馈机制的完善与优化是提升教学质量的关键环节。为了更好地了解学生对课程的满意度和教学效果，可以引入多元化的评价工具，包括在线问卷、小组讨论和个别访谈等。这些工具不仅能够收集到学生的即时反馈，还能深入挖掘他们对课程内容的理解和应用情况。

收集学生对课程的评价问卷，针对问卷反馈，及时进行课程内容的调整和优化，并在下一轮教学中实施。也可以定期组织学生进行小组讨论和个别访谈，以便更深入地了解他们的学习体验和需求。这些活动不仅有助于收集到更丰富的反馈信息，还能促进师生之间的交流与互动，增强学生对课程的参与感和归属感。

三、基于工程教育专业认证人才培养方案修订

（一）认证背景下的培养目标及毕业要求

培养目标表述中应该说明毕业生就业的专业领域、职业特征以及应该具备的职业能力。专业领域和职业特征反映专业人才培养定位；职业能力是对从业者工作能力的概括要求，职业能力与专业的毕业要求具有对应关系。

认证专业必须有明确、公开、可衡量的关于工程知识、问题分析、设计/开发解决方案、研究、使用现代工具、工程与社会、环境和可持续发展、职业规范、个人和团队、沟通、项目管理、终身学习等方面的12条毕业要求，毕业要求应能支撑培养目标的达成。

（二）认证背景下的课程体系优化与重构

在认证背景下，食品科学与工程专业人才培养方案的课程体系优化与

重构至关重要。在优化方面，课程应该满足学生在毕业时具备工程制图、信息、机械工程、单元操作等方面的工程基础；实践教学体系能结合食品行业或产业的工程实际问题，开展工程实践训练，强化工程意识和提供工程实践经历；加强理论与实践的深度融合，引入更多实验和实践项目，与行业企业合作开发实践课程，并注重跨学科课程的引入。在重构方面，根据认证标准重新规划和布局课程，设置核心和选修两个层次，并加强课程间的衔接和连贯性。

通过优化与重构，课程体系更符合认证要求和行业实际需求，能有效提高学生的实践和创新能力，为其未来发展奠定坚实基础。

（三）工程实践环节与工程能力培养的强化

在工程实践环节与能力培养方面，应用型本科高校食品科学与工程专业应强化学生的实际操作和解决问题能力。设计食品加工工艺优化、食品检测与控制、食品工厂设计等实践项目，并与企业合作，提供实践机会。

通过开展创新实验、科技竞赛，激发学生的创新热情，加强团队建设，培养沟通与合作能力。学生工程能力可以全面提升，能迅速找到问题切入点，提出解决方案，并在团队中发挥积极作用。

引入最新食品工程技术和行业趋势，更新教学内容和方法。邀请专家授课、组织实地考察，拓宽学生视野和知识面。鼓励学生参与科研项目和学术活动，提升科研和学术素养。这些措施可以使学生更好地适应行业发展需求。

通过强化工程实践和能力培养，学生工程实践能力、创新能力和团队协作能力可以显著提升，为未来发展奠定坚实基础。

（四）师资队伍建设与工程教育素质提升

应用型本科高校食品科学与工程专业的师资队伍建设与工程教育素质提升是保障教学质量、培养优秀人才的基石。需从多个维度提升食品科学与工程专业的师资队伍建设与工程教育素质。

首先，专业课程教师应具备食品科学与工程类或相关专业学位，以确保扎实的专业基础知识和理论体系，并积累实践经验，更好地传授课程内容。

其次，教师还应具备6个月以上相关工程实践经历，以贴近实际教学，了解工程实践中的问题，将理论知识与实际操作结合，提高教学质量。

再次，高校应引进有丰富工程实践经验的教师，丰富教学内容，激发学生兴趣与积极性。

最后，加强教师工程教育素质培训，通过企业实践、产学研合作等活动，提升教师的工程教育素质，促进产学研合作，为人才培养提供广阔平台。

应用型本科高校食品科学与工程专业的师资队伍建设与工程教育素质提升是系统工程，需全面提升教师素质和能力，确保教学质量和人才培养效果，为行业发展注入新活力。

四、基于国际IFT认证人才培养方案修订

（一）修订目标与原则

在修订基于食品科学与工程领域的国际IFT认证人才培养方案时，修订目标旨在提升人才培养质量，使其更加符合国际IFT认证的标准和要求。据统计，目前国际IFT认证已成为食品科学与工程领域的重要认证之一，获得认证的学生在就业市场上更具竞争力。江南大学、浙江大学、中国农业大学、华南理工大学、南京财经大学、南京农业大学、上海海洋大学、上海应用技术大学、北京工商大学、南京林业大学、滁州学院等学校食品科学与工程专业通过了认证。通过修订人才培养方案，提高学生的综合素质和专业能力，为其未来的职业发展奠定坚实基础。

在修订原则上，注重理论与实践相结合，强调学生的实践能力和创新能力的培养。例如，引入案例分析、项目驱动等教学方法，让学生在实践中学习和掌握知识。注重与国际接轨，借鉴国际先进的教育理念和教学经验，不断完善和优化人才培养方案。注重学生的个性化发展，提供多样化的选修课程和实践活动，以满足不同学生的需求和兴趣。

（二）修订内容与方法

在修订内容与方法方面，针对食品科学与工程领域的国际IFT认证人才培养方案进行全面而深入的探讨。结合国内外食品科学与工程领域的发展趋势，对现有的课程体系进行梳理和优化，增加多门与国际接轨的前沿课程，以提升学生的专业素养和国际竞争力。注重实践教学环节的设计与实施，通过校企合作、实验室建设等方式，为学生提供丰富的实践机会和平台。引入多元化的教学方法和手段，如案例教学、项目驱动等，以激发学生的学习兴趣和主动性。

在修订过程中，要注重数据的收集与分析。通过问卷调查、访谈等方式，收集学生对现有课程体系的反馈意见，以及企业对人才的需求信息，并进行深入地分析和比较，找出现有课程体系中存在的问题和不足，为修订工作提供有力的支撑。借鉴国内外先进的食品科学与工程教育经验，结合本校的实际情况，制定切实可行的修订方案。

引入专家评审和同行评价等机制。邀请国内外知名的食品科学与工程专家对修订方案进行评审和指导，提出宝贵的意见和建议。与兄弟院校进行广泛的交流和合作，共同探讨食品科学与工程教育的未来发展趋势和改革方向。

通过修订工作，期望能够构建一套更加符合国际IFT认证标准、更加适应食品科学与工程领域发展需求的人才培养方案。这将有助于提升学生的专业素养和实践能力，为培养具有国际视野和创新精神的高素质食品科学与工程人才奠定坚实的基础。

（三）师资队伍与教学资源建设

在师资队伍与教学资源建设方面，构建一支具备国际视野和专业技能的师资队伍。目前，教师团队中需要拥有多名具有海外留学背景和IFT认证的专业教师，需要具备深厚的理论素养，还拥有丰富的实践经验。教师能够为学生提供前沿的食品科学与工程知识，并引导学生参与国际交流与合作项目，拓宽学生的国际视野。

需要对教学资源进行整合与优化。通过与国内外知名企业和研究机构的合作，建立实践教学基地和实验室，为学生提供良好的实践环境和条件。引进国际先进的教学方法和手段，在线课程、模拟实验等，以丰富教学内容和形式，提高教学效果。

加强师资队伍与教学资源建设，不断提升人才培养质量。引进和培养更多具有国际视野和专业技能的教师，优化教学资源配置，创新教学方法和手段，培养更多优秀的食品科学与工程领域人才。

案例 1-1

食品科学与工程专业本科人才培养方案

（专业代码：082701）

一、培养目标

全面贯彻党的教育方针，坚持立德树人，培养适应食品行业（特别是酒类相关食品行业）和社会经济发展需要的，具备良好的人文、科学、职业素养以及语言文字规范意识和应用能力，具有一定的中国优秀传统文化及酒文化底蕴，具备化学、生物学、物理学、营养学和工程学等基础理论与知识，系统掌握食品科学与工程领域的基础知识、基础理论和专业技能，具有独立获取知识、提出问题、分析问题和解决问题及创新能力，能在食品生产、加工流通企业和食品科学与工程有关的研究、进出口、卫生监督、安全管理等部门从事食品或相关产品的科学研究、技术开发、工程设计、生产管理、设备管理、品质控制、产品销售、检验检疫、技术培训等方面的工作，具有宽广知识面、多领域适应能力的食品科学与工程专业相关领域应用型人才。

二、培养要求

本专业学生主要学习化学、微生物学、食品分析与检测、食品机械与设备、食品工艺学和食品工厂设计等食品科学与工程领域的基本理论和基本知识，接受食品工程、安全生产及规范操作技术、质量控制和管理、科技创新等方面的基本训练，掌握食品工艺设计、安全生产、质量监控和企业管理等方面的基本能力。毕业生应具备以下几方面的素质、知识和能力：

1. 具有良好的职业道德、强烈的敬业精神、社会责任感和丰富的人文科学素养；具有良好的质量、环境、职业健康、安全和服务意识；具有较强的学习、表达、交流和协调能力及团队协作精神。

2. 熟悉食品工业发展的方针、政策和法规，具有在食品企业、市场和质检机构从事分析检验和质量评价的能力；掌握化学、微生物学、食品工艺学、食品保藏学、食品分析与检测、食品机械与设备、食品营养学与食品安全学等学科的基本理论、基本知识和基本实验技能；了解食品储运、加工、保藏及资源综合利用的理论前沿和发展动态。

3. 具有工艺设计、设备选用、加工技术、食品生产与管理和技术经济分析的能力；具有良好的专业素养和职业发展学习的能力，掌握信息化社会交流表达的方式与信息获取方法，能够阅读英语专业文献，具有一定的科学研究和较强的实际工作能力；具有综合运用所学科学理论提出和分析解决食品科学与工程领域实际问题的能力；具有较好的组织管理能力，较强的交流沟通能力、环境适应和团队合作能力；具备人类健康与资源环境和谐发展的理念，自觉将自然生态的一般原则应用于食品资源开发、食品加工与流通等环节。

三、学制与学位

本专业实行4学年的基本学制；按学年学分制管理，实行弹性学习年限3—6年，在此期间学生可以重修课程以达到成绩合格。

学生完成本科人才培养方案规定课程，修满172学分（不含综合素质8学分），成绩合格，毕业论文（设计）达到要求，方可毕业。符合学校学士学位授予工作细则规定条件的毕业生，授予工学学士学位。

四、培养特色

本专业采用5+3的“产教融合、校企协同育人”的人才培养模式：

1. 用5个学期时间，开展公共基础课、通识教育课、学科平台课、专业主干课程的学习；用3个学期（6—8学期）时间，进入企业开展不少于一年的专业相关实习实训活动，同时开展专业方向选修课课程、毕业设计（论文）的学习任务、科研创新训练。在每个学年都有与课程内容相关的企业参观、实习、实践等安排；

2. 校企共同设计课程体系和开发课程资源，资源共享（人力、设备、基地等），从课程体系设计、教学大纲制定、教学资源建设、教学实施、质量控制、创新创业等全程实现校企协同；

3. 校企共同开展专业技能训练和模块化实训环节，由本校专任教师及企业中高级技术人才共同承担教学任务；

4. 校企共同指导学生毕业设计和毕业论文，选题来源于生产实际需要，注重培养学生新产品开发和工艺技术的创新能力。

五、主要课程

本专业主要课程包括：生物化学、食品微生物学、食品营养学、食品安全学、食品工程原理、食品化学、食品分析、食品工艺学、食品保藏学、食品机械与设备、食品工厂设计。

六、产教融合课程一览表

表 1-1　产教融合课程表

序号	课程类别	课程名称	学分	总学时	实践学时	授课地点
1	专业集中实践课	食品分析检测	1	2 周	2 周	食品企业、学校
2	专业主干课	食品感官评定	3	48	16	食品企业、学校

七、实践教学主要环节

表 1-2　实践教学环节

名称	课程编码	学分	学期	周数	实践时间	实践地点
军事技能训练	36001479	2	1	2	第 1~2 周	学校
茅台生产认知实习	28001160	1	2	1	第 9 周	酒厂
思政课实践	07000718	2	1~4	4		
社会调查	28001097	2	2~4	4		食品企业、生活所在地
食品工程原理课程设计	03001573	1	4	2	第 17~18 周	学校
专业实习	28000631	4	7	8	第 11~18 周	食品企业
创新创业训练	03001572	2	7	2	第 9~10 周	食品企业、学校

续表

名称	课程编码	学分	学期	周数	实践时间	实践地点
毕业实习	28000639	4	8	8	第1~8周	省内外食品企业
毕业设计(论文)	28000632	6	8	12	第9~20周	省内外食品企业、学校
专业认知实习	28001094	1	4	2	第17~18周	贵州省食品企业
食品工艺学综合实验	38001570	1	5	2		食品企业、学校
食品分析检测(产教融合)	38001569	1	6	2	第17~18周	食品企业、学校
合　计		27		49		

八、本科人才培养能力目标与课程关系

表1-3　食品科学与工程专业本科人才培养能力与课程设置

	能力类型	能力名称	主要支撑课程（含课外）
能力类型及对应的课程群	专业能力	食品科学基础与分析检验	无机及分析化学、有机化学、食品化学、食品分析、微生物学；食品营养学、食品添加剂、综合化学实验Ⅰ、综合化学实验Ⅱ、食品分析综合实验、食品微生物检验。食品酶学
		食品加工技术技能	食品工艺学、食品保藏学、食品科学与工程专业社会调查、专业生产实习。
		食品质量管理	食品标准与法规、食品质量安全学；
		食品厂设计和设备调控	食品机械设备、食品工程原理课程设计、食品工厂设计
		试验设计和新产品研究开发能力	食品试验设计与统计分析、科技论文写作
		品质控制	食品感官评价、食品工艺学
		企业管理知识与技能	食品企业管理、食品物流学、食品营销学

续表

	能力类型	能力名称	主要支撑课程（含课外）
	综合能力	思想道德素质	通识教育基础课程（思想政治课）、综合素质拓展
		数理分析能力	通识教育基础课程（数学）、综合素质拓展
		信息收集处理能力	通识教育基础课程（计算机技术）、综合素质拓展
		表达沟通能力	通识教育基础课程（外语）、综合素质拓展
		身心调试能力	通识教育基础课程（体育）、通识教育选修课
		审美与诠释性理解能力	通识教育选修课
		继续学习能力	文献检索与利用、实验室开放项目、学术报告
		创新创业能力	强化创业意识，培养自主创业能力。

九、课程结构及学分、学时分配

表 1–4 课内课程学时学分统计表

	课程类别		课程性质	学分	总学时	其中实践学时	学分比例（%）
通识教育课（77 学分）	思想政治课及公共基础课（61 学分）	思想政治（17 学分）	必修	54	944	216	31. 39
		外语（16 学分）					
		数学（12 学分）					
		体育（4 学分）					
		物理（4 学分）					
		计算机技术（1 学分）					
		集中实践环节（7 学分）	必修	7	192	192	4. 07
	通识选修课程（16 学分）	限选课（8 学分）	限选	8	260	0	9. 30
		人文艺术类（4 学分）	任选	8		0	
		社会科学类（2 学分）					
		自然科学类（2 学分）					

续表

课程类别		课程性质	学分	总学时	其中实践学时	学分比例（%）
学科平台课（35 学分）	平台课（33 学分）	必修	33	592	220	19.18
	集中实践环节（2 学分）		2	48	48	1.16
专业课程（60 学分）	专业主干课（26 学分）	必修	26	416	56	15.12
	专业选修课（16 学分）	选修	16	256	-	9.30
	集中实践环节（18 学分）	必修	18	320	320	10.47
合　计			172	3028	1052	100
综合素质拓展（8 学分）		自主	8	-	-	

注：本专业实践教学学分占总学分的 33.58%。

十、培养进程安排

表 1-5　培养进程安排表

学期	九月				十月				十一月				十二月					一月				二月				
	第1周	第2周	第3周	第4周	第5周	第6周	第7周	第8周	第9周	第10周	第11周	第12周	第13周	第14周	第15周	第16周	第17周	第18周	第19周	第20周	第21周	第22周	第23周	第24周	第25周	第26周
第1学期	★	★	—	—	—	—	—	—	—	—	—	—	—	—	—	—	—	—	○	○												
第3学期	—	—	—	—	—	—	—	—	—	—	—	—	—	—	—	—	—	—	○	○												
第5学期	—	—	—	—	—	—	—	—	—	—	—	—	—	—	—	—	—	—	○	○												
第7学期	—	—	—	—	—	—	—	—	Ø	Ø	#	#	#	#	#	#	#	#	○	○												

学期	三月				四月				五月				六月					七月				八月				
	第27周	第28周	第29周	第30周	第31周	第32周	第33周	第34周	第35周	第36周	第37周	第38周	第39周	第40周	第41周	第42周	第43周	第44周	第45周	第46周	第47周	第48周	第49周	第50周	第51周	第52周
第2学期	—	—	—	—	—	—	—	—	※	—	—	—	—	—	—	—	—	—	○	○												
第4学期	—	—	—	—	—	—	—	—	—	—	—	—	—	—	—	—	※	※	○	○												
第6学期	—	—	—	—	—	—	—	—	—	—	—	—	—	—	—	—	■	■	○	○												
第8学期	●	●	●	●	●	●	●	●	◆	◆	◆	◆	◆	◆	◆	◆	◆	◆	◆	√	▲	▲	▲	▲	▲	▲

课程标识解释：

1. ※认知实习；2. ★军训；3. ━ 理论教学；4. ○考试；5. ┃假期；6. //（校内实训）综合实验及实践教学；7. △课程设计；8. #专业实习；9. Ø 创新创业训练；10. ●毕业实习；11. ◆毕业设计及制作；12. √毕业论文（设计）答辩 ；13. §移动课堂；14. ▲办理毕业手续；15. ▼学生学术及技术交流；16. ■产教融合课程

十一、教学计划表

表 1-6　教学计划表

课程类别			课程名称	课程编码	学分	学时分配				各学期周学时分配								考核方式
						总学时	课堂教学	实验	实习与实践	Ⅰ学年		Ⅱ学年		Ⅲ学年		Ⅳ学年		
										第一学期	第二学期	第三学期	第四学期	第五学期	第六学期	第七学期	第八学期	
通识教育课	思想政治课	思想政治	大学生心理健康	30001451	2	32	32			2								考试
			思想道德修养与法律基础	07001443	3	48	48			3								考试
			中国近现代史纲要	07000454	2	32	32				2							考试
			马克思主义基本原理	07000451	3	48	48					3						考试
			毛泽东思想和中国特色社会主义理论体系概论	07000450	4	64	64						4					考试
			贵州省情	07000453	1	16	16			1								考试
			形势与政策	07001438	2	32	32			2	2	2	2					考查
	公共基础课	外语	大学英语		16	256	192		64	4	4	4	4					考试
		数学	高等数学 1(工学类)	09000421	4	64	64			4								考试
			高等数学 2(工学类)	09000427	4	64	64				4							考试
			线性代数	09000422	2	32	32				2							考试
			概率论与数理统计Ⅱ	09001439	2	32	32					2						考试
		体育	体　　育		4	128	16		112	2	2	2	2					考试
		物理	大学物理	04000764	4	64	48	16			4							考试
		计算机	计算机基础	16001531	1	32	8		24	2								考试
			小计		54	944	728	16	200									

续表

课程类别		课程名称	课程编码	学分	学时分配				各学期周学时分配								考核方式
					总学时	课堂教学	实验	实习与实践	Ⅰ学年		Ⅱ学年		Ⅲ学年		Ⅳ学年		
									第一学期	第二学期	第三学期	第四学期	第五学期	第六学期	第七学期	第八学期	
	集中实践	军事技能训练	36001479	2	2周			2周	2周								考查
		茅台生产认知实习	28001160	1	1周			1周		1周							考查
		思政课实践	07000718	2	4周			4周	4周								考查
		社会调查	28001097	2	4周			4周		4周							考查
		小计		7	11周			11周									
	合计			61	1136	728	16	392									

注：从“中国近现代史纲要”（3学分）及“毛泽东思想和中国特色社会主义理论体系概论”（5学分）两门课中各划出1学分，开展“思政课实践”（2学分）教学。

表1–7　教学计划表（选修课与必修课）

课程类别			课程名称	课程编码	学分	学时分配				各学期周学时分配								考核方式
						总学时	课堂教学	实验	实习与实践	Ⅰ学年		Ⅱ学年		Ⅲ学年		Ⅳ学年		
										第一学期	第二学期	第三学期	第四学期	第五学期	第六学期	第七学期	第八学期	
通识教育课	通识教育选修课	限选课	茅台酒历史与文化	29000645	1	16	16			1								考查
			大学语文	29000538	2	32	32				2							考查
			军事理论	GX30001162	2	36	36			2								考查
			大学生职业生涯规划	36001476	1	16	16				2							考查
			创新与创业教育	36001477	2	32	32						2					考查
		选修课	人文艺术类		4	64	64				√	√	√					
			社会科学类		2	32	32				√	√	√					
			自然科学类		2	32	32				√	√	√					
		合计			16	260	260	0	0									

续表

课程类别		课程名称	课程编码	学分	学时分配				各学期周学时分配								考核方式
					总学时	课堂教学	实验	实习与实践	Ⅰ学年		Ⅱ学年		Ⅲ学年		Ⅳ学年		
									第一学期	第二学期	第三学期	第四学期	第五学期	第六学期	第七学期	第八学期	
学科平台课	必修课	无机及分析化学	01000458	3	48	48			3								考试
		有机化学	01000459	3	48	48				3							考试
		综合化学实验 1	12001182	2	64		64		4								考查
		综合化学实验 2	12001181	2	64		64			4							考查
		生物化学	25000895	4	64	48	16				4						考试
		食品微生物学	03000221	3	48	32	16					3					考试
		物理化学	03001588	5	80	64	16				5						考试
		食品化学	26000430	3	48	32	16					3					考试
		食品工程原理	03001575	5	80	64	16					5					考试
		机械制图及 CAD 基础	15001515	3	48	36		12			3						考试
		小计		33	592	372	208	12									
		食品工程原理课程设计	03001573	1	2周			2周				2周					考查
		专业认知实习	28001094	1	2周			2周				2周					考查
		小计		2	4周			4周									
	合计			35	640	372	208	60									

注：通识课每学期选修不得低于 3 学分。

表 1-8 教学计划表（专业必修课）

课程类别		课程名称	课程号	学分	学时分配				各学期周学时分配								考核方式
					总学时	课堂教学	实验	实习与实践	备注		Ⅱ学年		Ⅲ学年		Ⅳ学年		
									第一学期	第二学期	第三学期	第四学期	第五学期	第六学期	第七学期	第八学期	
专业课程	主干课	食品工艺学	27000438	3	48	48							3				考试
		食品安全学（食品系）	03001596	3	48	40	8							3			考试
		食品分析	26000435	3	48	48								3			考试
		食品营养学	25000432	2	32	32							2				考试
		食品工厂设计	03001599	2	32	32								2			考试
		食品机械与设备	15000565	2	32	32							2				考试
		食品保藏学	03001568	2	32	32						2					考试
		食品添加剂	03001597	2	32	32						2					考试
		食品感官评定（产教融合）	26000436	3	48	32	16						4				考试
		白酒工艺学	03001609	4	64	32		32						8			考试
		小计		26	416	360	24	32									
	专业选修课	食品科学导论	GX03000875	2	32	32					2						考查
		食用菌学	03001577	2	32	16		16							4		考查
		食品安全风险评估	27000552	2	32	32								2			考查
		食品环境学	25000551	2	32	32							2				考查
		食品专业英语	25000556	2	32	32					2						考查
		实验设计与数据处理	25000563	2	32	16	16						2				考查
		文献检索	25000549	1	16			16			2						考查
		食品生物技术	25000555	2	32	32						2					考查
		食品物性学	26000561	2	32	32						2					考查
		食品酶学	25000560	2	32	32						2					考查
		功能性食品	26000550	2	32	32							2				考查
		食品物流学	03001598	2	32	32							2				考查
		农副产品综合利用	27000558	2	32	32						2					考查

续表

课程类别		课程名称	课程号	学分	学时分配				各学期周学时分配								考核方式
									备注		Ⅱ学年		Ⅲ学年		Ⅳ学年		
					总学时	课堂教学	实验	实习与实践	第一学期	第二学期	第三学期	第四学期	第五学期	第六学期	第七学期	第八学期	
		食品风味学	38001584	2	32	32							2				考查
		食品安全监督管理	27000554	1.5	24	24								2			考查
		食品标准与法规	27000443	1.5	24	24							2				考查
		科技论文写作	03001593	1.5	24	24									6		考查
		食品包装学	27000562	2	32	32								2			考查
		食品高新技术	03001586	2	32	32							2				考查
		CAD	15001564	2	32			32					2				考查
		食品发酵与酿造学	27000633	3	48	32	16							3			考查
		现代仪器分析	03001579	2	32	16	16						2				考查
		白酒品评与勾兑（食品）	01000618	2	32	16		16						2			考查
		小计		44.5	712	584	48	80									
	集中实践	食品工艺学综合实验	38001570	1	2周			2周					2周				考查
	集中实践	食品分析检测（产教融合）	38001569	1	2周			2周						2周			考查
	集中实践	专业实习	28000631	4	8周			8周							8周		考查
	集中实践	创新创业训练	38001576	2	2周			2周							2周		考查
	集中实践	毕业实习	28000639	4	8周			8周								8周	考查
	集中实践	毕业设计（论文）	28000632	6	12周			12周								12周	考查
	集中实践	小计		18	34周			34周									
	合计			88.5	1448	944	72	432									

十二、综合素质拓展

综合素质拓展模块最低选修 8 学分，包含参加讲座、科技活动与创新能力、职业资格与技能培训、文体艺术与身心发展、社会实践与志愿服务、社团活动与社会工作、创新创业等部分，具体实施意见参照《第二课堂活动学分管理办法》。

十三、其他说明

无。

案例 1-2

食品科学与工程专业本科人才培养方案

（专业代码：082701）

一、培养目标

本专业培养德、智、体、美、劳全面发展，掌握食品科学与工程专业所需要的数学、自然科学、食品科学的基本理论知识，通过对食品研究与实践训练，具备一定的食品科学与工程基本知识素养以及食品科学与工程知识理论与应用能力，具备解决复杂工程的能力，能够在食品行业从事生产管理、产品开发、科学研究、工程设计等工作，具有工匠精神，成为“基础实、能力强、适应快、后劲足”适应地方经济发展需要的食品产业及相关领域高素质应用型人才。

本专业毕业生在达到毕业要求的基础上，经过 5 年左右的工作实践，预期达到如下目标：

1. 具备独立承担食品工程及相关领域工程项目的能力，能够创新性地解决工艺设计、产品研发和科学研究中出现的复杂食品工程问题。

2. 具有良好的合作交流能力、组织协调能力和国际视野，能够胜任生产管理、工程管理等工作，成为骨干或者领导。

3. 具有强烈的爱国情怀及良好的法律意识和道德水准，能够服务食品相关行业。

4. 具有良好的人文社会科学素养、较强的社会责任感，能够在食品工程实践中贯彻绿色和可持续发展理念。

5. 具有较强的自我管理与提升能力，能够与时俱进，应对挑战，在食品及相关行业具有持续竞争力。

二、毕业要求

1. 工程知识：能够将数学、自然科学、工程基础和专业知识用于解决复杂工程问题。

2. 问题分析：能够应用数学、自然科学和工程科学的基本原理，识别、表达、并通过文献研究分析复杂工程问题，以获得有效结论。

3. 设计/开发解决方案：能够设计针对复杂工程问题的解决方案，设计满足特定需求的系统、单元（部件）或工艺流程，并能够在设计环节中体现创新意识，考虑社会、健康、安全、法律、文化以及环境等因素。

4. 研究：能够基于科学原理并采用科学方法对复杂工程问题进行研究，包括设计实验、分析与解释数据、并通过信息综合得到合理有效的结论。

5. 使用现代工具：能够针对复杂工程问题，开发、选择与使用恰当的技术、资源、现代工程工具和信息技术工具，包括对复杂工程问题的预测和模拟，并能够理解其局限性。

6. 工程与社会：能够基于工程相关背景知识进行合理分析，评价专业工程实践和复杂工程问题解决方案对社会、健康、安全、法律以及文化的影响，并理解应承担的责任。

7. 环境与可持续发展：能够理解和评价针对复杂工程问题的工程实践对环境、社会可持续发展的影响。

8. 职业规范：具有人文社会科学素养、社会责任感，能够在工程实践中理解并遵守工程职业道德和规范，履行责任。

9. 个人和团队：能够在多学科背景下的团队中承担个体、团队成员以及负责人的角色。

10. 沟通：能够就复杂工程问题与业界同行及社会公众进行有效沟通和交流，包括撰写报告和设计文稿、陈述发言、清晰表达或回应指令。并具备一定的国际视野，能够在跨文化背景下进行沟通和交流。

11. 项目管理：理解并掌握工程管理原理与经济决策方法，并能在多学科环境中应用。

12. 终身学习：具有自主学习和终身学习的意识，有不断学习和适应发展的能力。

表 1-9 毕业要求对培养目标的支撑关系矩阵图

培养目标 毕业要求	培养目标 1	培养目标 2	培养目标 3	培养目标 4	培养目标 5
毕业要求 1	√				
毕业要求 2	√				
毕业要求 3	√		√	√	
毕业要求 4	√				
毕业要求 5	√				
毕业要求 6	√		√	√	
毕业要求 7				√	
毕业要求 8			√		√
毕业要求 9		√			
毕业要求 10		√			
毕业要求 11		√			√
毕业要求 12					√

三、学制与学位

1. 学制：4 年

2. 修业年限：3~6 年

3. 毕业条件：本专业学生需至少修满毕业要求中的 168 学分。修满 168 学分（思想政治课 16 学分，通识教育课 53. 5 学分，专业教育课 70. 5 学分，集中实践课 28 学分）及综合素质拓展 9 学分，成绩合格，毕业设计（论文）达到要求，方可毕业。

4. 学位授予条件：符合学校学士学位授予实施细则规定条件的毕业生，授予工学学士学位。

四、核心课程

本专业核心课程包括：食品工艺学、食品分析、食品营养学、白酒工艺学、食品微生物学、食品化学、食品工程原理。

五、产教融合课程

本专业产教融合课程包括：食品分析检测、食品感官评定、白酒工艺学。

六、综合素质拓展

综合素质拓展模块最低修满9学分，包含参加劳动教育、学术及技术交流、科技活动与创新能力、职业资格与技能培训、文体艺术与身心发展、社会实践与志愿服务、社团活动与社会工作、创新创业等部分，素质拓展学分作为学生毕业条件，不计入教学体系总学分，详见《"第二课堂成绩单"制度实施办法》。

七、毕业要求指标分解及其支撑课程与权重

本专业根据培养目标要求，对毕业要求进行合理分解，从知识、能力、素质等方面进行具体描述，形成可观察、可衡量且逻辑关系清晰的若干指标点，实现对培养目标的有效支撑。课程对毕业要求二级指标点的支撑度及权重见附表。

八、课程体系及学分、学时分配

本专业课程体系分为思想政治理论课、通识教育课（通识教育必修课和通识教育选修课）、专业教育课（学科基础课、专业主干课和专业选修课）、集中实践课（公共集中实践课和专业集中实践课）及综合素质拓展五个部分。课程结构及学分、学时分配见表1-10。

表1-10　课程体系及学分、学时分配表

<table>
<tr><th colspan="3">课程类别</th><th>课程性质</th><th>学分</th><th>总学时</th><th>实践学时</th><th>学分比例（%）</th></tr>
<tr><td colspan="3">思想政治理论课
（16分）</td><td>必修</td><td>16</td><td>288</td><td>0</td><td>9.52</td></tr>
<tr><td rowspan="3">通识教育课
（53.5分）</td><td>通识教育必修课
（41.5分）</td><td>公共基础课
（41.5分）</td><td>必修</td><td>41.5</td><td>828</td><td>256</td><td>24.70</td></tr>
<tr><td rowspan="2">通识教育选修课
（12分）</td><td>任意选修课</td><td rowspan="2">选修</td><td rowspan="2">12</td><td rowspan="2">192</td><td rowspan="2">0</td><td rowspan="2">7.14</td></tr>
<tr><td>限定选修课</td></tr>
</table>

续表

课程类别		课程性质	学分	总学时	实践学时	学分比例（%）
专业教育课（70.5 分）	学科基础课（28.5 分）	必修	28.5	520	212	16.96
	专业主干课（30 分）	必修	30	512	160	17.86
	专业选修课（12 分）	选修	12	192	0	7.14
集中实践课（28 分）	公共集中实践课（8 分）	必修	8	128	128	4.76
	专业集中实践课（20 分）	必修	20	320	320	11.90
合计			168	2980	1076	100
综合素质拓展（9 分）			9			

注：本专业实践教学学分占总学分的 32.63%。

表 1–11　专业知识领域覆盖表

类别	学分数	占总学分比例
数学与自然科学类课程学分（≥15%）	26	15.47%
工程基础类课程、专业基础类课程与专业类课程学分（≥30%）	50.5	30.06%
工程实践与毕业设计（论文）学分（≥20%）	36	21.43%
人文社会科学类通识教育课程学分（≥15%）	34.5	20.54%

九、教学计划表

本专业课程设置根据学校办学定位和本科人才培养总目标，充分彰显学校办学特色，并结合行业和岗位群所需要的专业能力逻辑体系设置课程体系，全方位、多角度把强化学生“自主学习、实践应用和创新创业”能力贯穿人才培养过程始终，教学计划见表 1–12。

表 1-12　教学计划表

课程类别	课程名称	课程号	学分	学时分配					各学期周学时分配								考核方式
				总学时	课堂教学	实验	上机	实习与实践	Ⅰ学年 第一学期	Ⅰ学年 第二学期	Ⅱ学年 第三学期	Ⅱ学年 第四学期	Ⅲ学年 第五学期	Ⅲ学年 第六学期	Ⅳ学年 第七学期	Ⅳ学年 第八学期	
思想政治理论课	思想道德与法治	08111001	2.5	40	40				3								考试
	贵州省情	07000453	1	16	16				2								考查
	中国近现代史纲要	08111002	2.5	40	40					3							考试
	马克思主义基本原理	07002683	3	48	48						3						考试
	毛泽东思想和中国特色社会主义理论体系概论	08111003	2	32	32						2						考试
	习近平新时代中国特色社会主义思想概论	07002589	3	48	48							3					考试
	形势与政策		2	64	64				2	2	2	2	2	2	2	2	考查
通识教育课 通识教育必修课 公共基础课	高等数学B（Ⅰ）		4	64	64				4								考试
	高等数学B（Ⅱ）		4	64	64					4							考试
	线性代数B		2	32	32					2							考试
	大学语文	29000538	2	32	32					2							考试
	体育		4	144	16			128	2	2	2	2					考试
	大学英语		12	256	192		64		4	4	4	4					考试
	大学物理	04000764	4	64	48	16					4						考试
	计算机基础	16001531	1	32			32		2								考试
	数字素养通识课	04121004	1	16			16		2								
	大学生心理健康	30001451	2	32	32				2								考试
	军事理论	GX30001162	2	36	36				2								考试
	生态文明教育	05001965	1	16	16				2								考查
	美育	29002599	2	32	32					2							考试
	劳动教育	02121001	0.5	8	8					2							考查

续表

课程类别			课程名称	课程号	学分	学时分配					各学期周学时分配								考核方式
						总学时	课堂教学	实验	上机	实习与实践	Ⅰ学年		Ⅱ学年		Ⅲ学年		Ⅳ学年		
											第一学期	第二学期	第三学期	第四学期	第五学期	第六学期	第七学期	第八学期	
	通识教育选修课	限定选修课	茅台酒历史与文化	03002595	1	16	16				2								考查
	通识教育选修课	限定选修课	大学生职业生涯规划	42002600	1	16	16				2								考查
	通识教育选修课	限定选修课	大学生就业指导	42002591	1	16	16									2			考查
	通识教育选修课	限定选修课	创新与创业教育	43002592	1	16	16						2						考查
	通识教育选修课	限定选修课	国家安全教育Ⅰ	021G2001	0.25	4	4				4								考查
	通识教育选修课	限定选修课	国家安全教育Ⅱ	021G2002	0.25	4	4						4						考查
	通识教育选修课	限定选修课	国家安全教育Ⅲ	021G2003	0.25	4	4								4				考查
	通识教育选修课	限定选修课	国家安全教育Ⅳ	021G2004	0.25	4	4										4		考查
	通识教育选修课	任意选修课	“四史”类		1	16	16					√	√	√					考查
	通识教育选修课	任意选修课	人文艺术类		2	32	32					√	√	√					
	通识教育选修课	任意选修课	社会科学类		2	32	32					√	√	√					
	通识教育选修课	任意选修课	自然科学类		2	32	32					√	√	√					
合计					69.5	1308	1052	16	112	128									
专业教育课	学科基础课		无机及分析化学	01000458	3	48	48				3								考试
专业教育课	学科基础课		有机化学	01000459	3	48	48					3							考试
专业教育课	学科基础课		综合化学实验Ⅰ	12001182	2	64		64			4								考查
专业教育课	学科基础课		综合化学实验Ⅱ	12001181	2	64		64				4							考查
专业教育课	学科基础课		生物化学	25000895	4	64	48	16					4						考试
专业教育课	学科基础课		物理化学	03001588	4.5	72	56	16					5						考试
专业教育课	学科基础课		工程制图及CAD	04002754	3	48	12		36				3						考试
专业教育课	学科基础课		电工电子技术	03002302	2	32	32							2					考试
专业教育课	学科基础课		食品工程原理	03001575	5	80	64	16						5					考试

续表

课程类别	课程名称	课程号	学分	学时分配					各学期周学时分配								考核方式
									Ⅰ学年		Ⅱ学年		Ⅲ学年		Ⅳ学年		
				总学时	课堂教学	实验	上机	实习与实践	第一学期	第二学期	第三学期	第四学期	第五学期	第六学期	第七学期	第八学期	
专业主干课	食品工艺学	27000438	3	48	48								3				考试
	食品安全学	03001596	2	32	32									2			考试
	食品分析	26000435	3	48	48									3			考试
	食品营养学	25000432	2	32	32								2				考试
	食品工厂设计	03001599	2	32	32										4		考试
	食品机械与设备	15000565	2	32	32									2			考试
	食品感官评定	26000436	3	48	32	16							4				考试
	白酒工艺学	03001609	4	64	32	32								4			考试
	食品微生物学	03000221	4	64	32	32						4					考试
	食品化学	26000430	3	48	32	16						4					考试
	食品工艺学综合实验	38001570	1	32		32							4				考查
	食品分析检测	38001569	1	32		32								4			考查
专业选修课	食品包装学	27000562	2	32	32									4			考查
	食品专业英语	25000556	2	32	32						2						考查
	食品物性学	26000561	2	32	32								2				考查
	功能性食品	26000550	2	32	32								2				考查
	食品风味学（食品）	38001584	2	32	32								2				考查
	科技论文写作	26002367	2	32	32										4		考查
	食品发酵与酿造学	27000633	3	48	32	16								4			考查
	现代仪器分析	03001579	3	48	32	16							2				考查
	白酒品评与勾兑（食品）	01000618	2	32	16			16						4			考查
	食品企业管理	17001966	2	32	32										4		考查

续表

课程类别		课程名称	课程号	学分	学时分配					各学期周学时分配								考核方式
					总学时	课堂教学	实验	上机	实习与实践	Ⅰ学年		Ⅱ学年		Ⅲ学年		Ⅳ学年		
										第一学期	第二学期	第三学期	第四学期	第五学期	第六学期	第七学期	第八学期	
		食品保藏学	03001568	2	32	32							2					考查
		农副产品综合利用	27000558	2	32	32							2					考查
		果酒工艺学	03002647	2	32	32									2			考查
		工程力学	03002301	2	32	32						2						考查
		食品生物技术	25000555	2	32	32							2					考查
		食品科学与工程导论	03002648	1	16	16						2						考查
		食品高新技术	03001586	2	32	32										4		考查
		实验设计与数据处理	25000563	2	32	16		16							4			考查
		食品添加剂	03001597	2	32	32								2				考查
		贵州特色食品概述	03001969	2	32	32								2				考查
合计				70.5	1224	660	336	36										
集中实践课	公共集中实践课	思政课实践	07000718	2	2周				2周	1周		1周						考查
		劳动教育实践	02161001	1.5	3周				3周			3周						考查
		军事技能训练	36001479	2	2周				2周	2周								考查
		茅台生产认知实习	02161012	0.5	1周				1周		1周							
		金工实习	04161012	1	2周				2周		2周							
		创新创业训练	38001576	1	2周				2周				2周					
	专业集中实践课	专业认知实习	28001094	1	1周				1周				1周					考查
		食品工程原理课程设计	03001573	1	1周				1周				1周					考查
		机械基础课程设计	15001972	1	1周				1周			1周						考查

续表

课程类别	课程名称	课程号	学分	学时分配					各学期周学时分配								考核方式
				总学时	课堂教学	实验	上机	实习与实践	Ⅰ学年		Ⅱ学年		Ⅲ学年		Ⅳ学年		
									第一学期	第二学期	第三学期	第四学期	第五学期	第六学期	第七学期	第八学期	
	食品工厂设计课程设计	03002365	1	1周				1周							1周		考查
	专业实习	03002398	4	4周				4周							4周		考查
	毕业实习	03002399	4	4周				4周								4周	考查
	毕业设计（论文）	03001970	8	12周				12周								12周	考查
合计			28	36周				33周									

附表

食品科学与工程专业
课程与毕业要求指标点的支撑和对应关系定量矩阵

毕业要求一级指标		毕业要求二级指标	达成课程	支撑强度	支撑强度权重
工程知识	能够将数学、自然科学、工程基础和专业知识用于解决复杂工程问题。	(1) 能够应用数学、自然科学、工程科学的语言工具恰当表述食品工程问题。	高等数学	H	0.4
			线性代数	M	0.3
			大学物理	L	0.1
			工程制图及CAD	L	0.1
			有机化学	L	0.1
		(2) 能针对食品工程具体对象进行分析、建立数学模型并求解。	大学物理	L	0.1
			计算机基础	L	0.1
			高等数学	M	0.3
			线性代数	H	0.5
		(3) 能够运用相关知识和数学模型方法，针对食品复杂工程问题进行推演和分析。	食品工程原理	L	0.1
			高等数学	H	0.6
			线性代数	M	0.3

续表

毕业要求一级指标		毕业要求二级指标	达成课程	支撑强度	支撑强度权重
		(4) 能够运用相关知识和数学模型方法用于食品工程问题解决方案的比较和综合。	食品机械与设备	H	0.5
			食品化学	M	0.3
			白酒工艺学	L	0.1
			食品工艺学	L	0.1
问题分析	能够应用数学、自然科学和工程科学的基本原理,识别、表达、并通过文献研究分析复杂工程问题,以获得有效结论。	(1) 能运用相关科学原理,识别和判断食品复杂工程问题的关键环节。	食品微生物学	M	0.2
			物理化学	L	0.1
			大学物理	M	0.2
			食品工程原理	H	0.4
			计算机基础	L	0.1
		(2)能够基于食品科学原理和数学模型方法正确表达食品复杂工程问题。	线性代数	H	0.7
			高等数学	M	0.3
		(3) 能认识到解决问题有多种方案可选,会通过文献研究寻找可替代解决方案。	食品工艺学	H	0.6
			食品工艺学综合实验	L	0.1
			食品工程原理课程设计	M	0.3
		(4) 能运用基本知识和原理,借助文献研究,分析过程的影响因素并获得有效结论。	白酒工艺学	H	0.6
			高等数学	M	0.3
			线性代数	L	0.1
设计/开发解决方案	能够设计针对复杂工程问题的解决方案,设计满足特定需求的系统、单元(部件)或工艺流程,并能够在设计环节中体现创新意识,考虑社会、健康、安全、法律、文化以及环境等因素。	(1) 掌握食品工程设计和产品开发全周期、全流程的基本设计/开发方法和技术,了解影响设计目标和技术方案的各种因素。	毕业设计(论文)	L	0.1
			食品工厂设计	M	0.3
			食品工艺学	H	0.4
			工程制图及CAD	M	0.2
		(2) 能够针对特定需求,完成食品工程单元(部件)的设计。	食品工厂设计	L	0.1
			食品工程原理课程设计	H	0.4
			工程制图及CAD	M	0.2
			金工实习	L	0.1
			食品机械与设备	M	0.2

续表

毕业要求一级指标		毕业要求二级指标	达成课程	支撑强度	支撑强度权重
		(3) 能够设计满足复杂食品工程要求的系统或工艺流程，体现创新意识。	食品工艺学	H	0.6
			食品工艺学综合实验	L	0.1
			食品工程原理课程设计	M	0.3
		(4) 能够在工程设计中考虑社会、健康、安全、法律、文化及环境等因素。	食品工厂设计	H	0.5
			创新创业教育	M	0.2
			美育	L	0.1
			大学英语	M	0.2
研究	能够基于科学原理并采用科学方法对复杂工程问题进行研究，包括设计实验、分析与解释数据、并通过信息综合得到合理有效的结论。	(1) 能够基于科学原理和专业知识，根据对象特征和食品工程复杂问题，通过文献研究或相关方法，调研和分析其解决方案。	无机及分析化学	M	0.2
			有机化学	L	0.1
			综合化学实验1	L	0.1
			综合化学实验2	L	0.1
			生物化学	H	0.5
		(2) 能够根据对象特征，选择合适的研究路线，设计实验方案。	食品分析	H	0.5
			食品分析检测	L	0.1
			食品微生物	L	0.1
			食品感官评定	M	0.3
		(3) 能够根据实验方案构建试验系统，安全合理的开展实验，正确地采集实验数据。	食品工艺学综合实验	L	0.1
			白酒工艺学	L	0.1
			食品化学	M	0.3
			食品微生物学	H	0.4
			物理化学	L	0.1
		(4) 能对实验结果进行关联、分析和解释，并通过信息综合得到合理有效的结论。	食品化学	H	0.4
			食品营养学	L	0.1
			毕业设计（论文）	M	0.3
			专业实习	L	0.1
			毕业实习	L	0.1

续表

毕业要求一级指标		毕业要求二级指标	达成课程	支撑强度	支撑强度权重
使用现代工具	能够针对复杂工程问题，开发、选择与使用恰当的技术、资源、现代工程工具和信息技术工具，包括对复杂工程问题的预测和模拟，并能够理解其局限性。	(1) 了解专业常用现代仪器、信息技术工具、工程工具和模拟软件工具的使用原理和方法，并理解其局限性。	计算机基础	M	0.3
			工程制图及 CAD	H	0.5
			大学物理	L	0.1
			食品微生物	L	0.1
		(2) 能够选择与使用恰当的仪器、信息资源、工程工具和专业模拟软件，对复杂食品工程问题进行分析、计算与设计。	工程制图及 CAD	H	0.5
			计算机基础	M	0.3
			食品微生物	L	0.1
			食品工程原理	L	0.1
		(3) 能够针对具体对象，开发或选用满足特定需求的现代工具，模拟和预测食品工程专业问题，并能分析其局限性。	电工电子技术	L	0.1
			食品工厂设计课程设计	H	0.6
			食品工厂设计	M	0.3
工程与社会	能够基于工程相关背景知识进行合理分析，评价专业工程实践和复杂工程问题解决方案对社会、健康、安全、法律以及文化的影响，并理解应承担的责任。	(1) 了解专业相关领域的技术标准体系、知识产权、产业政策和法律法规，理解不同社会文化对工程活动的影响。	生物化学	L	0.1
			茅台生产认知实习	L	0.1
			食品安全学	H	0.5
			专业实习	M	0.3
		(2) 能多角度分析与评价食品工程实践与社会、健康、安全、法律、文化的相互影响，形成牢固的食品安全责任意识。	食品安全学	M	0.3
			食品营养学	H	0.6
			食品微生物学	L	0.1

续表

毕业要求一级指标		毕业要求二级指标	达成课程	支撑强度	支撑强度权重
环境和可持续发展	能够理解和评价针对复杂工程问题的工程实践对环境、社会可持续发展的影响。	(1) 知晓和理解环境保护和可持续发展的理念和内涵。	食品工厂设计	H	0.6
			生态文明教育	M	0.3
			劳动教育	L	0.1
		(2) 能从环境保护、可持续发展的角度对食品工程实践项目的可持续性进行思考，能评价产品周期中可能对人类和环境的损害和隐患。	食品安全学	H	0.6
			专业实习	M	0.3
			毕业实习	L	0.1
职业规范	具有人文社会科学素养、社会责任感，能够在工程实践中理解并遵守工程职业道德和规范，履行责任。	(1) 树立和践行社会主义核心价值观，具有社会责任感、民族精神、谦逊热情等人文社会科学素养，理解个人与社会的关系，了解中国国情；家国情怀深厚。	毛泽东思想和中国特色社会主义理论体系概论	M	0.3
			习近平新时代中国特色社会主义思想概论	H	0.5
			思想道德与法治	L	0.1
			中国近现代史纲要	L	0.1
		(2) 理解诚实公正、诚信守则的工程职业道德和规范，并能在工程实践中自觉遵守。	大学生心理健康	M	0.3
			大学生就业指导	H	0.7
		(3) 理解工程实践中对公众安全、健康和福祉，及环境保护的社会责任，并能在工程实践中自觉履行责任。	毕业实习	M	0.3
			专业实习	H	0.7

续表

毕业要求一级指标		毕业要求二级指标	达成课程	支撑强度	支撑强度权重
个人和团队	能够在多学科背景下的团队中承担个体、团队成员以及负责人的角色。	(1) 能够在团队中有效沟通，能分享信息，在团队中承担恰当职责，有坚强的意志力、心智健康。	大学体育	H	0.5
			军事理论	L	0.1
			军事技能训练	M	0.2
			劳动教育	L	0.1
			创新与创业教育	L	0.1
		(2) 能够与团队成员保持协调与合作，能倾听他人意见，并完成团队分工工作，吃苦耐劳，发现美、传播美。	专业实习	L	0.1
			毕业实习	L	0.1
			大学体育	H	0.3
			大学生心理健康	M	0.5
		(3) 能够在恰当环节体现负责人的作用，组织、协调和指挥团队工作，表现正确的人生观、价值观。	专业认知实习	L	0.1
			美育	M	0.3
			大学语文	H	0.5
			毕业实习	L	0.1
沟通	能够就复杂工程问题与业界同行及社会公众进行有效沟通和交流，包括撰写报告和设计文稿、陈述发言、清晰表达或回应指令。并具备一定的国际视野，能够在跨文化背景下进行沟通和交流。	(1) 能就专业问题，以口头、文稿、图表等方式，准确表达自己的观点，与业内同行和社会公众进行有效的沟通和交流，理解与业界同行和社会公众交流的差异性。	大学英语	M	0.3
			大学语文	H	0.5
			大学生心理健康	L	0.1
			毕业设计（论文）	L	0.1
		(2) 能够关注本领域内国际发展趋势、研究热点，理解和尊重世界不同文化的差异性和多样性。	毕业设计（论文）	H	0.4
			大学英语	M	0.2
			创新与创业教育	L	0.1
			创新创业训练	L	0.1
			食品安全学	L	0.1
			食品营养学	L	0.1

续表

毕业要求一级指标		毕业要求二级指标	达成课程	支撑强度	支撑强度权重
		(3) 具备跨文化交流的语言和书面表达能力，能对专业问题顺利进行跨文化交流。	白酒工艺学	L	0.1
			美育	L	0.1
			毕业设计（论文）	M	0.3
			大学英语	H	0.5
项目管理	理解并掌握工程管理原理与经济决策方法，并能在多学科环境中应用。	(1) 掌握工程项目中涉及的管理与经济决策方法。	专业认知实习	L	0.1
			专业实习	H	0.6
			毕业实习	M	0.3
		(2) 了解工程及产品全周期、全流程的成本构成，理解其中涉及的工程管理知识与经济决策方法。	毕业设计（论文）	H	0.5
			机械基础课程设计	L	0.1
			金工实习	L	0.1
			食品工厂设计课程设计	M	0.3
		(3) 能在多学科环境下（包括模拟环境），在设计开发解决方案的过程中，运用工程管理原理与经济决策方法。	食品工厂设计课程设计	M	0.3
			食品工厂设计	H	0.5
			创新与创业教育	L	0.1
			毕业设计（论文）	L	0.1
终身学习	具有自主学习和终身学习的意识，有不断学习和适应发展的能力。	(1) 能够与时俱进，认识到自主学习和终身学习的必要性。	大学生就业指导	M	0.3
			大学生职业生涯规划	H	0.6
			毕业设计（论文）	L	0.1
		(2) 具有自主学习能力，持续锻炼对技术问题的理解力、归纳总结能力、提出问题的能力。	高等数学	H	0.6
			线性代数	M	0.3
			大学生心理健康	L	0.1

注：“H”表示强支撑，权重≥0.4；“M”表示中支撑，权重0.2-0.3；“L”表示弱支撑，权重≤0.1。

第二章　师资队伍建设研究

应用型本科食品科学与工程专业师资队伍建设的背景与意义在于适应现代食品产业快速发展的需求，培养具备创新能力和实践技能的高素质应用型人才。不断提升师资队伍的整体素质和能力水平，还应注重加强产学研合作和国际交流，拓宽师资发展途径和视野，推动专业的创新发展和国际竞争力提升。

第一节　师资队伍建设的现状分析

一、师资队伍结构特点

（一）师资队伍的职称与学历分布情况

应用型本科食品科学与工程专业的师资队伍职称与学历分布特点：

高级职称教师占比20%—40%，为师资队伍的中坚力量，具有丰富的教育教学经验和深厚的科研能力。中级职称教师占比约50%，在教学和科研方面也发挥重要作用。

学历分布方面，博士研究生学历教师占比20%—60%，硕士研究生学历教师占比约30%—70%，本科学历教师占比较低。整体而言，师资队伍具有较高的学术水平和专业素养。

高级职称教师提供高质量教学和实践指导，培养学生的创新思维和实践能力，并承担重要科研任务，推动学科发展。中级职称教师具有丰富教学经验，参与科研项目，提升科研能力，有望晋升为高级职称。

博士研究生教师是学术骨干，可以承担高水平科研项目，发表高质量论文，为学科发展做出贡献，并将科研成果转化为教学资源。硕士研究生教师可以结合专业知识和实践经验，提供实用教学内容和实践机会。

需继续加强师资队伍建设，优化职称与学历结构，提升整体实力和教学科研水平。

（二）师资队伍的专业背景与研究方向

在应用型本科食品科学与工程专业的师资队伍建设中，师资队伍的专业背景与研究方向是构建高质量教学团队的核心要素。师资队伍涵盖食品营养学、食品工艺学、食品化学、食品微生物学、食品工程等多个专业背景，形成较为完善的知识结构体系。引进和培养具有跨学科背景的教师，如食品化学与生物技术的交叉领域，以推动学科交叉融合和创新发展。

在研究方向上，紧跟食品科学与工程领域的最新发展趋势，围绕食品安全、功能性食品、食品营养与健康等热点问题进行深入研究。例如，教师团队在食品安全领域，通过运用现代分析技术和风险评估方法，对食品中的有害物质进行检测和评估，为保障食品安全提供科学依据。在功能性食品研究方面，致力于开发具有特定生理功能的食品，以满足人们对健康生活的需求。这些研究方向不仅丰富教学内容，也提升师资队伍的科研能力和水平。

与产业界的合作与交流，通过产学研合作机制，引入行业导师和优质教学资源，进一步丰富师资队伍的专业背景与研究方向。这种合作模式有助于了解行业需求和最新技术动态，还能够为学生提供更多的实践机会和就业渠道。鼓励教师参与行业培训和学术交流活动，以不断提升自身的专业素养和综合能力。

应用型本科食品科学与工程专业的师资队伍建设需要注重师资队伍的专业背景与研究方向。通过构建完善的知识结构体系、紧跟学科发展趋势、加强产学研合作与交流等措施，可以打造一支具备高素质、高水平、高创新能力的师资队伍，为培养优秀的食品科学与工程人才提供保障。

（三）年龄结构与梯队建设的现状分析

当前，应用型本科食品科学与工程专业的师资队伍在年龄结构上呈现出一定的特点。据统计，青年教师占比超过 60%，成为师资队伍的主力军。这一年龄结构为专业发展注入新鲜血液和活力，但同时也带来经验不足、科研能力相对较弱等问题。为了构建合理的年龄梯队，保障师资力量的可持续发展，高校需要采取一系列措施。

在梯队建设方面，高校应重视青年教师的培养和发展。通过实施青年教师培养计划，如导师制、教学观摩、科研指导等，帮助青年教师快速成长。同时，高校还应积极引进具有丰富教学经验和科研能力的中年教师，以弥补青年教师经验不足的短板。此外，高校还应注重发挥老教师的传帮带作用，通过组织经验交流会、教学研讨会等活动，促进新老教师之间的交流与合作。

除了年龄结构外，梯队建设还应考虑教师的专业背景和研究方向。高校应鼓励教师跨学科交流和合作，促进不同学科之间的交叉融合。通过搭建跨学科研究平台、组织跨学科研究项目等方式，推动教师在更广泛的领域开展研究，提升师资队伍的整体实力。同时，高校还应注重培养教师的创新意识和实践能力，鼓励教师积极参与产学研合作，将科研成果转化为实际应用。

在构建合理的年龄梯队和推动跨学科交流与合作的过程中，高校还应注重建立科学的评价和激励机制。通过设立教学科研奖励机制、搭建职业发展平台等方式，激发教师的工作热情和创造力。同时，高校还应加强对师资队伍的考核和管理，确保师资队伍的质量和水平不断提升。

应用型本科食品科学与工程专业的师资队伍建设在年龄结构与梯队建设方面面临着一定的挑战和机遇。高校应立足实际，采取切实有效的措施，加强师资队伍的培养、引进和管理，推动师资队伍的整体实力不断提升，为专业的可持续发展提供有力保障。

（四）教学与科研型教师的比例与特点

在应用型本科食品科学与工程专业师资队伍中，教学与科研型教师的比例与特点对于专业的发展至关重要。食品科学与工程专业师资队伍中，教学型为主教师占比约为60%，科研型为主教师占比约为40%。

教学为主型教师以扎实的专业基础知识和丰富的教学经验为特点，他们注重教学方法的创新和学生实践能力的培养，通过案例教学、实验教学等多种方式，激发学生的学习兴趣和主动性。同时，他们积极参与教学改革，探索适应应用型人才培养需求的教学模式，为提升教学质量做出积极贡献。

科研为主型教师则具备深厚的科研功底和创新能力，他们致力于食品科学与工程领域的科学研究，不断探索新的理论和技术。通过承担科研项目、发表高水平学术论文等方式，他们为专业的学科发展提供源源不断的动力。同时，他们还将科研成果转化为教学资源，丰富教学内容，提升教学质量。

教学与科研型教师并非孤立存在，而是相互补充、相互促进的。教学型教师可以通过参与科研项目，提升自己的科研素养和创新能力；科研型教师则可以通过参与教学活动，将自己的科研成果和经验传授给学生，促进教学质量的提升。因此，在师资队伍建设中，应注重平衡教学与科研型教师的比例，充分发挥他们的优势，共同推动专业的发展。

为了进一步优化师资队伍结构，提升整体实力，还应加强跨学科背景人才引进，促进学科交叉融合；实施青年教师培养计划，壮大教学科研力量；构建合理的年龄梯队，保障师资力量的可持续发展；加强国际交流与合作，提升师资队伍的国际化水平。

（五）师资队伍的国际化水平及影响力

在应用型本科食品科学与工程专业师资队伍的建设中，师资队伍的国际化水平及影响力是衡量其综合实力的重要指标。目前，我国食品科学与工程专业的师资队伍在国际化方面已取得显著进展，但与国际一流水平相比仍存在一定差距。据统计，我国食品科学与工程专业师资队伍中具有海外留学或访学经历的教师比例逐年上升，但整体占比仍较低，这在一定程度上限制师资队伍的国际化视野和创新能力。

在提升师资队伍国际化水平的过程中，可以借鉴其他大学的成功经

验。例如，通过设立国际交流基金，鼓励教师参加国际学术会议、访学交流等活动；建立与国际一流大学和研究机构的合作机制，共同开展科研项目和人才培养工作；加强与国际食品行业的联系，引入国际先进的食品生产技术和标准，提升师资队伍的实践能力和创新能力。

通过在国际学术期刊上发表高水平论文、参与国际重大科研项目、获得国际学术奖励等方式，提升师资队伍的学术影响力和国际地位。还可以积极举办国际学术会议和论坛，邀请国际知名学者和专家来校交流讲学，扩大师资队伍的国际影响力。

提升应用型本科食品科学与工程专业师资队伍的国际化水平及影响力是一项长期而艰巨的任务。需要从多个方面入手，加强与国际的交流与合作，引进国际先进的教育理念和技术，培养具有国际视野和创新能力的优秀人才。

二、师资队伍存在的问题

（一）师资结构不均衡与学科发展不匹配

当前，应用型本科食品科学与工程专业的师资队伍结构存在明显的不均衡现象，这主要体现在职称、学历、专业背景以及研究方向等多个方面。据统计，高级职称教师占比偏低，而中级职称教师则占据较大比例，这种结构不利于学科的高水平发展。同时，教师的学历层次也呈现出不均衡态势，博士研究生学历教师数量相对较少，而硕士研究生及以下学历教师则占据多数，这在一定程度上限制学科的创新能力和研究深度。

此外，师资结构不均衡还体现在专业背景和研究方向上。一些教师虽然具备食品科学与工程的基本素养，但缺乏跨学科的知识背景和创新能力，难以适应现代食品科学与工程领域的发展需求。部分教师与食品类专业背景相差较远，部分教师的研究方向过于狭窄，缺乏与学科发展趋势相契合的研究内容，这也制约学科的快速发展。

这种师资结构不均衡的现象与学科发展不匹配的问题，严重制约应用型本科食品科学与工程专业的整体实力和发展潜力。为了改变这一现状，需要采取一系列措施来优化师资队伍结构，提升整体实力。可以加大引进力度，积极吸纳具有高水平研究能力和跨学科背景的优秀人才，为学科发展注入新的活力。可以加强内部培养，通过设立专项基金、实施师资培训项目等方式，提升现有教师的教育教学能力和科研水平。还可以建立合理的激励机制，激发教师的工作热情和创造力，促进学科的创新发展。

（二）教育教学水平参差不齐，影响教学质量

在应用型本科食品科学与工程专业的师资队伍中，教育教学水平参差不齐的现象尤为突出，这已成为影响教学质量的关键因素之一。据相关调查数据显示，约有30%的教师教育教学能力未达到专业标准，这直接导致部分课程的教学质量不尽如人意。

部分教师具有丰富的教学经验和深厚的专业知识，能够为学生提供高质量的教学服务；然而，教育教学水平参差不齐的现象使得整体教学质量受到严重影响。此外，随着教育改革的不断深入，师资队伍建设的投入和重视程度逐渐提高；教师职业倦怠、缺乏持续学习动力等问题，都可能进一步加剧教育教学水平的不均衡。

通过加强教师培训、引入优秀教学案例、建立教学评价体系等方式，提升教师的教育教学能力，确保教学质量稳步提升。

（三）科研能力相对较弱，缺乏科研创新与突破

当前，应用型本科食品科学与工程专业师资队伍在科研能力方面存在显著短板，具体表现为在国内外核心期刊上发表的科研论文数量偏少，且高质量的创新性研究成果稀缺。这一现象凸显出师资队伍在科研创新方面的明显不足，难以形成具有广泛影响力的学术成果。

导致缺乏科研创新与突破的原因复杂多样。一方面，部分教师过分侧重于教学工作，对科研的重要性认识不足，导致科研投入不足；另一方面，师资队伍中缺乏具备深厚科研背景和丰富实践经验的领军人才，难以引领学科前沿和发展方向。此外，科研条件和环境的不完善也在一定程度上制约教师的科研创新活动。

为有效提升师资队伍的科研能力，可以借鉴一些成功案例的做法。例

如，有些高校食品科学与工程专业通过引进高层次人才、加强科研团队建设、优化科研激励机制等措施，显著提升教师的科研水平和创新能力。这些成功经验表明，加强师资培养、优化科研环境、激发教师科研热情是提升科研能力的有效途径。

还应高度重视跨学科交流和合作的重要性。食品科学与工程专业涵盖多个学科领域，跨学科合作有助于拓宽研究视野、促进知识融合和创新。积极搭建跨学科交流平台，鼓励教师参与跨学科合作项目，以推动科研创新与突破。

（四）师资培养与引进机制不完善，导致人才流失

当前，应用型本科食品科学与工程专业在师资培养与引进机制方面存在显著短板，这已成为制约师资队伍建设的核心问题之一。深入分析师资培养与引进机制存在的不足，发现主要原因包括：一方面，现行培养机制缺乏足够的针对性和实效性，未能有效满足教师个性化成长的需求；另一方面，引进机制过于偏重学历和职称等硬性指标，而未能充分考量教师的实际能力和潜在价值。这种机制导向使得众多优秀人才因无法得到应有的认可与待遇而选择离开。

为了有效解决上述问题，可以借鉴国内外成功案例和先进经验。有些高校在师资培养方面，成功实施“导师制+项目制”的复合型培养模式，为青年教师配备资深导师，并通过参与重大科研项目来锻炼其教学和科研能力。同时，在人才引进方面，学校注重全面考察教师的实际能力和发展潜力，而非仅仅关注学历和职称等表面因素。这种机制的实施，有效提升学校师资队伍的整体素质与水平。

还可运用科学分析模型对师资培养与引进机制进行深入剖析。通过构建师资队伍建设的 SWOT 分析模型，可以全面梳理师资队伍的优势、劣势、机遇和挑战，进而制定出更加精准、有效的师资培养与引进策略。

师资培养与引进机制的不完善已成为应用型本科食品科学与工程专业发展的瓶颈之一。为了推动师资队伍建设的可持续发展，必须从多方面入手，加强师资培养与引进机制的创新与完善，为师资队伍的健康成长提供坚实保障。

（五）教师职业发展与激励机制不足，影响工作积极性

当前，应用型本科食品科学与工程专业师资队伍中，教师职业发展与激励机制不足的问题日益凸显，这已成为制约教师工作积极性的重要因素。据相关调查显示，专业师资队伍中，仅有不到30%的教师表示对职业发展前景感到满意，而超过60%的教师认为激励机制不足以激发其工作热情。这种现状不仅影响教师的教学质量和科研创新，也制约师资队伍的整体发展。

大多数应用型本科院校食品科学与工程专业在师资队伍建设方面投入大量资源，但教师职业发展与激励机制的完善程度却不尽如人意。学校提供一定的培训机会和科研项目支持，但缺乏明确的晋升通道和合理的薪酬体系，导致教师对未来的职业发展感到迷茫和不安。这种情绪在一定程度上影响其教学投入和科研创新。

为了激发教师的工作积极性，提升师资队伍的整体水平，应用型本科院校应重视教师职业发展与激励机制的完善。可以建立明确的晋升通道和薪酬体系，为教师的职业发展提供有力保障；设立教学科研奖励机制，鼓励教师积极参与教学和科研活动，提升其成就感；还可以加强校企合作，为教师提供更多的实践机会和职业发展平台。

三、师资队伍建设的挑战

（一）师资队伍建设的经费保障难题

师资队伍建设的经费保障难题是制约应用型本科食品科学与工程专业发展的重要因素之一。当前，许多高校在师资队伍建设上面临着资金短缺的困境，导致无法充分投入于师资培养、引进和激励等方面。经费保障难题的存在，使得高校在引进高层次人才时面临诸多困难。由于经费有限，高校往往无法提供具有竞争力的薪酬待遇和科研条件，导致优秀人才流失或难以吸引，现有教师的培养和发展也受到限制。由于缺乏足够的经费支持，教师难以参加高水平的学术会议、研讨会等活动，无

法及时了解学科前沿动态和最新研究成果，从而影响其教学水平和科研能力的提升。

为了解决经费保障难题，高校需要积极寻求多元化的资金来源。一方面，可以通过与企业合作、开展产学研项目等方式，争取外部资金支持；另一方面，也可以加强与政府部门的沟通与合作，争取政策支持和经费倾斜。同时，高校内部也需要优化经费使用结构，确保师资队伍建设经费的合理使用和有效投入。

高校还可以通过建立激励机制来激发教师的工作热情和创造力。例如，可以设立教学科研奖励基金，对在教学和科研方面取得突出成绩的教师给予物质和精神上的双重奖励；同时，也可以为青年教师提供更多的发展机会和平台，帮助他们快速成长并发挥更大的作用。

（二）师资队伍结构优化的压力与挑战

师资队伍结构优化的紧迫性与挑战，在当前应用型本科食品科学与工程专业建设中显得尤为显著。随着学科领域的深入拓展和新技术的不断涌现，对师资队伍的综合素质和专业能力提出更高的标准与要求。然而，当前众多高校的食品科学与工程专业师资队伍结构存在不均衡现象，如高级职称教师比例偏低、青年教师占比较高、缺乏跨学科背景教师等，这些问题对教学质量和科研水平的提升造成直接影响。

优化师资队伍结构成为当务之急。需加大引进力度，吸引更多具备高级职称和丰富教学科研经验的教师加入，以提升整体师资水平。应加强对青年教师的培养，通过实施导师制、组织教学观摩活动、开展科研合作等方式，助力其快速成长。鼓励教师开展跨学科交流和合作，促进学科交叉融合和创新发展。此外，建立科学的评价和激励机制，激发教师的工作热情和创造力，亦是优化师资队伍结构的关键举措。

在优化师资队伍结构的过程中，还需注重师资队伍的可持续发展。通过构建合理的年龄梯队，确保师资力量的稳定传承与发展。加强国际交流与合作，引进国际先进的教育理念和教学方法，提升师资队伍的国际化水平。通过实施上述措施，可有效缓解师资队伍结构优化的压力与挑战，推动应用型本科食品科学与工程专业师资队伍建设的健康发展。

（三）跨学科交流与合作的瓶颈问题

应用型本科食品科学与工程专业的师资队伍构建中，跨学科交流与合作面临障碍。教师往往局限于固有学科领域，缺乏深度交流和有效合作。参与跨学科研究或教学活动的教师比例不足30%，制约整体素养和创新能力。

障碍主要体现于：不同学科间知识体系与思维方式差异大，沟通合作难；跨学科研究需投入更多时间与精力，但评价体系重单一学科成果，缺乏激励；资源分配不均、项目管理复杂。为突破障碍，可借鉴成功案例，一些高校开展与化学、生物等学科合作推进跨学科研究，提升师资队伍素质。同时，引入跨学科研究团队或中心，搭建交流平台，促进知识共享与资源整合。还需完善激励机制和评价体系，如设立跨学科研究基金，将成果纳入评价体系，鼓励教师投身研究。通过逐步实施举措，有望打破障碍，推动师资队伍全面发展。

（四）师资队伍建设的长效机制构建挑战

师资队伍建设的长效机制构建是应用型本科食品科学与工程专业面临的关键问题之一。当前，众多高校在师资队伍建设方面缺乏持续稳定的投入机制，导致师资队伍结构失衡、教育教学水平参差不齐等问题的出现。为解决此问题，构建长效机制显得尤为重要，以确保师资队伍建设的连贯性和稳定性。

建立稳定的经费保障机制是构建长效机制的核心环节。大部分高校在师资队伍建设方面的经费投入远低于国际通行的标准。因此，高校应增加对师资队伍建设的投入力度，确保师资队伍建设经费的稳定与可靠。构建科学的评价体系和激励机制是长效机制的重要组成部分。当前，众多高校在师资队伍评价方面过于偏重科研成果和论文发表数量，而忽视对教学水平和实际贡献的考量。因此，需要构建一套多元化的评价体系，全面考虑教师的教学质量、科研能力、社会服务等多方面因素，并据此提供相应的激励和奖励措施。

加强师资培养与引进也是构建长效机制的重要举措。高校可通过设立

专项基金、实施师资培训项目等方式，提升现有教师的教育教学能力和科研水平；同时，积极拓宽引进渠道，吸引更多优秀人才加入师资队伍，为学科发展注入新的活力。建立师资共享与交流机制也是构建长效机制的有效途径。高校可通过建立产学研合作机制、搭建师资交流平台等方式，促进不同高校、不同学科之间的师资共享与交流，实现优势互补和资源共享。

（五）师资队伍建设的评价与激励机制创新挑战

师资队伍建设的评价与激励机制创新挑战是应用型本科食品科学与工程专业面临的重要课题。传统的评价体系往往过于注重科研成果的数量和级别，而忽视教学质量、社会服务等方面的贡献，这在一定程度上抑制教师的全面发展。创新评价机制，构建多元化、综合性的评价体系显得尤为重要。

有些高校引入教学满意度调查、学生评教、同行评价等多种方式，对教师的教学质量进行全面评估。还设立教学优秀奖、科研创新奖等荣誉，以表彰在教学和科研方面取得突出成绩的教师。这些举措不仅可激发教师的工作热情，也可提升师资队伍的整体素质。在激励机制创新方面。建立与绩效挂钩的薪酬体系，将教师的工资收入与其教学、科研、社会服务等方面的表现紧密联系起来。

师资队伍建设的评价与激励机制创新仍面临诸多挑战。一方面，如何确保评价体系的公正性、客观性和可操作性是一个亟待解决的问题。另一方面，如何根据教师的不同特点和需求制定个性化的激励措施也是一个需要深入研究的课题。需要不断探索和实践，逐步完善师资队伍建设的评价与激励机制，为应用型本科食品科学与工程专业的发展提供有力保障。

第二节　师资队伍建设的策略

一、优化师资队伍结构

（一）优化职称与学历结构

在应用型本科食品科学与工程专业的师资队伍建设中，优化职称与学历结构对于提升教学科研水平至关重要。当前，师资队伍中高级职称比例偏低、博士学位教师数量不足的问题制约教学科研的深入发展。

加大引进力度，积极吸引具有丰富教学经验和科研能力的高级职称教师加入。通过提高待遇、优化工作环境等方式，打造一支高水平的师资队伍。鼓励现有教师积极申报高级职称，提供培训、指导等支持，帮助他们提升职称评审的通过率。

提升教师的学历层次。设立奖学金、提供学费补助等激励措施，鼓励教师攻读博士学位，提升学术水平。引进具有博士学位的优秀青年教师，为师资队伍注入新的活力。

优化师资队伍的学科结构。通过引进具有不同学科背景的教师，促进学科交叉融合，为教学科研提供更为广阔的视野和思路。加强对跨学科教师的培养和支持，鼓励他们开展跨学科研究，推动学科交叉创新。

（二）加强跨学科背景人才引进

在应用型本科食品科学与工程专业的师资队伍建设中，强化引进具备跨学科背景的优秀人才，并积极推动学科间的交叉融合，对于提升师资队伍的整体素质以及促进学科的创新发展具有至关重要的作用。近年来，随着食品科学领域的蓬勃发展，跨学科研究已经成为推动学科前行的关键力量。引进具备跨学科背景的杰出人才，为师资队伍注入新的活力与智慧。

引进具有跨学科背景的杰出教师，来自化学、生物、医学等领域，为食品科学与工程专业的师资队伍带来丰富多样的知识和实践经验。新引进

的教师不仅在其专业领域具有深厚的学术造诣，而且能够灵活运用不同学科的知识和方法，为食品科学与工程专业的教学和科研工作提供新的视角和思路。

加强跨学科师资之间的交流与合作。通过定期组织学术研讨会、开展跨学科合作项目等多种形式，为不同背景的教师提供一个相互学习、交流思想的平台，促进知识的共享与融合。这种交流与合作有助于提升教师的跨学科研究能力，推动学科之间的交叉融合，为食品科学与工程专业的长远发展奠定坚实的基础。

（三）实施青年教师培养计划

实施青年教师培养计划，是提升教学科研力量的核心战略。通过一系列激励政策，吸引杰出青年人才。在培养计划中，聚焦于青年教师的专业成长与职业发展，通过实施导师制度、组织教学研讨活动、开展科研合作等多元化途径，为青年教师提供全方位的支持与指导。鼓励青年教师参与国内外学术交流活动，以拓宽其学术视野并提升其学术水平。

通过选拔一批具备创新精神和卓越教学科研能力的青年教师作为中坚力量，鼓励他们在教学科研领域勇攀高峰，力求取得更多具有突破性的成果。搭建青年教师交流平台，促进青年教师之间的经验分享与深度合作，进而营造出浓厚的学术氛围和团结协作的精神。这些举措不仅有效提升青年教师的个人素质与能力，也为教学科研事业的持续发展注入新的活力与动力。

（四）构建合理的年龄梯队

构建合理的年龄梯队，是确保食品科学与工程专业师资队伍力量得以持续健康发展的重要基石。当前，众多高校在师资队伍建设过程中普遍面临年龄结构失衡的问题，青年教师占比偏高或中老年教师比重过大等现象屡见不鲜，这无疑对师资队伍的稳定与长远发展构成挑战。

构建老中青三代相结合的合理梯队。应充分保障青年教师的成长空间与发展机遇，通过设立青年教师科研启动基金、实施导师制度、组织教学观摩等多种形式，助力青年教师快速成长。鼓励青年教师积极参与国内外学术交流活动，拓宽学术视野，提升学术素养。

中老年教师作为师资队伍的宝贵财富，其丰富的教学经验和深厚的学术积淀应得到充分发挥。通过设立教学名师、科研骨干等荣誉称号，激发中老年教师的工作热情；加强中老年教师与青年教师之间的沟通交流，实现知识传承和经验共享。

借鉴其他高校或行业的成功经验，引入“导师制”“传帮带”等机制，促进不同年龄层次教师之间的协作与共进。建立健全科学的评价和激励机制，确保各年龄段的教师均能得到公正对待和合理回报。

（五）加强国际交流与合作

加强国际交流与合作，提升师资队伍的国际化水平，是应用型本科食品科学与工程专业师资队伍建设的重要一环。近年来，我国高等教育国际化步伐不断加快，国际交流与合作已成为提升师资队伍水平的有效途径。通过与国际知名高校、科研机构建立合作关系，引进海外优秀人才，参与国际学术会议等方式，可以显著提升师资队伍的国际化视野和学术水平。

加强国际交流与合作还有助于提升师资队伍的教学质量和科研水平。通过与国际同行交流教学经验、共享教学资源，可以推动教学方法的改革和创新；参与国际合作项目、共同开展科学研究，可以提升教师的科研能力和学术影响力。

二、加强师资培养与引进

（一）设立专项基金

为了切实提升食品科学与工程专业的师资水平，设立专项基金，以加大师资培养投入力度。这一举措旨在通过专项资金的支持，为教师们提供更多的学习和发展机会，进而提升整个师资队伍的教学和科研能力。专项基金将主要用于以下几个方面：一是支持教师参加国内外高水平的学术会议和研讨会，以拓宽学术视野，了解前沿动态；二是资助教师赴国内外知名高校或研究机构进行访学或进修，以提升学术水平和研究能力；三是鼓励教师参与科研项目和课题研究，以积累科研经验，提升科研创新能力。通过这些措施的实施，能够打造一支高水平的师资队伍，为食品科学与工程专业的发展提供有力的人才保障。

（二）实施师资培训项目

实施提升教师教育教学能力的师资培训项目，采取一系列扎实且高效的举措。首先，为确保培训项目的顺利实施，设立专项师资培训基金，为培训项目的深入开展奠定坚实基础。其次，策划涵盖教育教学理论、教学方法与技巧、课程设计与实施等多个维度的培训内容，旨在全面提升教师的教育教学能力。最后诚邀国内外知名教育专家担任讲师，为教师们带来先进的教育理念和丰富的实践经验。

在培训过程中，注重理论与实践的紧密结合，通过案例分析、小组讨论、实践操作等多种形式，使教师们能够深入理解和掌握教育教学知识。建立完善的培训效果评估机制，通过跟踪调查和反馈收集，对参训教师的培训效果进行定期评估，以便及时调整和优化培训方案。

（三）拓宽引进渠道

在应用型本科食品科学与工程专业师资队伍的建设过程中，拓宽引进渠道、积极吸纳优秀人才是提升整体师资水平的关键举措。可以通过多种途径来拓宽引进渠道。加强与国内外知名高校和研究机构的合作与交流，定期举办学术研讨会和师资互访活动，吸引更多具有丰富教学经验和科研实力的优秀人才加入。其次，利用互联网和社交媒体等现代信息技术手段，建立在线招聘平台，广泛发布招聘信息，吸引更多优秀人才的关注。

在吸纳优秀人才方面，不仅要关注人才的学历和职称，更要注重其教学科研能力和实践经验。此外，可以借鉴其他高校的成功经验，如设立特聘教授、讲座教授等岗位，吸引国内外知名学者来校任教或开展合作研究。

通过拓宽引进渠道、积极吸纳优秀人才，可以有效提升应用型本科食品科学与工程专业师资队伍的整体实力。这些优秀人才不仅能够带来先进的教学理念和科研方法，还能够推动学科交叉融合和创新发展。

（四）建立师资评价体系

在应用型本科食品科学与工程专业师资队伍建设中，建立科学、合理的师资评价体系是激励教师不断成长的关键环节。通过构建多维度、全方位的师资评价体系，可以全面、客观地评价教师的教学水平、科研能力、社会服务等多方面表现，进而为教师的职业发展提供有力支持。

具体而言，师资评价体系应包括教学评估、科研考核、社会服务评价等多个方面。在教学评估方面，可以采用学生评教、同行评议、专家评审等多种方式，对教师的教学质量进行综合评价。

在科研考核方面，可以设立科研项目、论文发表、专利申请等考核指标，对教师的科研能力进行量化评价。同时，还可以引入同行评议机制，对教师的科研成果进行专业评价。通过科研考核，可以激励教师积极参与科研工作，提升科研水平，为学科发展做出贡献。

社会服务评价也是师资评价体系中不可或缺的一部分。通过评价教师在社会服务中的表现，可以激励教师积极参与社会实践，提升社会责任感和使命感。

在构建师资评价体系的过程中，还应注重引入数据分析、案例研究等科学方法，对评价结果进行深入分析和挖掘。通过数据分析，可以更加准确地了解教师的教学水平、科研能力等方面的优势和不足，为教师的职业发展提供有针对性的建议和指导。同时，通过案例研究，可以总结和推广优秀教师的成长经验和教学方法，为其他教师提供借鉴和学习的机会。

（五）加强校企合作

加强校企合作，共享优质师资资源是应用型本科食品科学与工程专业师资队伍建设的重要途径。通过校企合作，学校可以引入企业中的行业导师，他们具备丰富的实践经验和深厚的行业背景，能够为学生提供更为贴近实际的教学内容和案例。同时，企业导师的参与也能够促进学校与企业之间的紧密合作，推动产学研深度融合。

学校与食品企业建立紧密的合作关系，共同开展师资共享项目。企业导师不仅参与学校的课堂教学，还指导学生进行实践操作和课题研究。通过校企合作，学生的实践能力和创新能力得到显著提升，同时学校的教学质量和科研水平也得到进一步提高。

校企合作还能够促进师资培养与引进的良性循环。学校可以通过校企合作了解企业的用人需求和人才标准，从而有针对性地培养和引进符合企业需求的优秀人才。同时，企业也可以通过校企合作了解学校的教学和科研情况，为企业的技术创新和人才培养提供有力支持。

在加强校企合作的过程中，还需要注重合作机制的构建和完善。学校和企业应建立长期稳定的合作关系，明确双方的权利和义务，确保合作项目的顺利实施。同时，还需要建立有效的沟通机制，加强双方之间的信息交流和资源共享，推动校企合作向更深层次发展。

三、构建激励机制

（一）设计合理的薪酬体系

在应用型本科食品科学与工程专业师资队伍建设中，设计合理的薪酬体系是保障教师基本权益的关键环节。合理的薪酬体系不仅能够吸引和留住优秀人才，还能激发教师的工作热情和创造力。需要根据教师的职称、学历、教学科研水平以及市场薪酬水平等因素，制定具有竞争力的薪酬标准。

可以借鉴国内外高校的成功经验，结合本校实际情况，设计一套多元化的薪酬体系。可以设立基本工资、绩效工资、津贴补贴等多个薪酬组成部分，并根据教师的实际贡献和业绩进行动态调整。还可以引入市场竞争机制，通过市场调查和比较，确保教师的薪酬水平与市场水平保持同步。

除了薪酬水平外，薪酬体系的公平性和透明度也是保障教师基本权益的重要方面。建立公开透明的薪酬制度，确保薪酬分配的公正性和合理性。还需要建立健全的考核机制，对教师的教学科研水平进行全面评价，并根据评价结果对薪酬进行相应调整。

（二）设立教学科研奖励机制

在应用型本科食品科学与工程专业师资队伍建设中，设立教学科研奖励机制是激发教师创新实践的关键举措。通过设立教学优秀奖、科研创新奖等，对在教学和科研领域取得突出成果的教师给予物质和精神上的双重奖励，能够有效激发教师的积极性和创造力。很多高校通过设立科研创新基金，对在食品科学领域取得创新性研究成果的教师给予资金支持，并优先推荐其参与国内外学术交流活动，这不仅提升教师的科研水平，也促进学科的发展。该机制还鼓励教师将科研成果转化为实际生产力，通过与企业合作开展产学研项目，推动科研成果的商业化应用，进一步增强教师的创新实践能力。

设立教学科研奖励机制还能够促进教师之间的良性竞争与合作。通过定期举办教学观摩、科研经验交流等活动，让教师们相互学习、相互借鉴，形成一种积极向上的学术氛围。同时，该机制还能够吸引更多的优秀人才加入师资队伍，提升整体的教学科研水平。

（三）搭建职业发展平台

搭建职业发展平台是应用型本科食品科学与工程专业师资队伍建设的核心环节，旨在促进教师个人成长，提升整体教学科研水平。通过构建多元化的职业发展平台，为教师提供广阔的职业发展空间。

在职业发展平台的搭建过程中，注重教师的个性化需求和发展方向。通过定期的教师座谈会、职业规划指导等活动，深入了解每位教师的职业发展规划和期望，并为其量身定制个性化的成长方案。建立完善的教师评价体系，将教师的个人成长与职业发展平台的建设紧密结合，激励教师不断提升自身的教学科研能力。

（四）强化荣誉表彰制度

在应用型本科食品科学与工程专业师资队伍建设中，强化荣誉表彰制度对于提升教师的社会认同感至关重要。通过设立多样化的荣誉奖项，如“教学名师”“科研杰出贡献奖”等，可以充分认可教师的辛勤付出和卓越成就。这些荣誉不仅是对教师个人能力的肯定，更是对其社会价值的认可，有助于提升教师的社会地位和影响力。

荣誉表彰制度还能激发教师的积极性和创造力。根据相关研究，获得

荣誉表彰的教师往往在教学和科研方面表现出更高的热情和动力。他们更愿意投入时间和精力去探索新的教学方法和科研领域，从而推动学科的发展和创新。荣誉表彰也能激励其他教师向他们学习，形成良好的教学科研氛围。

在实施荣誉表彰制度时，应注重公平性和透明度。要确保评选过程公开、公正、公平，避免任何形式的人为干预和偏见。同时，要建立健全的评选机制，确保评选结果能够真实反映教师的实际贡献和水平。此外，还可以通过举办颁奖典礼等活动，让获奖教师得到更多的社会关注和认可，进一步提升他们的社会认同感。

（五）构建多元评价体系

在应用型本科食品科学与工程专业师资队伍建设中，构建多元评价体系是全面激发教师工作热情与创造力的关键举措。传统的单一评价体系往往侧重于科研成果或教学成绩，忽视教师的多元发展和个性化需求。因此，可构建包括教学评估、科研评价、社会服务评价以及个人发展评价在内的多元评价体系。

在教学评估方面，采用学生评教、同行评议和专家评审相结合的方式，确保评价结果的客观性和公正性。同时，注重教学过程的监控和反馈，及时发现问题并予以改进。通过教学评估，不仅能够了解教师的教学水平，还能够激发教师不断改进教学方法和内容的动力。

在科研评价方面，注重科研成果的质量和影响力，而非仅仅关注论文数量。鼓励教师开展跨学科研究，促进学科交叉融合，提升科研创新能力。同时，建立科研成果转化机制，将科研成果应用于实际生产中，推动产学研深度融合。

此外，引入社会服务评价和个人发展评价，以全面反映教师的社会贡献和个人成长。通过社会服务评价，鼓励教师积极参与社会公益活动，提升社会责任感和使命感。通过个人发展评价，关注教师的职业规划和成长需求，提供个性化的职业发展指导和支持。

四、深化产学研合作

（一）建立产学研合作机制

在应用型本科食品科学与工程专业师资队伍建设中，建立产学研合作机制是提升师资水平、促进师资共享与交流的重要途径。通过产学研合作，学校可以与企业、科研机构等建立紧密的合作关系，共同开展教学、科研和人才培养等活动。这种合作机制不仅有助于学校引进具有丰富实践经验的行业导师，还能为学生提供更多的实践机会和就业渠道。

产学研合作机制还有助于促进师资间的知识共享和资源整合。通过搭建产学研合作平台，学校可以整合各方资源，实现优势互补，共同推动食品科学与工程专业的发展。学校可以与企业合作开展联合培养项目，共同制定培养方案和教学大纲，实现资源共享和互利共赢。学校还可以邀请企业导师参与课程建设和教学改革，将行业最新动态和技术成果引入课堂，提高教学质量和效果。

在建立产学研合作机制的过程中，学校还需要注重合作机制的完善和创新。一方面，学校可以建立产学研合作的长效机制，明确各方职责和权益，确保合作的稳定性和可持续性。另一方面，学校还可以探索新的合作模式和途径，如开展产学研合作项目、建立产学研联合体等，以进一步拓宽师资发展途径和提升师资水平。

（二）拓展产学研合作项目

在应用型本科食品科学与工程专业师资队伍的建设过程中，拓展产学研合作项目，丰富师资实践经验显得尤为重要。与食品企业建立紧密的产学研合作关系，共同开展一系列具有实际应用价值的项目。通过参与项目的研发、生产、销售等各个环节，教师可以深入了解食品行业的最新动态和市场需求，有效提升自身的专业素养和实践能力。

产学研合作项目的拓展也为师资队伍带来更多的实践机会。教师参与产学研合作项目不仅可以积累丰富的实践经验，还可以与企业建立良好的合作关系，为今后的教学和科研工作奠定坚实的基础。

产学研合作项目的实施也促进师资队伍的跨学科交流与合作。在项目中，不同学科背景的教师们共同协作，共同解决实际问题，不仅提升项目的实施效果，也促进教师之间的知识共享和学术交流。这种跨学科的合作模式有助于培养具有创新精神和跨学科素养的优秀人才，为食品科学与工程专业的长远发展注入新的活力。

（三）加强与产业界联系

加强与产业界的联系，对于应用型本科食品科学与工程专业师资队伍建设具有至关重要的意义。通过与产业界的紧密合作，可以引入具有丰富实践经验和行业洞察力的行业导师，从而有效提升师资队伍的整体水平。这些导师不仅为学生提供宝贵的实践机会，还通过开设专题讲座、参与课程设计等方式，将最新的行业动态和技术趋势融入教学中，极大地提升教学质量。

引入行业导师不仅可以提升教学质量，还可以促进师资队伍的科研创新能力。行业导师通常具有丰富的实践经验和深厚的行业资源，他们可以为教师提供研究方向的指导和建议，帮助教师解决科研中遇到的实际问题。通过与行业导师的合作，教师还可以了解行业的最新需求和趋势，从而更有针对性地进行科研创新。这种合作模式有助于打破学术与产业之间的壁垒，推动科研成果的转化和应用。

引入行业导师还有助于提升师资队伍的国际化水平。随着全球化的深入发展，食品科学与工程专业面临着越来越多的国际竞争与合作机会。通过与国外知名企业和研究机构的合作，可以引入具有国际视野和先进技术的行业导师，为师资队伍注入新的活力和动力。这些导师可以分享他们在国际市场上的成功经验和技术创新，帮助教师提升国际竞争力，推动食品科学与工程专业的国际化发展。

（四）建立产学研联合培养基地

在应用型本科食品科学与工程专业师资队伍建设的进程中，建立产学研联合培养基地，打造实践教学新模式，成为提升师资水平、优化教学结构的重要举措。通过与企业、科研机构等合作，共同建立实践教学基地，为学生提供更为真实、贴近行业的教学环境，有助于培养学生的实践能力和创新精神。

产学研联合培养基地的建立还有助于推动师资队伍的创新发展。通过与企业、科研机构的紧密合作，教师可以及时了解行业最新动态和技术发展趋势，将最新的科研成果和行业经验引入教学中，提升教学质量和水平。教师还可以通过参与企业的研发项目和技术服务，积累实践经验，提升自身的科研能力和创新能力。

在打造实践教学新模式方面，产学研联合培养基地也发挥重要作用。通过引入企业真实案例和项目，构建以问题为导向、以项目为驱动的教学模式，激发学生的学习兴趣和主动性。通过校企合作开展课程设计、实验教学和毕业设计等教学环节，实现理论与实践的有机结合，提高学生的综合素质和实践能力。

（五）强化产学研合作成果转化

在应用型本科食品科学与工程专业的师资队伍建设中，强化产学研合作成果转化是推动师资队伍创新发展的关键一环。通过产学研合作，教师能够深入企业实践，了解行业前沿动态，将科研成果转化为实际应用，进而提升教学质量和科研水平。

在推动产学研合作成果转化方面，高校应建立完善的产学研合作机制，加强与企业、行业组织的联系与沟通，共同制定合作计划和目标。同时，高校还应加大对产学研合作项目的投入力度，提供必要的经费支持和资源保障，确保合作项目能够顺利进行并取得实效。此外，高校还应加强对产学研合作成果的评估和反馈，及时总结经验教训，不断完善合作机制，推动师资队伍的创新发展。

案例 2

部分本科高校食品院系专业师资队伍基本情况

序号	单位名称	师资基本情况
1	信阳农林学院食品科学与工程学院	现有教师 65 人，高级职称 23 人，博士 11 人，硕士以上学位 60 人；国务院特殊岗位津贴、国家级酿酒师、国家二级营养师、国家烹饪大师，河南省教学名师、河南省技术能手、河南省文明教师、河南省优秀共产党员、河南省优秀教师、河南省中青年骨干教师、河南省师德标兵、河南省优秀教育管理人才、河南省教育厅学术技术带头人、河南省优秀科技特派员、河南省特殊岗位津贴、河南省优秀辅导员、河南省优秀共青团干，信阳市青年科技专家、信阳市技术能手等各类人才 20 余人。
2	河南科技学院食品学院	教职工 82 名，其中教授 12 人、副教授 30 人、博士 45 人，另有兼职、客座教授 14 人。学院有中原科技创新领军人才 1 人，河南省及教育厅学术技术带头人 8 人，河南省中青年骨干教师 10 人，中国烹饪大师 4 人，河南省科技创新杰出人才、杰出青年及河南省高校科技创新人才 12 人。
3	郑州轻工业大学食品与生物工程学院	教职工 150 余人，其中具有博士学位教师 90 余人，具有高级职称教师 70 余人，拥有院士、中原学者、省特聘教授、省学术技术带头人、省杰出人才、省教学名师等 30 余人次。
4	河南科技大学食品与生物工程学院	教授 40 人、副教授 33 人，博士生导师 14 人，硕士生导师 63 人，海外留学经历教师占 37%。其中战略科学家 1 人，国家级青年人才计划入选者 1 人，全国创新争先奖 1 人，河南省特聘教授 1 人，河南省跨世纪学术和技术带头人 1 人，河南省教学名师 3 人，中原英才计划系列人才 4 人，河南省杰出青年基金获得者 2 人，河南省高校科技创新人才 3 人，河南省创新型科技团队 1 个，河南省高校科技创新团队 2 个，河南省高校青年骨干教师 11 人，河南省优秀省管专家 1 人，地厅级优秀专家及学术带头人 21 人。

续表

序号	单位名称	师资基本情况
5	河南工业大学粮油食品学院	教授36名，副教授和高级实验（工程）师32名，具有博士学位教师118名，博士生导师26名，硕士生导师59名，双聘院士1名，河南省特聘教授3名，国家百千万人才2名，享受国务院政府特殊津贴专家8名，河南省教学名师1人，河南省跨世纪学术和技术带头人4名，省部级优秀专家4名。
6	河南农业大学食品科学技术学院	教职工101人，教授和副教授39人，国家产业技术体系岗位科学家1人，河南省学术技术带头人2人，河南省政府特殊津贴专家3人，河南省教育厅学术技术带头人5人，省高校青年骨干教师5人，省高层次人才5人。
7	贵州大学酿酒与食品工程学院	教职员工73人。其中：教授20人，包括二级教授2人，三级教授18人，副教授16人；正高级实验师2人，高级实验师2人；教师中有博士学位45人，有海外留学经历教师8人，有博士生导师5人。学院有教育部食品科学与工程类专业教学指导委员会1人；贵州省省管专家3人，“百层次”人才2人，“千层次”人才2人，贵州省优秀青年科技人才培养对象6人，贵州省教学名师1人；有贵州大学英才C岗人才2人，特岗教师B岗1人，C岗6人，D岗3人。
8	贵阳学院食品科学与工程学院	教职工43人，其中专任教师39人，具有正高职称12人、具有副高职称23人；具有硕士导师资格25人；具有博士学位24人。
9	贵州理工学院食品药品制造工程学院	现有在编教师34人，其中高级职称5人、副高级职称14人、中级职称13人，高级职称占比55%；博士21人，硕士13人，其中4名硕士教师在职攻读博士学位，2名博士教师在职从事博士后研究，博士教师占比62%；“双师型”教师12人，博士生导师2人，硕士生导师4人。
10	滁州学院生物与食品工程学院	教职工87人，教师中具有高级职称29人、博士学位（含在读）65人、“双能型”教师33人，拥有安徽省教学团队4支；教师获评中国好人、安徽省最美教师、滁州市道德模范1人，安徽省教学名师3人，安徽省优秀教师1人，安徽省巾帼建功标兵1人，安徽省优秀共产党员1人。

续表

序号	单位名称	师资基本情况
11	合肥工业大学食品与生物工程学院	现有教职工172人（含4名返聘教师），其中专职教学科研人员142人、实验教师15人、行政服务人员（包括学生辅导员）15人；专职教学科研人员中，含教授45人、副教授69人（外籍教师1人）、讲师25人、博士后3人；有国家级高层次人才6人，博士学位教师比例95%以上。聘有包括3名中国工程院院士在内的国内外知名的兼职教师88人。
12	亳州学院生物与食品工程系	现有教职工62人，外聘兼职教师7人，专任教师48人，其中教授3人，研究员1人，副教授5人，博士23人；“双能”型教师15人。国家级酿酒师5人，国家级品酒师5人，省级教学名师2人，省级高校拔尖人才5人，市级拔尖人才1人，省级学科技术带头人1人，市级学科技术带头人3人。
13	蚌埠学院食品与生物工程学院	专兼职教师60人，其中教授7人、副教授21人；博士20人、硕士34人；省级教学名师4人，省级名师工作室1个，省级优秀教师1人，省级教坛新秀4人，蚌埠市优秀教师1人。
14	枣庄学院食品科学与制药工程学院	教职工65人，专任教师52人，全部具有硕士及以上学位，其中博士44人，副教授以上23人。专任教师队伍中博士占比85%，拥有省级人才多名，山东省第二批“高校黄大年式教师团队”1个。目前有硕士生导师11名，博士生导师1名。
15	鲁东大学食品工程学院	现有教职工65人，专任教师55人，其中国家重点人才工程入选者1人，山东省重点人才工程入选者2人。教授6人，副教授14人；具有博士学位专任教师52人，占比94.5%。专任教师中具有国外学习经历的10人，具有工程实践经历的20余人。
16	山东农业大学食品科学与工程学院	现有教职工86人，其中专任教师68人（教授18人，副教授25人，讲师15人）。拥有泰山学者特聘教授1人，泰山产业领军人才工程专家3人，山东省有突出贡献的中青年专家1人，国家现代农业产业技术体系创新团队岗位专家1人，山东省现代农业产业技术体系创新团队岗位专家2人，山东省林业科技创新团队岗位专家1人。

续表

序号	单位名称	师资基本情况
17	齐鲁工业大学食品科学与工程学院	教职工 127 人，其中教授 33 人，副教授 47 人，博士生导师 14 人，硕士生导师 55 人，拥有山东省“黄大年式教师团队”1 个，全国优秀教师 1 人、全国师德标兵 1 人，国家“万人计划”科技创新领军人才、新世纪百千万人才工程国家级人选、科技部“中青年科技创新领军人才”等国家级人才 8 人次，山东省“泰山学者”特聘专家、产业领军人才、青年专家等省部级人才 23 人次。
18	青岛农业大学食品科学与工程学院	教职工 83 人，其中专任教师 73 人；博士生导师 12 人，硕士生校内导师 63 人，校外导师 57 人；教授 20 人，副教授 37 人；博士 61 人；享受国务院政府特殊津贴 2 人，中央联系的高级专家 1 人，泰山学者特聘专家 2 人，青年泰山学者 3 人，山东省杰出青年科学基金获得者 1 人，山东省现代农业产业技术体系岗位科学家 2 人，山东省有突出贡献青年专家 3 人，全国优秀教师 1 人，山东省教学名师 1 人，齐鲁最美教师 1 人，山东省优秀研究生指导教师 2 人，青岛市高校教学名师 2 人，中国科协青年人才托举工程 2 人，山东省青年科技人才托举工程 1 人。
19	中国海洋大学食品科学与工程学院	教职工 115 人，其中中国工程院院士 1 人，教授 36 人，教授级高工 2 人，副教授 27 人，讲师 15 人。专任教师中具有博士学位的占 98%以上，有一年以上国外留学经历的占 80%以上，老中青结合，学缘结构合理。
20	四川农业大学食品学院	教师 67 人，其中教授 18 人，副教授 21 人，教育部长江学者特聘教授 1 人，享受国务院政府特殊津贴专家 1 人，教育部教学指导委员会委员 1 人，四川省学术技术带头人 3 人及后备人选 8 人、四川省天府峨眉计划 4 人；博士生导师 11 人，硕士生导师 40 人；具有硕士学位以上的教师占教师总数的 95%以上，具有博士学位的教师占比近 70%。
21	成都大学食品与生物工程学院	专业教师 117 人，教授 34 人（二级 5 人），副教授 46 人；教师拥有博士学位 74 人。享受国务院政府特殊津贴 7 人，国家产业体系岗位科学家 3 人，四川省学术与技术带头人 4 人，四川省有突出贡献的优秀专家 3 人，四川创新团队岗位专家 5 人，四川省高层次人才 4 人。

续表

序号	单位名称	师资基本情况
22	西华大学食品与生物工程学院	教职工102人，专任教师89人，其中博士研究生导师6人，硕士研究生导师43人，正高级职称24人，副高级职称29人，具有博士、硕士学位的教师达96.08%。
23	西南民族大学食品科学与技术学院	专兼职教学科研管理人员46名，其中，正高级12人，副高级16人，中级18人；具有博士学位人员25人，具有海外留学经历的人员11人。
24	云南农业大学食品科学技术学院	专任教师61人，其中正高级职称14人、副高级职称22人、实验人员4人，博士学位占比67.2%，博士生导师5人，硕士生导师36人。
25	昆明理工大学食品科学与工程学院	教职工42人，其中专任教师37人，博士生导师5人，硕士生导师28人；教授10人，副教授14人，博士30人，云南省中青年学术与技术带头人2人，云南省青年人才12人，云南省优秀研究生指导教师1人，中国科协青年托举工程人才1人。
26	梧州学院食品与制药工程学院	现有教师49人，高级职称占37%，具有博士学位人员占35%。
27	贺州学院食品与生物工程学院	专任教师82人，其中正高职称8人，副高职称27人，硕士以上80人，双师型教师22人，有1年以上出国（境）留学经历的教师14人；校外兼职博导3人，硕导11人。外聘中国工程院院士1人，享受国务院政府特殊津贴1人，教育部高等学校食品科学与工程类专业教学指导委员会委员1人，2019—2022年广西本科高等学校教学指导委员会委员6人（其中食品科学与工程类主任委员1人，秘书长1人，委员2人；生物科学与生物工程类教学指导委员会委员1人；农林类教学指导委员会委员1人），广西特聘专家1人，二级教授1人，广西高层次人才D层次1人，广西优秀卓越学者1人，贺江学者1人。
28	北部湾大学食品工程学院	教职工36人，其中教授7人，副教授8人，专任教师26人全部具有硕士以上学位，其中具有博士学位教师17人。

续表

序号	单位名称	师资基本情况
29	广西大学轻工与食品工程学院	教职工 95 人，其中专任教师 74 人，正高级职称 20 人，副高级职称 36 人，具有博士学位的教师 69 人。目前有中国工程院院士 1 人，君武荣誉教授（院士）2 人，国家重大人才工程特聘教授 1 人，国家高层次青年人才计划 1 人，“百千万人才工程”国家级人选 2 人，国务院学科评议组成员 1 人，教育部教学指导委员会委员 1 人，享受国务院政府特殊津贴专家 3 人，广西八桂学者 3 人，广西八桂青年拔尖人才 3 人、中国科协青年人才托举工程人员 2 人，广西壮族自治区终身教授 1 人。
30	五邑大学药学与食品工程学院	现有教职工 63 人，其中专任教师 52 人。专任教师平均年龄 39 岁，拥有博士学位教师 51 人，占比 98%，正高职称 10 人，副高 20 人，高级职称占比 58%，博士生导师 8 人，硕士生导师 51 人，超过 50%的人员具有海外留学经历，拥有韩国翰林院院士、教育部新世纪优秀人才、科技部国家高端外国专家、入选全球前 2%顶尖科学家榜单“终生科学影响力排行榜”和 2023“年度科学影响力榜单”科研人员、广东省高校珠江学者岗位计划青年学者、江苏省高层次创新创业人才、海南省“515 人才”、海南省“拔尖人才”、广东省百名博士博士后创新人物等各类高层次人才，是一支职称结构合理、学术水平高、科研能力强和教学、实践经验丰富的师资队伍。
31	华南理工大学食品科学与工程学院	教职工共 125 人，其中专任教师 102 人，正高职称有 50 人，副高职称 42 人；博士生导师 60 人，硕士生导师 97 人。98%以上的教师拥有博士学位，90%以上的教师曾到国内外著名高校进修，62%以上的教师为 45 周岁以下的中青年学术骨干，同时积极从国外引进高级科研人才，聘请国内外著名的学者为兼职教授、荣誉教授。

续表

序号	单位名称	师资基本情况
32	广东海洋大学食品科技学院	教职工 108 人（行政 5 人、辅导员 8 人、实验教师 13 人、专业教师 82 人）。专业教师 82 人，其中教授 17 人、副教授 20 人、讲师 45 人，具有博士学位的教师 74 人（占比 90%），博士生导师 16 人，硕士生导师 42 人。现有国家农业产业技术体系岗位科学家 2 人、广东省教学名师 1 人、南粤优秀教师 1 人、广东省扬帆计划引进紧缺人才 1 人、广东省扬帆计划高层次人才 1 人、广东省优秀教学团队 2 个、教育厅科技创新团队 3 个、广东海洋大学南海杰出学者 3 人、广东海洋大学南海杰出青年学者 3 人、学校青年拔尖人才 6 人。
33	韶关学院食品学院	专任教师 46 名，其中博士总数 17 名（含 1 名行政教辅岗博士、6 名重点实验室博士），另有 4 名在站博士后，外聘教师方面包括外教 1 人和外聘实践指导教师 10 余人，专任教师中高级职称比例 50%、博士比例 46%，拥有 1 个省级教学团队和一批广东省教学名师、全国优秀教师、广东“千百十工程”省级培养对象、省扬帆计划人才。
34	肇庆学院食品与制药工程学院	教工 60 人，其中教授 4 人，副教授等副高职称 14 人，博士 35 人，具有硕士以上学位的教师占 93.3%，超过 50%的教师具有双师经历。现有广东省高校“千百十工程”省级培养对象 1 人、南粤优秀教师 1 人、校级培养对象 5 人，肇庆市高层次人才 15 人，校学术带头人 3 人。
35	仲恺农业工程学院轻工食品学院	教授 13 人、副教授 20 人、博士生导师 6 人，硕士导师 26 人；教师中具有博士学位的占 89%。45 岁以下中青年骨干教师占 74.5%。学院拥有南粤优秀教师 1 人，省级“千百十人才”1 人，广东省优秀青年教师培养计划 4 人，珠江科技新星 1 人，校级教学名师 1 人，校级“千百十人才”7 人，拥有中国食品学会理事 1 人、广东省各级学会（协会）理事 10 人以上。
36	佛山科学技术学院食品科学与工程学院	教职员工 87 名，其中专任教师 68 名（含联合培养博士后 4 名）、实验人员 7 名、行政人员 7 名、高建聘员 5 名。其中正高职称 11 名，副高职称 24 名。博士生导师 7 名，硕士生导师 47 名。具有博士学位教师 54 名，占专任教师人数的 79.4%。

续表

序号	单位名称	师资基本情况
37	韩山师范学院生命科学与食品工程学院	教职工60余人，其中正高职称12人、博士40人。
38	广东药科大学食品科学学院	教职工29人，其中专任教师21人。专任教师中，具有高级职称的12人，占57.1%；具有博士学位的20人，占95.2%。现有硕士研究生导师7人。
39	广东石油化工学院生物与食品工程学院	专任教师50人，其中教授（含正高职称）12人，副教授（含副高职称）26人，具有博士学位教师36人，生物工程与技术教学团队是省级立项建设的教学团队。学院拥有广东高等学校“千百十人才工程”省级培养对象、广东省“扬帆计划”高层次人才、广东高校优秀青年教师培养对象、广东石油化工学院“青年学者计划”等高层次人才。
40	华南农业大学食品学院	教职工104人，博士后5人。其中专任教师81人，正高职称人员33人。93.5%以上的教师拥有博士学位，55.8%的教师具有海外研修经历，45岁以下成员占57.1%。学院积极聘请海内外优秀人才来校开展科研合作和人才培养。拥有国家万人计划教学名师1人，教育部高等学校食品科学与工程类专业教学指导委员会副主任兼全国食品质量安全专业工作组组长1人，万人计划中青年领军人才1人，国家优秀青年基金获得者1人，全国优秀科技工作者1人，农业部（现农业农村部）产业技术体系岗位科学家2人，南粤优秀教师1人，广东省教学名师2人，广东省珠江学者2人，广东高层次人才特支计划科技创新领军人才和青年拔尖人才各1人，广东省杰出青年基金获得者2人。
41	石河子大学食品学院	教职工76人，其中专任教师62人（教授22人，副教授31人），具有博士学位者49人。学院现有兵团重点领域创新团队3个，享受国务院政府特殊津贴专家1人、国家级人才项目1人、自治区“天池英才”特聘教授1人、“绿洲学者”特聘教授2人、自治区农业产业技术体系专家1人、“天池英才”青年博士11人、“兵团英才”5人、“兵团中青年领军人才”4人、自治区教学能手1人、宝钢优秀教师奖4人。

续表

序号	单位名称	师资基本情况
42	新疆农业大学食品科学与药学学院	教职工68人。其中，专任教师50人，享受国务院政府特殊津贴1人，自治区“天山英才”2人，天池特聘教授2人，特色林果首席专家2人，高层次引进人才2人，天池计划青年博士资助8人，教授、副教授共27人。有博士学位教师31人，博士生导师9人，硕士生导师30人，在读博士8人。
43	塔里木大学食品科学与工程学院	教师38人，博士学位9人，在读博士3人，实验管理人员3人；入选“兵团英才”第三层次人才2人，昆仑学者特聘教授1人。

注：数据截止到2024年4月。

通过对上述部分本科高校食品院系专业师资队伍基本情况的梳理，我们可以总结以下几点：

1. 各高校在食品院系专业师资队伍的建设上均有一定的投入，拥有一定数量的教授、副教授和具有博士学位的教师，显示出较高的教育水平和学术实力。

2. 大部分高校都聘请了具有海外留学经历的教师，这有助于引入国际先进的教育理念和教学方法，提高教学质量。

3. 许多高校拥有一定数量的高层次人才，如国家级、省级人才计划入选者、优秀青年教师等，他们在科研和教学方面发挥着重要作用。

4. 一些高校还聘请了校外兼职教师或客座教授，以进一步丰富教学资源，提升教学质量。

然而，不同高校在师资队伍的具体构成上仍存在一定的差异，这可能与高校的地理位置、办学历史、学科特色等因素有关。因此，各高校在继续加强师资队伍建设的同时，也应结合自身特点，发挥优势，形成具有特色的食品院系专业师资队伍。

第三章　教学研究项目研究

教学研究在应用型高校食品科学与工程专业建设中发挥着关键作用，教学研究不仅对教师个人职业发展有益，也对提升整个专业的教学质量和教育水平具有长远影响。通过不断的教学研究和实践，应用型高校的食品科学与工程专业能够更好地适应社会和市场的需求，培养出更多高素质的应用型专业人才。

第一节　项目选题

一、食品科学与工程专业实践教学体系优化研究

在食品科学与工程专业实践教学体系优化研究中，可以探讨当前实践教学体系存在的问题与不足。通过调研，传统的实践教学往往过于注重理论知识的传授，忽视对学生实践能力和创新能力的培养。可以提出一系列优化措施，旨在构建更加符合行业需求、更具创新性的实践教学体系。

加强实践教学与理论教学的融合。通过引入案例分析、项目驱动等教学方法，让学生在实践中深化对理论知识的理解与运用。增加实验课程的比重，提高实验教学的质量，确保学生能够充分掌握实验技能。

培养学生的创新能力。通过开设创新实验、创业实践等课程，激发学生的创新思维和创业精神。与企业合作，开展产学研合作项目，为学生提供更多的实践机会和平台。

在优化实践教学体系的过程中，注重引入现代教学技术。例如，利用虚拟现实技术模拟实验环境，让学生在虚拟环境中进行实验操作，提高实验教学的安全性和效率。利用在线教学平台开展远程教学，打破地域限制，让更多的学生受益。

通过实践教学体系的优化研究，可以取得显著的成果。学生的实践能力、创新能力以及综合素质可得到提升，可得到行业的高度认可和评价。

二、应用型高校食品科学与工程专业专业课程建设项目研究

在应用型高校食品科学与工程专业专业课程建设项目研究中，应着重关注行业发展趋势和市场需求，以培养学生的实际应用能力为核心目标。针对当前专业课程设置存在的不足，可以提出一系列具体的建设项目。

加强专业课程与行业对接。通过与企业合作，共同开发专业课程，确保课程内容与行业发展同步。引入行业最新的技术和标准，使学生掌握最前沿的食品科学与工程知识。优化课程结构，注重实践环节。在专业课程中增加实验、实训等实践环节，让学生在实践中掌握专业技能。同时，加强课程之间的衔接和融合，形成完整的课程体系。重视师资队伍的建设。通过引进优秀人才、加强教师培训等方式，提升教师的专业水平和教学能力。鼓励教师参与科研项目和产学研合作，以提高教学质量和水平。

在专业课程建设项目实施过程中，可以采用分阶段实施的方式，逐步推进各项建设任务。建立项目管理和考核机制，确保项目的顺利实施和取得预期成果。

三、应用型高校食品科学与工程专业专业课程课程思政项目研究

在应用型高校食品科学与工程专业专业课程课程思政项目研究中，探索如何将思政教育有效融入专业课程教学中，以提升学生的思想道德素养和社会责任感。

深入挖掘专业课程中的思政元素。通过对专业课程内容的梳理和分析，找出与思政教育相关的知识点和案例，将其融入课程教学中。创新思政教学方法和手段。采用案例分析、小组讨论、角色扮演等互动式教学方法，激发学生的学习兴趣和参与度。同时，利用多媒体教学工具和网络资源，丰富教学手段，提高教学效果。加强课程思政项目的实施与评估。制定详细的项目实施计划，明确教学目标和任务。通过定期检查和评估，了解项目进展情况，及时发现问题并进行调整。收集学生和教师的反馈意见，不断完善和优化课程思政项目。

通过课程思政项目的实施，可以培养学生的爱国情怀、职业精神和创新意识。同时，也能提升专业课程的教学质量，增强学生的学习体验和满意度。

在未来的研究与实践中，还应不断探索新的课程思政教学方法和手段，以适应时代的发展和学生的需求变化。加强与行业、企业的合作与交流，引入更多的行业资源和案例，使课程思政项目更加贴近实际、具有针对性。

四、食品专业课程融合与跨学科教学方法探索

在食品科学与工程专业的教学中，课程融合与跨学科教学方法的探索显得尤为重要。近年来，随着食品行业的快速发展和消费者需求的多样化，传统的单一学科教学模式已难以满足现代食品产业对人才的需求。尝试将食品专业课程与其他相关学科进行有机融合，以培养学生的综合素质和创新能力。

在课程融合方面，可以将食品营养学、食品化学、食品微生物学等核心课程与生物学、化学、物理学等基础课程进行交叉融合。通过引入跨学科的知识点和案例，使学生能够在更广阔的视野下理解食品科学的本质和规律。

在跨学科教学方法探索方面，采用项目式学习、案例分析等教学方式，引导学生主动探索、合作学习和实践创新。通过组建跨学科学习团队，让学生在解决实际问题的过程中，综合运用所学知识，提升解决问题

的能力。邀请行业专家和企业代表参与教学活动，为学生提供更贴近实际的学习环境和经验分享。

五、食品科学与工程专业创新人才培养路径研究

食品科学与工程专业创新人才培养路径研究是提升专业教育质量和培养具备创新能力人才的关键环节。在当前快速发展的食品产业背景下，创新人才的培养显得尤为重要。通过深入分析食品科学与工程专业的课程设置、实践教学、科研训练等方面，构建以创新能力培养为核心的课程体系是提升人才培养质量的重要途径。

实践教学在创新人才培养中发挥着不可替代的作用。通过校企合作、产学研结合等方式，学生能够在实践中深入了解食品产业的实际需求和技术发展趋势，从而激发创新灵感和动力。同时，科研训练也是培养学生创新能力的重要手段。通过参与科研项目、发表学术论文等方式，学生能够锻炼自己的科研能力和创新思维。

六、食品科学与工程专业产学研合作教育模式研究

食品科学与工程专业产学研合作教育模式研究，旨在通过深化校企合作，实现教育资源与产业资源的优化配置，提升人才培养质量。近年来，随着食品产业的快速发展，产学研合作教育模式在食品科学与工程专业中得到广泛应用。国内食品科学与工程专业院校都与企业建立产学研合作关系，共同开展人才培养、科学研究和技术创新等活动。

学校与食品企业建立紧密的产学研合作关系。通过共同制定人才培养方案、开展实践教学和实习实训等活动，实现教育资源与产业资源的有效对接。学校与企业合作开展科研项目，共同研发新产品、新技术，推动食品产业的创新发展。这种合作模式不仅可以提高学生的实践能力和创新能力，也可以为企业提供源源不断的人才和技术支持。

在分析产学研合作教育模式的效果时，可以采用案例分析法和问卷调查法等方法。通过对比分析不同合作模式下的学生培养质量、科研成果转

化率和企业满意度等指标，可以评估产学研合作教育模式的优劣。还可以引用相关领域的专家学者的观点，对产学研合作教育模式进行深入剖析和探讨。

第二节　项目申报

一、项目申报的前期调研与需求分析

在项目申报的前期调研与需求分析阶段，深入了解应用型高校食品科学与工程专业的教学现状与发展趋势。通过问卷调查、访谈和实地考察等多种方式，收集大量关于课程设置、教学方法、教学资源等方面的数据和信息。发现当前食品科学与工程专业的教学在实践教学、跨学科融合以及产学研合作等方面存在较大的提升空间。随着食品行业的快速发展和消费者对食品安全与营养健康需求的不断提升，对食品科学与工程专业的教学也提出更高的要求。

在需求分析方面，结合行业发展趋势和市场需求，对食品科学与工程专业的教学改革进行深入剖析。通过优化实践教学体系、加强跨学科融合、推动产学研合作等举措，可以有效提升教学质量和人才培养质量。借鉴国内外先进的教学理念和经验，为项目申报提供有力的理论支撑和实践参考。

在前期调研与需求分析的基础上，明确项目申报的目标和定位，即针对应用型高校食品科学与工程专业的教学现状和发展需求，提出切实可行的教学改革方案，推动教学质量和人才培养质量的提升。充分考虑项目的可行性和创新性，确保项目申报的顺利进行和取得预期成果。

二、项目申报书的撰写要点与技巧

在项目申报书的撰写过程中，要点与技巧的掌握至关重要。明确项目

的研究目标、研究内容以及预期成果是申报书的核心内容。例如，在食品科学与工程专业教学研究项目中，可以设定提升教学质量、优化实践教学体系等具体目标，并详细描述如何通过教学改革、教学方法创新等手段实现这些目标。申报书应注重数据的收集与分析，以支撑研究内容的科学性和可行性。例如，可以引用近年来食品科学与工程专业学生的就业率、用人单位反馈等数据，说明当前教学存在的问题以及改进的必要性。申报书还应注重案例的引入，通过具体的教学案例来展示研究内容的实践性和可操作性。引用相关领域的专家观点或研究成果，可以进一步提升申报书的说服力和权威性。

三、项目申报的评审标准与流程解析

在项目申报的评审标准与流程解析中，评审标准通常涵盖项目的创新性、实用性、可行性以及预期成果等多个方面。以食品科学与工程专业为例，一个优秀的项目申报应当能够展现出在食品科学领域的独特见解和创新思维，同时结合实际应用场景，提出切实可行的解决方案。在流程解析方面，项目申报通常包括提交申报书、专家评审、现场答辩等环节。申报书的撰写至关重要，需要清晰阐述项目的背景、目标、方法、预期成果等关键信息。专家评审环节则是对项目申报书进行专业评估，通过评审专家的反馈，申报者可以进一步完善项目方案。现场答辩环节则是申报者向评审专家展示项目成果和解答疑问的重要机会，需要充分准备，展现项目的优势和特色。

项目申报的评审流程也体现科学性和公正性。在专家评审环节，评审专家会根据评审标准对项目申报书进行打分和排名，确保评审结果的客观性和公正性。同时，现场答辩环节也为申报者提供与评审专家直接交流的机会，有助于申报者更好地了解评审专家的意见和建议，进一步完善项目方案。这种评审流程的设计，不仅保证项目申报的公正性和透明度，也为申报者提供展示项目成果和解答疑问的平台。

四、项目申报过程中的风险识别与应对策略

在项目申报过程中，风险识别与应对策略的制定至关重要。风险识别是预防风险的第一步，需要全面梳理项目申报的各个环节，识别可能存在的风险点。例如，在申报材料准备阶段，可能存在数据不准确、论证不充分等风险；在申报流程执行阶段，可能存在流程不熟悉、时间节点把控不当等风险。通过深入分析这些风险点，可以为制定有效的应对策略提供基础。

针对识别出的风险点，需要制定具体的应对策略。以数据不准确的风险为例，可以采取多种措施来降低风险。加强数据收集与整理的规范性，确保数据来源可靠、数据准确；建立数据审核机制，对数据进行多次校验，确保数据的真实性和有效性；在申报材料中提供充分的数据支撑和论证，增强申报材料的说服力。通过这些策略的实施，可以有效应对数据不准确的风险。

除了具体的应对策略外，还需要注重风险管理的长效机制建设。这包括建立风险预警机制，及时发现并处理潜在风险；加强团队沟通与协作，提高风险应对能力；以及定期总结与反思，不断完善风险识别与应对策略。通过这些措施的实施，可以确保项目申报过程的顺利进行，降低风险对项目成功的影响。

可以借鉴一些成功的案例来指导风险识别与制定应对策略。

五、项目申报后的跟进与反馈机制建立

在项目申报成功后，建立有效地跟进与反馈机制至关重要。这不仅能够确保项目的顺利进行，还能及时发现并解决问题，提升项目质量。采用定期汇报与评估的方式，确保项目进展的透明度和可控性。通过每月一次的项目进度汇报会议，及时掌握项目的最新进展，并对存在的问题进行深入分析和讨论。建立项目反馈系统，鼓励团队成员、合作单位以及利益相关者积极提出意见和建议。反馈不仅帮助优化项目实施方案，还提高项目

的社会认可度和影响力。

注重利用数据分析模型来评估项目的实施效果。通过收集和分析项目过程中的各项数据，能够更加客观地评价项目的进展和成果。采用问卷调查和访谈的方式，收集学生对实践教学的满意度和反馈意见。通过对这些数据的分析，发现学生在实践教学中存在的共性问题，制定针对性地改进措施。这些改进措施的实施，可进一步提升项目的教学质量和效果。

第三节　项目研究

一、项目研究的理论框架构建与深化

在项目研究的理论框架构建与深化过程中，充分借鉴国内外食品科学与工程教育领域的先进理念和实践经验。通过深入分析应用型高校食品科学与工程专业的教学特点与需求，构建一个以实践能力培养为核心、跨学科融合为特色的理论框架。该框架强调理论与实践的紧密结合，注重培养学生的创新思维和解决问题的能力。

在理论框架的构建过程中，采用案例分析法，通过对国内外知名高校食品科学与工程专业的教学案例进行深入剖析，提取出成功的教学经验和做法。还结合问卷调查和访谈等实证研究方法，收集大量关于学生需求、教师意见和行业发展趋势的第一手资料，为理论框架的构建提供有力的数据支撑。

在理论框架的深化方面，引入多元智能理论，认为每个学生都拥有独特的智能组合和潜能。在教学过程中注重因材施教，通过个性化教学、项目式学习等方式，充分激发学生的潜能和兴趣。借鉴布鲁姆的教育目标分类理论，将教学目标细化为知识、技能、情感等多个层面，确保教学的全面性和有效性。

通过理论框架的构建与深化，项目研究不仅为应用型高校食品科学与工程专业的教学改革提供有力的理论支撑，还为其他相关专业的教学改革

提供有益的借鉴和参考。

二、项目实施过程中的问题与解决策略

在应用型高校食品科学与工程专业教学研究的实施过程中，不可避免地遇到一系列问题。其中，最为突出的是教学资源不足的问题。由于经费有限，实验室设备陈旧，难以满足现代食品科学与工程教学的需求。针对这一问题，积极寻求外部合作，与多家食品企业建立产学研合作关系，通过共享资源、共同研发的方式，有效缓解教学资源紧张的局面。

还面临着教学方法单一、学生参与度不高等问题。为了解决这些问题，引入跨学科融合的教学方法，结合食品科学与工程专业的特点，将化学、生物学、营养学等多个学科的知识融入教学中，使课程内容更加丰富多元。还采用案例教学、小组讨论等互动式教学方法，激发学生的学习兴趣和主动性。通过这些改革措施，学生的参与度和学习效果可得到显著提升。

在解决这些问题的过程中，团队合作非常重要。成立由多位教师组成的教学研究团队，共同制定教学方案、设计教学活动、评估教学效果。团队成员之间互相学习、互相支持，共同面对挑战和困难。这种团队合作的精神不仅提高工作效率，还促进教师之间的交流和合作。

三、项目研究成果的定性与定量分析

在项目研究成果的定性与定量分析中，采用多种研究方法和技术手段，以确保分析结果的准确性和可靠性。在定性分析方面，通过对食品科学与工程专业教学实践的深入观察和访谈，收集大量第一手资料，并运用内容分析法对资料进行系统整理和归纳。这些资料涵盖教学范式改革、教学竞赛以及教学研究项目等多个方面，提供丰富的素材和依据。在定量分析方面，运用统计学方法和数据分析软件，对收集到的数据进行处理和分析。例如，在教学范式改革的效果评估中，采用问卷调查和成绩对比等方法，对改革前后的教学效果进行对比和分析。

结合具体案例进行深入分析。以教学竞赛为例，选取几场具有代表性的教学竞赛活动，对参赛选手的教学设计、教学方法以及教学效果进行详细记录和评估。通过对比分析不同选手的表现和成绩，发现一些成功的教学策略和方法，揭示教学中存在的问题和不足。这些案例分析不仅为研究成果提供有力的支撑，也为今后的教学实践提供宝贵的借鉴和参考。

四、项目研究的团队协作与经验分享

在项目研究过程中，团队协作发挥着至关重要的作用。以“食品分析”产教融合课程建设研究项目为例，组建一个由多位专业教师组成的跨学科团队。团队成员在各自领域具有深厚的专业背景和丰富的实践经验，为项目的顺利实施提供有力保障。

在团队协作中，采用分工明确、责任到人的管理模式。每个团队成员都根据自己的专业特长和兴趣方向，承担相应的研究任务。建立定期沟通机制，通过线上会议、小组讨论等方式，及时分享研究进展、交流心得体会，确保项目研究的顺利进行。

在经验分享方面，注重总结提炼项目研究过程中的成功经验和不足之处。通过案例分析、数据对比等方式，深入剖析项目研究中的关键问题，并提出相应的解决策略。积极参加国内外相关学术会议和研讨会，与同行专家学者进行深入的交流和探讨，进一步拓宽研究视野和思路。

第四节　项目结题

一、项目结题报告撰写与审核流程

在项目结题报告的撰写过程中，应遵循严格的流程与规范。组织团队成员对研究成果进行全面梳理，确保数据的准确性和完整性。通过运用 SWOT 分析模型，深入剖析项目的优势、劣势、机会和威胁，为报告的撰写提供有

力的支撑。在撰写过程中，注重逻辑性和条理性，确保报告内容清晰易懂。引用相关领域的权威文献和案例，增强报告的说服力和可信度。

完成初稿后，需要进行多轮内部审核与修改。团队成员之间互相审阅，提出宝贵的修改意见。根据这些意见对报告进行反复打磨，力求精益求精。邀请外部专家对报告进行评审，他们的专业意见为进一步完善报告提供重要参考。

在审核流程方面，遵循学校或机构的相关规定。由项目负责人对报告进行初步审核，确保报告内容符合项目目标和要求。报告提交至相关部门进行复审，他们会对报告的学术价值、实践意义等方面进行评估。经过终审环节，报告得以正式结题。这一流程确保项目结题报告的严谨性和权威性。

二、成果评估与验收标准的确定与实施

在应用型高校食品科学与工程专业教学研究项目中，成果评估与验收标准的确定与实施是确保项目质量的关键环节。依据国内外相关领域的最新研究成果和实践经验，结合项目实际情况，制定一套科学、合理的评估与验收标准。标准涵盖教学内容的创新性、教学方法的有效性、学生实践能力的提升等多个方面，旨在全面评价项目成果的质量和水平。

在实施过程中，采用定量与定性相结合的评估方法。通过收集和分析学生的学习成绩、实践报告、课堂表现等数据，对项目的教学效果进行客观评价。邀请行业专家、教育学者等对项目成果进行深入剖析和点评，从多个角度挖掘项目的亮点和不足。

验收标准的确定则更加注重项目的实际应用价值和社会影响力。结合市场需求、行业发展趋势等因素，制定具体的验收指标，如学生就业率、企业合作案例数量、社会认可度等。这些指标不仅反映项目成果的实际效果，也为项目的持续改进提供有力支撑。

三、项目结题中的经验教训总结与分享

在项目结题过程中，深刻认识经验教训总结与分享的重要性。通过教

学研究项目的实施，积累宝贵的经验，也发现不少问题。在总结经验时，注重数据的收集与分析，通过对比实验前后的数据变化，评估教学方法改革的效果。

积极分享项目中的成功案例和典型经验。在反思问题方面，深入剖析项目实施过程中遇到的困难和挑战，并提出相应的改进措施。

注重将经验教训总结与分享与教学实践相结合。通过不断反思和改进教学方法和手段，努力提升教学质量和效果。

四、项目结题后的成果归档与知识产权保护

在项目结题后，成果归档与知识产权保护显得尤为重要。为了确保研究成果的完整性和可追溯性，可采用先进的数字化归档系统，将项目研究过程中的所有文档、数据、图表等进行详细分类和整理，形成完整的电子档案。不仅提高成果管理的效率，也为后续的研究提供便捷的资料支持。

在知识产权保护方面，严格遵守国家相关法律法规，对研究成果进行全面的专利布局和申请。还应注重通过案例分析和引用名人名言来强化知识产权保护的重要性。

五、项目结题对未来教学研究的启示与推动作用

项目结题不仅是对研究成果的总结与验收，更是对未来教学研究的重要启示与推动力量。通过项目结题，深入剖析食品科学与工程专业教学中的问题与挑战，提出针对性的解决方案，在实践中取得成效。

项目结题促进教学团队之间的交流与合作，推动教学资源的共享与优化。在项目实施过程中，与多个教学团队建立紧密的合作关系，共同开展教学研究与实践活动。这不仅拓宽教学视野，也提供更多的教学资源和平台。通过项目结题，进一步巩固这些合作关系，为未来的教学研究奠定坚实的基础。

此外，项目结题还激发教学研究的创新活力。在项目实施过程中，不断尝试新的教学方法和手段，积极探索适合应用型高校食品科学与工程专

业的教学范式。这些创新实践提升教学质量和效果，也可赢得更多的教学成果奖和社会认可。项目结题后，可将这些创新成果进行总结和推广，进一步推动教学研究的深入发展。

案例 3

贵州省高等学校教学内容和课程体系改革项目

——“食品分析”产教融合课程建设研究总结报告

一、研究背景

我国是高等学校在学人数的第一大国，极大满足了人民群众接受高等教育的需求，为国家经济社会发展提供了宝贵的高素质人才。然而，伴随着高等教育的数量增加，高等学校毕业生就业问题显得日益突出。其中有一个核心的原因，就是新建本科院校之间、新建本科院校与传统大学之间的同质化现象严重，培养出来的学生与社会所需要的应用型人才不符甚至脱节。

为此，面对我国经济发展新常态和新需要，2014 年 2 月国务院召开常务会议并提出要先引领一部分地方的本科院校向应用型高校转变。

应用型本科高校的主要职能就是培养应用型人才，但有一个概念要弄清楚，应用型本科教育不能被盲目定义为职业本科教育，职业本科教育的目标是就业，应用型本科教育虽然也要关注就业，但是其最主要的目标是培养应用创新创业型人才。产教融合是培养应用型本科人才的有效途径。

为了打破高等院校同质化的局面和推动转型初期的应用型本科高校进行产教融合，应用型本科高校必须将“学术导向”扭转至“需求和价值导向”。产教融合的培养方式、培养内容和培养条件对应用型本科人才的职业能力和个性品质具有显著的作用。产教融合通过打造双师型教师队伍、建立实习基地、校企深度融合等丰富的形式和途径，对于帮助提升应用型本科人才的培养质量有极其重要的作用。

2014 年 5 月，在教育部的领导下，全国应用技术大学联盟以及中国教育国际交流协会联合在河南省驻马店市举行第一次面向本科高校的产教融合发展战略国际论坛。此次论坛一共有178所全国各地的本科高校参加，围绕产教融合发展这一主题，各高校一起讨论了部分地方本科高校转型发展的相关问题，并发表了《驻马店共识》，由此地方本科院校转型发展成了时代的热题。

2017年12月，国务院《关于深化产教融合的若干意见》明确指出："支持引导企业深度参与教育教学改革，多种形式参与学校专业规划、教材开发、课程设计、实习实训，促进企业需求融入人才培养环节。"

2019年10月《教育部关于一流本科课程建设的实施意见》中明确指出："以习近平新时代中国特色社会主义思想为指导，贯彻落实党的十九大精神，落实立德树人根本任务……建设适应新时代要求的一流本科课程，让课程优起来、教师强起来、学生忙起来、管理严起来、效果实起来，形成中国特色、世界水平的一流本科课程体系，构建更高水平人才培养体系。"这些政策的出台与实施都要求本科学校要加强新时代产教融合优质课程的建设，向社会培养输送经济产业和社会发展所需要的高素质应用型人才。

然而，普通本科院校向应用型本科高校转型并不是简单的过程。它包括多方面的因素，比如观念的转变、师资结构的转变、人才培养模式改革、课程体系的重构、教学方式的革新等等。其中，专业与课程建设是培养适应国家经济和社会需求的应用型本科人才的关键。

二、概念界定

1. 课程

课程是指为了实现培养目标所制定的教学内容、教学计划的综合，具体包括课程目标、课程结构、课程内容、课程实施与课程评价等。课程是教育教学活动的基本依据；是学校一切教学活动的中介；是国家检查和监督学校教学工作的依据；是实现教育目的、培养全面发展的人才的保证。

2. 专业课程

本研究报告中的专业课程，可以指在人才培养过程中，依据行业企业认证标准，依据能力指标所对应的职业岗位能力设置学习内容，采用成果导向反向设计思维，以培养学生面向工作所需的知识、技能以及素质为目标，最终实现学习成果的课程。

3. 课程改革

课程改革可以指按照某种指导思想（比如：教学理念）对课程进行的改造和革新。有学者认为，课程改革是依据当前社会的现实需求，改革课程各个要素，使其体现社会的实际需求，从而使学校培养的学生满足行业企业发展变化对于人才的需求。

4. 产教融合

产教融合其实古来已有，从清朝末期的兴办教育和兴办实业结合，到民国初期的“教学做合一”，90 年代中后期的“工学结合”，再到“产教融合、校企合作”。产教融合在发展的过程中一直不停吸收新时代的养分，并不断催生出新的释义。

国内学者对产教融合的定义都有自己的独到见解。罗汝珍指出，“产教融合”是一种融合模式，他将产、学、研紧密联系在一起，在具备教育与企业功能的同时，还拥有应变调整产业结构和参与市场竞争的能力。扬善江指出，产教融合是一个有机整体，同时也是一种经济教育活动方式。

产教融合是产业与教育的深度合作，是院校为提高其人才培养质量而与行业企业开展的深度合作。唯有树立了产教融合育人理念才能更好地被应用型本科高校的管理者所理解，以便实施产教融合。

5. 应用型大学

对于应用型大学的内涵，潘懋元指出应用型大学的四个特点：一是以培养应用型的人才为主；二是以培养本科生为主；三是以教学为主；四是以面向地方为主。汪明义认为应用型大学的重点应体现在应用上，并以体现当代人才观、教育观、质量观为先导，以专业紧密结合地方经济为特色，培养具有较高素养和适应能力的应用型人才为目标的大学。对应用型大学人才培养方面的研究。虽然学者们对应用型大学的定位存在争议，但是对于应用型人才的培养有着比较一致的意见，即在人才培养过程中既要注重知识的传授更要注重对其实践能力的培养，以培养应用型创新型人才作为目标。

6. 职业核心能力

职业核心能力是人们职业生涯中除岗位专业能力之外的基本能力，比如：学习态度、学习能力。它能帮助个人适应于各种职业，适应岗位的不断变换，是伴随人终身的可持续发展的能力。推进职业核心能力的培养，不能只是片面强调职业核心能力的培养，而应该是成为一个系统在运作。

对应用型人才而言，职业核心能力非常重要。从学生方面来说，职业核心能力能够帮助学生更好更快地适应职业岗位的环境，并在新的环境中习得新的知识和技能，也可以扩大学生毕业后的择业空间，以及自我的提升空间。学生职业核心能力的培养在学校的教育教学过程中尤为重要，不仅表现在对学校和学生的促进作用，还表现在对企业的发展方面。其中，学生作为企业和学校的桥梁，更加密切了学校和企业之间的关系，通过产教融合，使学生更好地适应多变而复杂的社会，最终达到发展社会经济的目的。

三、研究现状以及发展分析

（一）国内研究

截至2022年11月11日，在“中国知网”主题搜索“产教融合”，期刊有13689篇，其中硕+博论文有223篇，会议论文有161篇（其中国内会议论文124，国际会议论文37）；结果中检索主题“专业课程改革”，期刊有196篇，硕+博士论文456篇。在我国，专业课程改革有关的文献很多。

我国对于高等教育产教融合的重视是不言而喻的。从实践层面来看，大多数高校都开展了产教融合、校企合作工作，但是从产教融合在我国的实际发展现状来看，由于受到行政体制、区域经济差异以及行业差异等具体国情的影响和制约，我国在产教融合的全国层面上存在着非常大的不均衡现象，随着我国产业体制改革的进一步深入和全面建成小康社会进程的进一步加快，各类高校以及企业都会根据自身的实际情况，并根据行业和产业发展的相关需求，通过各种方法来进行产教融合人才培养模式的改革。从研究层面来看，当前国内对于产教融合校企合作也有了一定的研究，主要集中在对于产教融合的经验总结与做法介绍、国内外的产教融合工作的比较与借鉴、产教融合校企合作模式与体制机制研究、存在问题与解决问题的理性思考等方面，许多研究还都围绕中职中专、高职高专开展，对于应用型本科高校产教融合的研究还不多，不仅理论性的探讨不足，而且缺乏实践性的内容，研究已不适应应用型本科高校产教融合的需要。

（二）国外研究

关于产教融合模式的研究。产教融合是高等教育改革与发展的主要趋势，世界各国采取积极的措施促进产教融合的开展，发达国家和地区，例如：德国、美国、英国等国家在产教融合的实践探索和理论研究上已经形成了比较成熟的模式，积累了许多可供借鉴的典型经验，其主要模式如下：

第一，德国的“双元制”。被称为产教融合的开端，是在政府的大力支持下，学校和企业共同参与办学的一种模式。第二，美国的“合作教育”模式。这是一种由学校和企业合作，共同对学生实施教育的模式。这种“合作教育”模式，以学校为主，学院负责招收学生并对其学籍进行管理。教育计划、实习安排以及学生成绩的评定由企业与学院共同制定，学生可在工作之余完成学业，按要求完成学业并获得相应学分。同时，企业可优先从合作教育的优秀毕业生中选拔自己所需的人才。第三，英国的“三明治”模式。英国的“三明治”可以分为“厚三明治”和“薄三明治”。“厚三明治”指的是在学校学习两年的理论知识后，学生进入企业开展为期一年的实践，最后一年再次回到学校学习。而“薄三明治”指的是一年的企业实践分两次进行，每次进入企业实习时间为六个月。不论是哪种模式，都要求学生要进入企业学习，将所学的理论知识与实际联系起来。

以上几国在产教融合的过程中都积累了一定的经验，且任何一种模式都有其优点与缺点，但是不可否认的是，德国、美国、英国等国家的产教融合为他们的经济发展注入了重要动力，推动了经济发展。

这些国家的产教融合之所以能够取得成功，主要有以下几方面原因：第一，政府在产教融合过程中陆续制定并不断完善各项政策法规。第二，大学对产教融合的重视以及注重对学生能力的培养。第三，实力雄厚企业的大力合作与支持。第四，产教融合过程中良好的沟通与交流。

四、研究目的与意义

（一）研究目的

食品分析是面向食品质量与安全和食品科学与工程专业学生开设的专业课，通过调研食品企业和毕业生的反馈，“食品分析”课程的理论和实验技能，在工作和科研中应用极其广泛。加强食品分析课程建设，深化课程改革对于食品学科的发展和人才培养有着极其重要的意义。

目前一些高校开设的食品分析课程建设有提升的空间，一是教学方法单一，跟不上多元学习的需求。学习途径和学习方式多元化已成为信息时代的必然要求，但是因为技术、硬件、管理、服务等原因，大学教学活动仍旧是以教师课堂讲授为主，无法满足学生多元学习需求；二是教学内容陈旧，跟不上社会发展的需求。教材具有滞后性，而社会经济发展日新月异，新理论、新理念、新材料、新技术、新方法、新标准层出不穷，传统落后的知识教育跟不上经济社会飞速发展的现实需求；三是教学管理僵化，跟不上教学创新的需求。教学常规管理需要统一的规范和标准，但是产教融合时代的教学创新和学习变革往往是颠覆性的，传统的教学规范和考核评价跟不上教学创新和学习变革的管理需求。四是教师重学轻做，跟不上实践训练的需求。高校教师大都具有研究型学术背景和成长经历，普遍缺乏工程实训和工作实践的经验，管理激励也往往重视学术导向，造成教师重学术轻实践的倾向，这种素质现状跟不上实践能力培养的指导需求。

针对以上问题，在原有“食品分析”课程建设的基础上，应加强“食品分析”课程建设力度，深化课程改革，提升优化师资队伍。强化优化课程设计，以学生适应社会所需要的核心素养和能力结构来设置课程内容，构建课程体系。积极主动将课程内容对接职业岗位标准，突出针对性和适应性，教学过程对接生产过程，强化场景化教学，职业素养对接企业文化，加强课程思政，提高学生的综合素养。探索建设产教融合师资队伍，一方面，通过内部培养建设一支既能讲理论，又能指导实训，还能与行业企业共同进行技术研发的“双师型”的教师团队；另一方面，通过校企双向任职、双向互聘等方式构建产教融合课程教学团队，为“食品分析”产教融合课程建设和应用型技术技能型人才的培养提供人才和智力支撑。

（二）研究意义

1. 理论意义

当前我国高等教育正处在从规模式发展到内涵式发展转变的关键期。产教融合课程的内容不能只是对已有学科知识的简单罗列或者重新排列组合，还应该有来自生产实践领域的相关问题的提炼、总结。

为了使应用型大学所培养出的学生与行业企业的人才需求实现零距离对接，必须对当前的专业课程进行改革。本研究首先对课程基本情况进行剖析，指出当前“食品分析”专业课程开展过程中存在的问题，通过分析查找问题所在并结合问题提出改革策略，形成具有产教融合特色的“食品分析”专业课程，以期对今后其他产教融合的专业课程的建设研究也具有一定的指导价值。

2. 现实意义

现行的产教融合专业课程虽有一定成就，但是也存在诸多问题，从而导致应用型大学教育培养的人才与产业人才需求无法实现零距离对接。本研究通过了解我国应用型大学中“食品分析”专业课程建设的现状，针对当前产教融合专业课程存在的运行机制不健全、专业课程结构设置与人才培养目标不匹配、专业课程内容与职业岗位能力要求对接度不高、专业课程评价体系与专业课程发展不融合、专业课程教师与行业企业技术骨干人员不能深度合作等方面的问题，分析原因，提出基于产教融合的“食品分析”专业课程改革的优化策略，以推动该课程培养的人才符合行业企业对于人才的需求。

通过项目研究与实施可以实现行业企业参与学校专业规划、教材开发、课程设计、课程共担、毕业实习等，促进行业企业需求融入人才培养环节，实现产教深度融合；可以丰富应用型本科专业课程建设的理论研究，为应用型本科专业课程建设研究提供新的思路；对应用型本科高校课程建设、教育教学质量的提高有一定的实践性意义；对推动地方应用型本科高校发展，履行高等教育社会职责，向社会培养输送贵州酒产业及生态特色食品产业所需要的高素质应用型人才提供坚实基础。

五、研究目标、思路与方法

（一）研究目标

1. 结合区域经济和行业发展需要，贵州酒产业及生态特色食品产业对应用型人才的实际需求，构建“食品分析”产教融合课程体系。

2. 通过学校内部教师能力培养与聘任企业行业教师共同承担课程教学，组建一支优秀的“食品分析”产教融合课程师资队伍。

3. 对“食品分析”进行专业课程思政进行研究，提升学生的综合素养。

（二）研究思路

1. 查阅教育部、教育厅有关政策文件、国内外有关本课题的研究现状、专业状态数据信息等，确定本课题研究的政策依据和理论依据，保证本课题研究应具有适用性、先进性、科学性。

2. 适时召开项目组成员研讨会议，及时解决课程建设工程中的阶段性问题；与其他院校课程负责人交流，征求相关校外课程专家意见，并根据人才培养目标的要求，制定项目研究实施方案。

3. 研究制定“食品分析”课程教学动态监控体系，包括师资队伍、仪器设备、实践基地、教学经费、教学大纲、教学进度计划、课堂教学、实验教学、课程考试等教学环节。

（三）研究方法

1. 文献研究法

一方面，围绕“‘食品分析’产教融合课程建设研究”这一主题，搜集国内外相关文献资料，把握研究现状，了解研究前沿，厘清研究思路，为本研究奠定思想认识基础。另一方面，结合国内应用型本科“食品分析”课程建设的实践，剖析经验和不足，为“食品分析”产教融合课程建设的理论框架搭建提供参考。

2. 调查研究法

为获得应用型本科产教融合“食品分析”课程建设情况的第一手资料，可以利用高校相关的工作会议等，以“互联网+”的技术手段，制作调查问卷，通过应用型人才培养食品质量与安全及食品科学与工程专业的教研室主任（专业负责人）、专业课教师和在校学生，进行专业课程标准建设情况调研，在进行调查资料整理和系统分析的基础上，总结成功经验，找出存在问题。

3. 文本分析法

根据“食品分析”产教融合课程实际建设研究的需要，收集各相关院校开放性课程资料，并以相关课程理论和课程建设的基本要素为分析的依据和维度，对其进行文本分析，通过比较、分析、综合等手段，从中提炼出“食品分析”产教融合课程建设的有益经验和需要改进的方面。

六、研究内容

（一）食品分析课程现状分析

通过调查发现，目前国内一些食品科学与工程类相关专业高校开设的食品分析课程培养的人才已经不能够满足食品企业和行业发展的迫切需要，主要有以下几个方面。

1. 教学内容更新不及时

国内食品分析书籍理论知识较多，新知识没有能够及时更新，教师在教育教学的过程中过多依赖教材，没有把最新的食品分析食品安全国家标准、最新的食品分析设备应用、最新的食品分析学科前沿等融入教育教学中去，没有把食品企业行业真正需要学生掌握的食品分析基础知识、基础技能、基本素养要求等融入教育教学中去，导致培养的人才跟不上社会发展的需要。

2. 教学方法以讲授法为主

目前食品分析课程授课对象主要是“00后”，这些学生在网络时代成长具备了一定的互联网知识并且对网络有一定的依赖性，而大部分学校食品分析课堂教学仍然是讲授为主，满足不了学生实际学习的需求。

3. 教育教学管理相对落后

目前教育教学管理仍旧采取原来的管理模式，对学生的评价以期末考试评价为主，过程性评价过少，学校课堂教学改革相关文件相对落后，传统的教育教学管理制度及考核评价方式已经满足不了产教融合新时代对人才培养的实际需求。

4. 教师重视理论知识缺乏实践经验

高校食品分析课程任课教师大都具有硕士、博士研究背景，毕业后直接到校任教，缺乏食品企业行业、食品分析一线工作实践经验，学校的科研管理政策使任课教师重学术理论知识轻实践，导致应用型人才的培养达不到相关要求。食品分析实验课程主要是校内教师授课，较少邀请校外食品企业行业专业技术人员到校兼职任教。

（二）产教融合课程建设探索

根据食品分析课程现状，从大纲、教材、课程、基地、师资等方面进行了产教融合课程建设探索。

1. 共同编写教学大纲

根据食品科学与工程类人才培养方案的需求，邀请企业行业人员参与食品分析理论课程和实验课课程教学大纲的编写。根据食品企业行业实际需求对食品分析理论课程教学目的与要求，基本内容，教学重点和难点等方面的内容进行修订；对食品分析实验课程按照项目进行开展，对课程目标、基本要求、考核方式等方面进行修订，并对每一个项目的目标、要求、项目内容等进行了修订。这样高校教师与食品企业行业人员共同编写的食品分析理论和实验课程教学大纲更能满足应用型人才培养的需要。

2. 共同编写校本教材

食品分析校本教材在编写的过程中邀请企业行业人员、其他兄弟院校及科研院所食品类专业学者参与到教材的编写，保障教材内容的高阶性、创新性、挑战度及应用性；教材在编写的过程中考虑到未来学生就业创业，在案例选择方面适当增加酿酒原料、酒类产品的分析检验及贵州特色食品分析检测。

由于目前食品分析教材版本不能够满足教育教学的实际需要，经过论证及申请教材建设立项，组织贵州省产品质量检验检测院从事食品检验检测的专业技术人员，郑州轻工业大学、西华大学、中国农业科学院农产品加工研究所等单位相关人员参与教材建设。校本教材编写邀请食品企业行业相关专业技术人员参与，融入最新的食品分析标准、技术和方法等，积极主动将教材内容对接食品分析职业岗位标准。本教材吸收传统经典教材的优点，结合基于应用型本科高校对食品科学与工程类专业人才培养目标的要求，要求教材能够达到理论和实践的有效结合，以我国现行有效的国家标准为基础，并结合现代食品分析技术。教材编写人员见表 3-1。

表 3-1　食品分析教材编写人员分工一览表

姓　名	单　　位	分　　工
吴广辉	茅台学院	主编，编写第 3、4、7、10 章及全书统稿
张　建	贵州省产品质量检验检测院	主编，编写第 12 章及全书校对

续表

姓　名	单　　位	分　　工
许青莲	西华大学	主编，编写第8、11章
张　倩	贵州省产品质量检验检测院	副主编，编写第12章及全书校对
宋　亚	茅台学院	副主编，编写第9章
邢亚阁	西华大学	副主编，编写第1章
毕韬韬	茅台学院	参编，编写第1章
陈学航	贵州省产品质量检验检测院	参编，编写第12章
黄家岭	贵州省产品质量检验检测院	参编，编写第13章及全书校对
耿平兰	贵州省产品质量检验检测院	参编，编写第13章
李红洲	贵州省产品质量检验检测院	参编，编写第13章
刘　莉	茅台学院	参编，编写第6章
刘兴丽	郑州轻工业大学	参编，编写第5章
张　苗	中国农业科学院农产品加工研究所	参编，编写第9章

根据食品分析最新发展动态，把最新的食品分析国内外研究动态、食品安全国家标准、典型的以酒相关产业链及特色食品为主食品分析案例融入教材中，突出服务区域酒业及特色食品的特色发展的需要。

3. 共同承担课程教学

为了增加食品分析课程教育教学的效果，食品分析课程采用校内教师与企业行业兼职教师共同承担。目前食品分析任课教师共有6位，其中具有高级职称的5人，中级职称1人，博士2人，硕士4人，年龄在30—39岁的为2人，40—50岁的为4人，其中校内任课教师3人，企业行业兼职教师3人，本课程任课老师专兼比例为1∶1。整个专任教师队伍的年龄、职称、学历梯队搭配合理。

食品分析理论课程主要是以校内教师为主，企业行业兼职教师为辅。具体承担任务见表3-2。

表 3-2　食品分析理论课程共同承担情况

序号	授课内容	总学时	校内教师授课学时	企业行业兼职教师授课学时
1	绪论	2	2	0
2	食品样品的采集、处理与保存	4	3	1
3	食品的物理分析方法	4	3	1
4	水分分析	4	2	2
5	矿物元素分析	4	2	2
6	酸度分析	4	2	2
7	脂类分析	4	4	0
8	糖类物质分析	4	4	0
9	蛋白质和氨基酸分析	4	4	0
10	维生素分析	4	4	0
11	常见食品添加剂分析	4	4	0
12	食品中毒害物质分析	2	4	0
13	食品色素物质分析	2	4	0
14	食品香气物质分析	2	4	0
	合计	48	40	8

食品分析实验课程项目内容由校内教师和企业行业兼职教师共同指导。具体承担任务见表 3-3。

表 3-3　食品分析实验课程共同承担情况

序号	内容	总学时	校内教师授课学时	企业行业兼职教师授课学时
1	食品中脂肪的测定	4	3	1
2	食品中还原糖的测定	4	3	1
3	酱香型白酒酒精度的测定	4	3	1
4	食品中抗坏血酸的测定	4	3	1
5	食品中蛋白质的测定	4	3	1

续表

序号	内容	总学时	校内教师授课学时	企业行业兼职教师授课学时
6	食品中酸度的测定	4	1	3
7	食品中灰分的测定	4	1	3
8	食品中水分的测定	4	1	3
	合计	32	18	14

通过表3-2和表3-3可知食品分析理论课程和实验课程共计80学时，校内教师授课58学时，占比72.5%，企业行业兼职教师授课22学时，占比27.5%；食品分析理论课程共计48学时，校内教师授课40学时，占比83.3%，企业行业兼职教师授课8学时，占比16.7%；食品分析实验课程共计32学时，校内教师授课18学时，占比56.2%，企业行业兼职教师授课14学时，占比43.8%。

在教学过程中，校内教师与食品企业行业兼职教师相互听课交流，相互提教学方法、手段及教学内容等方面的建议，共同进步，不断提高课堂教育教学的效果。

4. 共同建设产教融合基地

目前在茅台集团和贵州省产品质量检验检测院等食品企业行业单位建设有产教融合实践基地；可以安排学生进行实习，学生已经完成所有知识模块的学习，对于所有实践项目已全部学习并掌握，因此在进行实际岗位实习时，可以将已学过的所有理论知识和实践操作技能迅速联系到生产实际中。对于不同类型食品的前处理，学生在校学习时很难接触到各种类型的食品；大型仪器设备的操作，学生在校期间接触得少；通过企业行业实际岗位动手操作，学生不仅了解到企业行业实际生产检测的需求，同时也拓宽了学到知识的深度和广度。

5. 共同培训师资

为了提高食品分析课堂教育教学效果，强化师资队伍建设，充分发挥企业行业产教融合各单位的优势，任课教师可以利用自己平台的优势对对方教师进行培训，与企业行业产教融合单位实施共同培训师资，选派食品分析专业课教师定期到产教融合单位实践锻炼，行业企业兼职教师进行帮助校内任课教师了解食品行业企业的食品分析最新食品安全国家标准、食品分析高新仪器设备、食品分析新技术等，提高实践教学的能力，提升“双师”素质。利用企业行业兼职教师到学校授课食品分析相关知识内容，校内任课教师帮助企业行业兼职教师提升教育教学的能力。

6. 深挖课程思政元素

食品分析课程思政要围绕“培养什么人、怎样培养人、为谁培养人”的基本职责和使命担当，对食品分析教学目标进行深入思考，深挖课程思政原因，在教育教学过程中恰当融入。

按照企业行业对食品分析人才的职业素养基本要求，在食品分析的各个过程引入案例进行课程思政。利用 2021 年 315 有关瘦肉精羊肉食品安全案例，其中关于怎样正确采样对分析结果的影响、食品安全的影响。在食品中脂肪含量测定-索氏抽提法的教学内容中，以测定中索氏抽提的时间（索氏抽提的时间为 8—10 小时）作为课程思政点，探讨抽提时间对结果的影响；在食品中蛋白质含量测定-凯氏定氮法的教学内容中，通过教学设计，探究凯氏定氮法的基本原理和测定。师生共议食品行业的职业操守和道德规范，潜移默化教育学生作为未来食品人应诚实做人、诚信做事。

7. 开展线上线下混合式教学模式

食品分析课程积极开展线上线下混合式教学模式探索，为了弥补线下教学的不足，又由于当时疫情，2020 年 2 月食品分析课程在超星学习通建设平台课，线上课程包括理论教学短视频及课堂录播视频、教学课件、作业、测试、参考资料（相关国家标准）、拓展资料、主题讨论与答疑等资源。通过近几年的建设，线上教学资源日趋完善。

在教学的过程中，课前布置任务，学生进行线上线下相关章节的预习，在线上针对学生预习情况进行测试，线上测试结果作为线下教学的重要参考，线下授课有针对性地进行讲解，线下教学的过程中利用超星学习通的互动平台提高学生参与课堂的积极性，课后学生在线上完成相关章节作业，并在线上针对有关问题进行交流。

8. 改革考核评价方式

食品分析课程考核评价分为线上学习评价和线下学习评价，校内任课教师和企业行业兼职教师共同参与，其中理论课程考核线上学习评价占比

40%，包括观看视频、作业完成、交流互动、阶段考核等部分组成，理论课程期末学习评价以试卷为主，占比60%，考核内容既包括基本理论知识又包括贴近企业行业生产、岗位一线实际需求的知识；实验课程部分包括课堂实验操作占比40%，实验报告占比20%，实操考试占比40%。

七、研究结论与建议

（一）研究结论

社会发展逐步提升，相关食品分析检测产业的发展规模加大，各行业对人才需求也不断加大，同时也要求人才具备应用能力和实践能力。食品分析紧贴企业行业生产实际需要，实际操作能力要求高。在食品分析产教融合课程建设研究过程中，团队紧贴产业需求，专任教师与企业行业兼职教师共同合作，进行共同编写教学大纲、共同编写校本教材、共同承担课程教学、共同建设产教融合基地、共同培训师资等活动，真正体现了课程的产教融合。通过食品分析产教融合课程研究，学生的课程学习效果及课程满意度显著上升，对学生学习该课程也有极大帮助。

（二）研究建议

提高应用型本科高校对产教融合的价值认识，并结合区域经济发展结构和自身特色与优势开展专业和课程建设，除了“请进来”企业人员作为良好补充，再加大对现有教师队伍的培养，提高教师产教融合的认识水平；同时，政府也能提高产教融合的支持力度。

产教融合课程应体现应用型人才培养特色，注重课程内容与职业标准对接、教学过程与生产过程对接，各专业应构建产教融合、协同育人的课程体系。

八、在教学中的实施情况及效果

在食品分析产教融合课程建设研究的过程中，并在超星学习通平台采用线上授课和线下授课方式相结合的教学模式进行实践探索。

（一）课程目标

“食品分析”课程的教学目标是在注重基本理论和基础知识的前提下，兼顾食品分析知识的“高阶性、创新性、思政性、挑战度”，课程目标包括知识目标、能力目标和素质目标。

知识目标要求学生了解食品分析课程的学科地位、作用以及发展方

向。掌握食品分析基本内容和关键知识点，形成一整套食品分析相关的研究方法和研究思路。

能力目标要求学生自主学习能力、综合分析能力、实践应用能力和创新意识得到提升。具备运用食品分析基本知识对食品中主要营养成分、食品添加剂、有害物质进行分析，综合解决食品加工品质问题的能力；具备文献检索能力，对相关实验研究得到的数据能进行正确的分析与解释，并得到合理有效的结论；熟悉食品营养成分、食品添加剂、食品中有害物质等的检测方法及检测原理，具有相关的试验设计及数据分析能力。

素养目标培养学生具有不怕吃苦的中华民族大国工匠的精神，严谨求实的科学态度、创新求实的精神，形成终身学习的意识；通过食品分析课程理论知识的学习，培养学生客观公正的科学态度和食品相关从业人员良好的职业道德素质。

（二）课程建设及应用

1. 课程建设发展历程

2020年春季学期“食品分析”第一次开课，利用超星学习通平台边建设边进行在线教学，完成了课程章节的课件、授课视频、课后作业等的上传线上学习平台，并利用线上学习平台进行了教学效果评价，收获了很多好评及建议。其间“食品分析”获批“贵州省高等学校教学内容和课程体系改革项目”“2020年度校级金课建设项目”。

2020年秋季学期至今，不断对线上资源进行了优化，增加线上教学平台教学视频资源、题库资源、拓展学习资料资源，并继续进行线上线下混合式教学研究与实践，其间“食品分析”线上线下混合式课程获得“2021年度校级一流本科课程建设项目”“学校首批教学范式改革建设项目”，并继续进行线上线下混合式教学研究与实践，邀请贵州省产品质量检验检测院、西华大学、郑州轻工业大学等单位启动编写适合线上线下混合式教学的“食品分析”校本教材。

以食品分析课程参加学校系列比赛，荣获“2020年贵州省高校非思政课教师课程思政教学大比武——校级选拔赛三等奖”“学校第三届青年教师教学能力大赛优秀奖”“学校第二届全国高校教师教学创新大赛校赛优秀奖”。

2. 课程教学内容

课程教学内容由绪论、食品样品的采集、处理与保存、食品的物理分析方法、水分分析、矿物元素分析、酸度分析、脂类分析、糖类物质分析、蛋白质和氨基酸分析、维生素分析、常见食品添加剂分析、食品中毒害物质分析、食品色素物质分析、食品香气物质分析等章节内容组成。另外根据课程目标需要把食品分析国内外研究最新动态、食品分析检测最新科研论文、食品分析检测最新科研成果、食品分析食品安全国家标准、典型的以酒相关产业链及特色食品为主食品分析案例融入教学内容中，把大国工匠的精神、职业道德、社会主义核心价值观等专业课程思政内容融入教学内容中，实现学生自主学习能力、创新创业能力、实践应用能力培养，突出服务区域酒业及特色食品的特色发展需要。

3. 课程资源

根据“食品分析”课程建设的要求，利用超星学习通平台建设的线上资源有：授课视频、非视频资源（PPT）、课程资料、测验和作业习题、考核（试）试题等；有教学大纲、教案、教学进度表、教学课件、使用教材、参考书、国家标准等线下资源。线上线下资源可以满足目前教学的需要。“食品分析”课程资源建设情况见表 3-4。

表 3-4 “食品分析”课程资源建设情况

资源类型	资源名称	资源数量
线上资源	授课视频	98 个
	授课视频总时长	1675 分钟
	非视频资源（PPT）	97 个
	课程资料	161 个
	测验和作业习题	522 道
	考核（试）试题	410 题

续表

资源类型	资源名称	资源数量
线下资源	教学大纲	1套
	教案	1套
	教学进度表	1套
	教学课件	1套
	使用教材	1本
	参考书	3本
	国家标准	120个

4. 混合式教学实践

利用自建超星学习通线上资源，结合线下资源进行混合式教学，线上学生学习学时占比20%，线下教学学时占比80%。充分利用线上资源学习活动版块及课程内容版块优势结合线下教学过程中使用，线上学习资源学习活动、课程版块内容见图3-1、图3-2，学生回答问题词云见图3-3；课前线上布置学习任务，学生在线上学习平台进行预习及有关问题反馈，课中结合学生线上预习情况及有关问题反馈结合教学重点难点有针对性地开展讲授、案例（突酒及特色食品）教学、翻转课堂等教学，课后布置作业，学生线上进行预习及巩固学习。体现学生课前预习相关知识、课中积极参与课堂互动、课后练习巩固知识，使学生乐学。另外根据课程内容适当开展案例教学、翻转课堂的教学方法改革。目前线上课程学习选课班级13个，选课学生人数达到了462人，页面累计浏览量近67万次，累计互动话题近6千个。

图 3-1　线上学习活动版块

图 3-2　线上课程内容版块

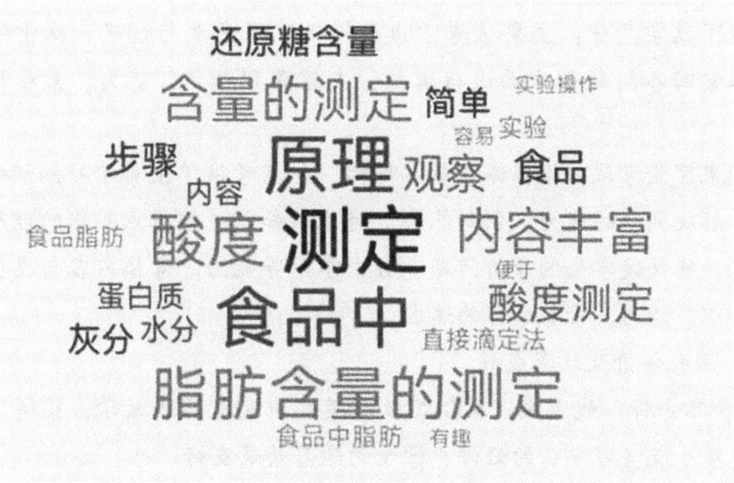

图 3-3　学生回答问题词云

5. 课程成绩评定方式

课程成绩评定按照线上学习考核占比 30%，线下教学考核占比 10%，期末理论考试占比 60%。课程目标与考核评价方式占比见表 3-5。

表 3-5　课程目标与考核评价方式占比

课程目标	考核与评价方式			合计
	线下教学	线上学习	期末考试	
知识目标	3	13	29	45
能力目标	3	13	29	45
素养目标	4	4	2	10
总分占比%	10	30	60	100

线上学习考核：主要从考勤、互动、课程音视频、作业、章节测验、访问次数、期末测试等方面进行考核。鼓励学生线上积极参与讨论、交流，勇于表现自我，提高学生沟通表达等能力，任课教师应充分利用现代化技术方法和手段提高课堂活跃度，强调学生独立完成作业、模拟考核的重要性，培养学生分析问题、独立思考并解决问题的能力，支撑课程知

识、能力、素养目标的达成。

线下教学考核：主要从课堂出勤情况、课堂参与情况、课堂学习状态、课堂回答问题等方面进行考核，支撑课程知识、能力、素养目标的达成。

期末理论考试：根据课程教学目标，重点考核学生对学习知识的理解能力、解决问题的能力、创新能力，对基本知识、重难点知识的理解和应用情况，能反映学生的分析问题、自主学习等能力。考核内容与类型支撑课程知识、能力、素养目标的达成。

6. 课程评价及改革成效

“食品分析”线上线下混合式教学模式研究与实践教学，获得了同行教师、学生及实习单位的好评，学生的学习效果良好。

同行教师评价：“食品分析”在课程建设和教学等方面进行了一定的改革，将课程的内容与企业的生产实践紧密联系在一起。教师队伍年轻，有充足的干劲，教师具有高尚的师德觉悟，勤奋敬业，教学效果良好。

实习单位评价：食品质量与安全专业2017级、2018级、2019级学生到贵州省产品质量检测检验院、贵州省酒类产品检测检验院、茅台集团质量部等单位实习，实习单位评价学生爱学习、理论知识扎实、实践应用能力强。

学生评价：可以充分利用空闲时间进行线上预习、复习、完成作业、模拟练习、相关视频资源、拓展文献资料等学习，线下课堂上主要关注重点和难点内容；任课教师学生评教优良率96%以上。

学生学习效果：通过在食品质量与安全专业4个年级、食品科学与工程1个年级进行线上线下混合式教学，学生线上学习参与度100%，学生期末综合成绩平均合格率达到了98%。

7. 课程特色

“食品分析”线上线下教学内容充分吸收学科新进展和新知识、国内外同类“食品分析”课程教学改革创新成果，引入食品分析行业标准、职业资格标准，增加酒及地方特色食品分析案例，在超星学习通平台构建了“食品分析”线上教学视频、课程标准、电子教案、教学案例、拓展性阅读资源、各章（单元、知识点）配套的习题等的“食品分析”课程资源库，符合学生就业需求、升学要求和终身发展需要，符合贵州酒产业和特色食品产业区域经济发展需求，具有学校特色。

8. 课程发展规划

继续优化课程教学内容，充分吸收学科新进展和新知识，引入食品分析行业标准、职业资格标准，并结合贵州酒产业及特色食品产业对应用型人才的实际需求。完善超星学习通平台“食品分析”线上课程资源库，结合线下研讨式、小组合作、案例研究等教学方式，突出学生发展中心地位，进行线上线下混合式教学。完善线下课程大纲、教学内容，并进行线上混合式实践教学，形成课程多元化考核评价体系，编写具有学校特色、“三性一度”标准的“食品分析”校本教材，积极申报省级、国家级课程建设项目。

“食品分析”线上线下混合式教学在学校2017级、2018级、2019级、2020级食品质量与安全专业、2019级食品科学与工程专业课程教学中进行了实践教学，得到了学生、同行及实习单位的积极反馈，获得了良好的教学效果。可对应用型本科高校食品类专业相关课程线上线下混合式教学起到一定的借鉴作用。

九、尚需进一步研究的问题及后续研究解决的思路

目前食品分析产教融合课程建设在课程教学大纲共同编写、校本教材共同编写、课程共同承担、基地共建共享、师资共训等方面取得了一定的成绩。但由于行业企业教师在原单位有工作任务、上课时间不能固定、上课课时不能太多、上课课酬等问题；学校教师存在到产教融合单位实践学习时间、实习时长、实践学习期间待遇等方面问题。需要加强产教融合单位的沟通协调，出台有关政策有利于产教融合更深入地开展。另外建议政府有关部门制定省级产教融合相关政策，对在产教融合过程中做出贡献的学校、行业、企业进行嘉奖，以资鼓励，才能引导更多的学校、行业、企业参与到相关专业、课程产教融合的建设中来，这样培养的学生更能符合行业企业对高素质应用型人才的需要。

第四章 “金课”建设研究

应用型高校食品科学与工程专业开展“金课”建设对于提高人才培养质量、推动专业发展、服务社会经济具有重要意义，直接关系到学生专业能力和职业素养的培养，对学生的就业和职业发展具有直接影响。通过金课建设，可以提高教学质量，培养更适应社会和市场需求的高素质应用型人才。

第一节 “金课”建设

一、线下“金课”

（一）线下“金课”建设理念与目标的明确

在线下“金课”建设中，明确建设理念与目标至关重要。秉持“以学生为中心，以能力培养为核心”的建设理念，致力于培养具备扎实理论基础、卓越实践能力和创新精神的高素质食品科学与工程人才。通过深入分析行业需求和学生特点，设定明确的建设目标：一是提升课程内容的实用性和前沿性，确保学生所学知识能够紧跟行业发展步伐；二是加强实践教学环节，通过实验操作、企业实习等方式，提高学生的实践能力和解决问题的能力；三是优化师资队伍建设，提升教师的教学水平和创新能力；四是完善课程评价与持续改进机制，确保教学质量稳步提升。

茅台学院食品科学与工程专业，在明确线下“金课”建设理念与目标的基础上，采取了一系列有效措施。首先，在课程内容的优化上，结合行业发展趋势和最新研究成果，不断更新课程内容，确保学生所学知识的先进性和实用性。其次，在实践教学环节上，积极与企业合作，建立了一批实践教学基地，为学生提供了丰富的实践机会。再次，还注重师资队伍建设，通过引进优秀人才、开展教师培训等方式，提升教师的教学水平和创新能力。最后，在课程评价与持续改进方面，建立了完善的评价体系，定期对课程质量进行评估，并根据评估结果对课程进行持续改进。

通过明确建设理念与目标，茅台学院食品科学与工程专业线下“金课”建设取得显著成效。学生的实践能力和创新精神得到有效提升，毕业生就业率和就业质量均位居同类专业前列。

（二）课程内容的优化与更新策略

在食品科学与工程专业课程内容的优化与更新策略中，注重引入前沿科技和行业发展趋势，确保课程内容与时俱进。针对食品工业中广泛应用的现代加工技术和设备，及时更新相关课程内容，使学生掌握最新的食品加工技术和设备操作技能。注重课程内容的实践性，通过引入实际案例和实验项目，让学生在实践中深化对理论知识的理解和应用。

在课程内容更新方面，采用定期评估和修订的方式，确保课程内容始终与行业需求保持同步。与行业内的专家和企业保持密切联系，了解最新的行业动态和技术进展，及时将新的知识和技术引入课程中。同时，鼓励学生参与课程内容的更新和优化过程，通过学生的反馈和建议，不断完善课程内容，提高课程质量。

注重课程内容的跨学科融合，引入其他相关学科的知识和方法，拓宽学生的视野和知识面。例如，在食品包装与贮藏相关课程中，融入材料科学、环境科学等相关学科的知识，使学生能够从多个角度理解和解决食品包装与贮藏中的问题。这种跨学科融合的教学方式不仅有助于提高学生的综合素质，还能够培养学生的创新思维和解决问题的能力。

（三）实践教学环节的加强与创新

在食品科学与工程专业的教学中，实践教学环节的加强与创新是提升教学质量、培养学生实践能力的关键。近年来，茅台学院通过引入先进的实验设备和技术，显著提升实践教学的水平。例如，引进多台高精度食品分析仪器，使学生能够亲手操作并深入了解食品成分分析的过程。与多家食品企业建立合作关系，为学生提供丰富的实践机会。

在实践教学创新方面，注重培养学生的创新思维和实践能力。通过组织食品创新大赛、食品设计比赛等活动，激发学生的创造力和想象力。鼓励学生参与教师的科研项目，通过实际操作和深入研究，培养学生的科研素养和实践能力。这些创新举措不仅可提高学生的综合素质，也为食品科学与工程专业的教学改革注入新的活力。

据统计，经过实践教学的加强与创新，我校食品科学与工程专业学生的实践能力得到显著提升。在近年来的食品创新大赛中，我校学生屡获佳绩，充分展示他们的创新能力和实践水平。同时，毕业生的就业率也逐年攀升，许多学生凭借在校期间积累的实践经验，成功进入食品企业从事研发、生产等工作。

（四）师资队伍建设与教学方法的改革

在食品科学与工程专业线下“金课”建设中，师资队伍建设与教学方法的改革是提升教学质量的关键环节。近年来，随着教育理念的更新和技术的快速发展，师资队伍的构成和教学方法也在不断创新和变革。

在师资队伍建设方面，注重引进和培养高水平的专业人才。通过招聘具有丰富实践经验和深厚理论基础的优秀教师，以及鼓励教师参加国内外学术交流活动，不断提升教师的专业素养和教学能力。建立完善的师资培训机制，通过定期举办教学研讨会、教学技能竞赛等活动，提高教师的教学水平和创新能力。

在教学方法改革方面，积极探索和实践多种教学方法，如案例教学、项目式教学、翻转课堂等。这些教学方法不仅能够激发学生的学习兴趣和积极性，还能够培养学生的实践能力和创新精神。例如，在案例教学中，选取真实的食品生产案例，引导学生进行分析和讨论，帮助学生更好地理解和掌握食品科学与工程的专业知识。

注重利用现代技术手段辅助教学。通过引入多媒体教学、在线教学平台等先进的教学工具，丰富教学手段和教学资源，提高教学效果和质量。鼓励学生利用互联网等渠道进行自主学习和拓展学习，培养学生的自主学习能力和终身学习的意识。

（五）课程评价与持续改进机制的建立

在课程评价与持续改进机制的建立方面，食品科学与工程专业“金课”建设应注重构建科学、全面的评价体系。通过引入多元化的评价指标，如学生满意度调查、课程成绩分析、教师同行评议等，实现对课程质量的全方位评估。利用数据分析工具对评价结果进行深入挖掘，发现课程教学中存在的问题和不足，为持续改进提供有力支撑。

持续改进机制的建设也是“金课”建设的重要一环。通过设立专门的课程改进小组，定期召开课程研讨会，对课程教学中出现的问题进行深入剖析和讨论，提出具体的改进措施和方案。建立课程质量监控体系，对课程实施过程进行全程跟踪和监控，确保改进措施的有效实施和课程质量的持续提升。

二、线上“金课”建设

（一）线上“金课”建设的技术平台与工具选择

在线上“金课”建设中，技术平台与工具的选择至关重要。当前，诸如 MOOC 平台、在线教育管理系统以及虚拟实验室等多样化的技术平台与工具为线上“金课”建设提供丰富的选择。以 MOOC 平台为例，其凭借强大的用户基数和丰富的课程资源，为食品科学与工程专业的学生提供广阔的学习空间。据统计，某知名 MOOC 平台上的食品科学相关课程已吸引超过十万名学生参与学习，其中不乏来自世界各地的专业人士和学者。

在线教育管理系统则通过提供课程管理、学生互动、作业提交与批改等功能，有效提升线上教学的效率和质量。例如，学银在线教育管理系统通过引入智能分析模型，能够实时跟踪学生的学习进度和效果，为教师提供有针对性的教学建议。此外，虚拟实验室作为线上金课建设的重要组成部分，通过模拟真实的实验环境和操作过程，使学生在没有实体实验室的情况下也能进行实践操作，从而加深对专业知识的理解和掌握。

在选择技术平台与工具时，应充分考虑其易用性、稳定性和安全性等因素。易用性能够降低学生的学习门槛，提高学习体验；稳定性则能够确保线上教学的顺利进行，避免因技术故障而影响教学效果；安全性则能够保护学生的个人信息和课程资料不被泄露或滥用。

（二）线上教学资源整合与优化策略

在线上教学资源整合与优化策略方面，食品科学与工程专业应充分利用现代信息技术手段，构建丰富多样的教学资源库。例如，通过收集国内外知名食品科学与工程领域的在线课程、教学视频、实验演示等资源，形成具有专业特色的教学资源库。同时，结合课程需求，对教学资源进行筛选、分类和标注，方便师生快速定位所需资源。此外，还可以引入虚拟现实、增强现实等先进技术，打造沉浸式学习体验，提升学生的学习兴趣和效果。

在优化策略上，食品科学与工程专业应注重教学资源的更新与迭代。通过定期评估教学资源的使用情况和反馈意见，及时淘汰过时、低效的资源，补充新鲜、高效的内容。同时，建立教学资源共享机制，鼓励师生共同参与教学资源的开发与优化，形成教学相长的良好氛围。此外，还可以借鉴其他高校或行业的优秀教学资源，进行本土化改造和创新，以适应本校的教学需求。

（三）学生线上学习与互动机制的设计

在食品科学与工程专业线上“金课”建设中，学生线上学习与互动机制的设计至关重要。为了确保学生能够积极参与线上学习，可以采用多种策略。首先，利用先进的在线学习平台，如慕课、超星等，为学生提供丰富的视频教程、在线测试和互动讨论区。其次，注重线上互动环节的设计，鼓励学生通过在线论坛、即时通信工具等方式进行交流和讨论。

再次，在互动机制的设计上注重培养学生的团队协作能力和批判性思维。通过组织线上小组项目、案例分析等活动，让学生在合作中相互学习、共同进步。鼓励学生对课程内容进行批判性思考，提出自己的见解和疑问，与教师和其他同学进行深入交流。这种互动方式不仅有助于培养学生的综合素质，还能促进教学相长，提升线上金课的教学质量。

最后，借鉴国内外先进的线上教学经验，不断优化和完善学生线上学习与互动机制。例如，引入“翻转课堂”的教学模式，让学生在课前通过观看视频、查阅资料等方式自主学习，然后在课堂上进行小组讨论和汇报。这种教学模式不仅可以提高学生的自主学习能力，还可增强他们的课堂参与度。同时，应注重线上教学的反馈和评价机制建设，及时收集学生的意见和建议，对线上金课进行持续改进和优化。

（四）教师线上教学与辅导能力提升途径

在食品科学与工程专业线上金课建设中，提升教师的线上教学与辅导能力至关重要。首先，组织教师参加线上教学技能培训，通过专家讲座、案例分析等形式，使教师掌握线上教学的基本技巧和方法。其次，鼓励教师利用线上教学平台进行实践，通过录制课程、开展线上辅导等方式，不断积累经验。最后还可建立线上教学交流平台，让教师们分享线上教学的经验和心得，相互学习、共同进步。

（五）线上“金课”质量监控与评估体系的建立

在线上“金课”建设中，质量监控与评估体系的建立至关重要。通过引入先进的数据分析工具和评估模型，可以对线上“金课”的教学质量进行实时监控和精准评估。例如，利用学习管理系统收集学生的学习数据，包括观看时长、互动次数、作业完成情况等，通过数据分析，可以了解学生的学习状态和学习效果，从而及时调整教学策略。结合学生评价和反馈，可以对线上“金课”的教学质量进行综合评价，发现存在的问题和不足，为持续改进提供依据。

在建立线上“金课”质量监控与评估体系时，可以借鉴国内外先进的经验和实践案例。在质量监控与评估体系的实施过程中，还需要注重数据的分析和利用。通过对大量数据的深入挖掘和分析，可以发现线上“金课”教学中的规律和趋势，为教学改进提供科学依据。还可以利用数据分析结果，对学生的学习情况进行个性化指导，提高学生的学习效果和学习满意度。

三、线上线下混合式“金课”建设

（一）线上线下混合式“金课”的教学设计理念与实施策略

线上线下混合式“金课”的教学设计理念旨在充分利用线上与线下教学的优势，实现教学资源的最优配置与教学效果的最大化。在实施策略上，注重线上线下教学的有机结合，通过线上平台提供丰富的学习资源和互动机会，线下课堂则侧重于深度讨论和实践操作，形成互补效应。以“食品分析”线上线下混合式“金课”为例，利用线上平台发布课程视频、课件和习题，供学生自主学习和巩固知识；线下课堂则组织小组讨论、实验操作等活动，促进学生之间的交流与协作。通过混合式教学，学生的参与度和满意度均得到显著提升，教学效果明显改善。

在具体实施中，引入大数据分析技术，对学生的学习行为、成绩等数据进行跟踪和分析，以便更精准地了解学生的学习状况和需求。借鉴“翻转课堂”等先进教学理念，让学生在课前通过线上平台预习课程内容，课堂上则重点解决学生的疑问和难点，提高教学效率。与企业合作，引入实际案例和工程项目，让学生在实践中学习和应用知识，提升综合素质。

（二）混合式“金课”教学资源平台的构建与整合

在构建与整合混合式“金课”教学资源平台的过程中，应注重线上线下资源的深度融合与互补。通过引入先进的在线教育技术，搭建一个集课程视频、教学课件、实验演示、互动讨论等多功能于一体的教学资源平台。平台不仅提供丰富的线上学习资源，还通过线下实践环节的补充，实现理论与实践的有机结合。

自“食品分析”混合式“金课”教学资源平台上线以来，学生参与度显著提升，线上学习时长增加。同时，通过平台上的互动讨论功能，学生之间的交流与合作也得到有效促进。引入大数据分析技术，对学生的学习行为、成绩变化等进行实时监控与评估，为教学改进提供有力支持。

在资源整合方面，积极与国内外知名食品科学与工程专业的院校、企业合作，共享优质教学资源。通过引入行业前沿的课程内容、实验设备和技术，有效提升混合式金课的教学质量。鼓励学生参与课程资源的开发与建设，通过学生的创新实践，不断丰富和完善教学资源库。

（三）线上线下教学互动的优化与实践

在食品科学与工程专业的线上线下混合式“金课”建设中，教学互动的优化与实践显得尤为重要。通过引入先进的在线教学平台，实现线上线下的无缝对接，有效提升教学互动的质量和效率。

为进一步优化线上线下教学互动。一方面，利用大数据分析技术，对学生的学习行为、成绩变化等进行实时监控和评估，为教师提供有针对性的教学建议。另一方面，积极引入企业导师和行业专家，通过线上直播、线下讲座等形式，为学生提供更广阔的视野和更深入的实践机会。这些措施不仅丰富教学内容，也有效提升学生的学习兴趣和参与度。

线上线下教学互动的优化与实践对于提升教学质量和效果具有显著作用。混合式教学模式，学生的课程满意度可普遍提升，课堂参与度也明显增加。学生的实践能力和创新思维也得到有效锻炼和提升。充分证明线上线下教学互动优化与实践的重要性和有效性。

（四）混合式“金课”的教学质量监控与评估机制

在混合式“金课”的教学质量监控与评估机制方面，要建立完善的教学质量监控体系，通过定期的教学检查、学生评教、同行评议等方式，对线上线下教学环节进行全面监控。利用大数据和人工智能技术，对学生的学习行为、成绩分布等数据进行深入分析，为教学质量评估提供有力支持。注重评估结果的反馈与改进，将评估结果及时反馈给教师，帮助他们了解教学中存在的问题和不足，并针对性地提出改进建议。建立激励机制，对教学质量优秀的教师进行表彰和奖励，激发他们的教学热情和创新精神。

（五）混合式“金课”对学生综合素质提升的作用分析

混合式“金课”的建设与实施，在食品科学与工程专业教育中发挥着举足轻重的作用，尤其在学生综合素质的提升方面表现显著。通过线上线下相结合的教学模式，学生不仅能够获得更为丰富的知识资源，还能在多样化的学习环境中锻炼自己的综合能力。据相关数据显示，参与混合式金课学习的学生在问题解决能力、团队协作能力、创新能力等方面均有显著提升。

混合式金课还注重培养学生的创新能力。通过引入创新性的教学内容和教学方法，激发学生的创新思维和创造力。例如，在食品工艺课程中，教师引导学生通过线上学习了解最新的加工技术和设备，然后在线下实验室中进行实践操作和创新设计。这种教学方式不仅让学生掌握实际操作技能，还培养他们的创新意识和实践能力。

四、虚拟仿真实验教学“金课”建设

（一）虚拟仿真技术在食品科学与工程教学中的应用价值

虚拟仿真技术在食品科学与工程教学中的应用价值日益凸显。据相关研究表明，通过引入虚拟仿真技术，学生在食品工艺操作、设备使用以及食品安全控制等方面的实践能力得到显著提升。例如，茅台学院的食品科学与工程专业教学中，教师利用虚拟仿真软件模拟食品工程的各个环节，让学生在虚拟环境中进行实践操作。通过这一方式，学生不仅能够熟悉食品工程，还能在模拟中发现问题并寻求解决方案，从而提高他们的实际操作能力和问题解决能力。

虚拟仿真技术还能有效弥补传统实验教学中的不足。传统实验教学往往受到场地、设备以及实验材料等因素的限制，而虚拟仿真技术则能够突破这些限制，为学生提供更加丰富的实验体验。通过虚拟仿真实验，学生可以更加深入地了解食品科学与工程领域的实验原理和操作方法，从而加深对专业知识的理解和掌握。

虚拟仿真技术还能帮助学生更好地适应未来行业的发展趋势。随着科技的不断发展，食品行业对于人才的需求也在不断变化。具备虚拟仿真技术能力的食品科学与工程专业人才将更具竞争力，能够更好地适应行业的发展需求。加强虚拟仿真技术在食品科学与工程教学中的应用，对于培养高素质的食品科学与工程人才具有重要意义。

（二）虚拟仿真实验教学“金课”建设的目标与定位

虚拟仿真实验教学“金课”建设的目标与定位主要聚焦于提升学生的实践能力和创新能力，同时推动食品科学与工程专业的教育教学改革。通过构建高度仿真、交互性强的虚拟实验环境，为学生提供丰富的实践学习体验，帮助他们更好地理解和掌握食品科学与工程领域的知识和技能。

在目标设定上，虚拟仿真实验教学“金课”旨在培养学生的实践操作能力、问题分析能力以及解决复杂工程问题的能力。通过虚拟仿真实验，学生可以模拟真实的实验场景，进行实验操作、数据分析和结果解读，从而加深对专业知识的理解，提高实际操作技能。

在定位方面，虚拟仿真实验教学“金课”作为食品科学与工程专业教育的重要组成部分，应与传统实验教学相辅相成，共同构建完善的教学体系。虚拟仿真实验教学金课不仅是对传统实验教学的补充和拓展，更是对教育教学模式的创新和改进。通过引入虚拟仿真技术，打破时空限制，实现资源的优化配置和共享，提高教学效率和质量。

此外，虚拟仿真实验教学“金课”还应注重与行业的紧密结合，引入行业前沿的技术和设备，反映行业的最新发展趋势和需求。通过与企业的合作和交流，了解行业的实际需求，调整和优化教学内容和方法，使教学更加贴近实际、更具针对性。

（三）虚拟仿真实验教学资源的设计与开发策略

在虚拟仿真实验教学资源的设计与开发策略上，应着重考虑资源的系统性、真实性和交互性。系统性指的是要构建一套完整的虚拟仿真实验教学体系，覆盖食品科学与工程专业的各个知识点和实验环节，确保学生能够全面、系统地掌握相关知识。真实性则是要求虚拟仿真实验环境要尽可能还原真实的实验场景和操作过程，使学生能够身临其境地感受实验过程，提高学习效果。交互性则是指虚拟仿真实验要具备高度的互动性，允许学生进行自主操作、探索和创新，培养他们的实践能力和创新思维。

为实现这些目标，可以采取以下策略：首先，组建一支由专业教师和技术人员组成的开发团队，共同进行虚拟仿真实验教学资源的设计与开发。其次，借助现代科技手段，如三维建模、动画制作和交互编程等，构建高度逼真的虚拟实验环境。最后，结合食品科学与工程专业的特点，引入行业前沿的技术和设备，使虚拟仿真实验更加贴近实际、更具实用性。

在开发过程中，还应注重学生的需求和学习特点，设计多样化的虚拟实验项目，以满足不同学生的学习需求。同时，建立完善的用户反馈机制，及时收集和分析学生在使用过程中的意见和建议，对虚拟仿真实验教学资源进行持续改进和优化。

（四）学生参与虚拟仿真实验教学“金课”学习的机制与效果评估

学生参与虚拟仿真实验教学“金课”学习的机制与效果评估是确保教学质量和提升学生综合能力的关键环节。

在机制设计上，鼓励学生自主选择虚拟仿真实验项目，根据个人的兴趣和学习进度进行灵活安排。同时，建立导师指导制度，为学生提供个性化的学习指导和建议，确保他们在学习过程中能够得到及时的帮助和支持。还应开展线上线下的互动交流活动，鼓励学生分享学习心得和经验，相互学习和促进。

在效果评估方面，采取多元化的评价方式，包括实验报告、操作考核、创新项目等，全面评估学生在虚拟仿真实验中的学习效果和能力提升情况。还应注重对学生学习过程的跟踪和反馈，及时发现和解决学习中存在的问题和不足，帮助他们更好地掌握知识和技能。

通过参与虚拟仿真实验教学“金课”学习，学生能够更加深入地了解食品科学与工程领域的实验操作和技术原理，提升实践能力和创新思维。同时，虚拟仿真实验还能够激发学生的学习兴趣和积极性，培养他们的自主学习能力和解决问题的能力。在虚拟仿真实验教学“金课”的支持下，学生将能够在食品科学与工程领域取得更加优异的成绩和发展。

（五）虚拟仿真实验教学“金课”教学的持续改进与创新路径

虚拟仿真实验教学金课教学的持续改进与创新路径是一个不断探索和实践的过程。为了保持教学的前沿性和适应性，需要关注行业发展趋势，引入新的技术、方法和理念，不断完善和优化教学内容和方式。

要加强与行业、企业的紧密合作，了解最新的技术动态和市场需求，将最新的科研成果和技术应用引入到虚拟仿真实验教学中。通过与企业的合作，共同研发更加符合实际需求的虚拟仿真实验项目，提升学生的实践能力和综合素质。

要注重教学方法的创新。虚拟仿真实验教学具有高度的互动性和自主性，可以利用这些特点，设计更加灵活多样的教学方式，如项目式学习、探究式学习等，激发学生的主动性和创新性。可以利用在线学习平台等现代教育技术手段，打破时空限制，为学生提供更加便捷的学习途径和资源共享平台。

还需要建立完善的教学质量监控和评估机制，对虚拟仿真实验教学效果进行定期评估和反馈。通过收集学生的反馈意见和建议，不断改进和优化教学内容和方式，提升教学质量和效果。

要鼓励教师积极参与虚拟仿真实验教学的研究和实践，提升他们的专业素养和教学能力。通过组织教师培训和交流活动，分享经验和成果，推动虚拟仿真实验教学“金课”建设的不断发展和创新。

五、社会实践“金课”建设

（一）社会实践“金课”建设背景与现状分析

在当前高等教育改革的大背景下，食品科学与工程专业社会实践“金课”建设显得尤为重要。随着社会对食品质量与安全的关注度不断提升，食品科学与工程专业人才的培养也面临着新的挑战和机遇。社会实践课作为连接理论与实践的桥梁，对于提升学生的综合素质和创新能力具有不可替代的作用。

从背景来看，食品科学与工程专业社会实践“金课”建设是在国家大力推动高等教育内涵式发展的背景下提出的。近年来，我国高等教育规模不断扩大，但教育质量却参差不齐。为提升教育质量，培养更多具有创新精神和实践能力的高素质人才，社会实践金课建设应运而生。通过社会实践金课，学生可以深入企业、实验室等一线场所，亲身体验食品生产、加工、检测等各个环节，从而加深对专业知识的理解和掌握。

现状分析显示，目前食品科学与工程专业社会实践“金课”建设已经取得一定的成效。许多高校都开设与食品行业相关的社会实践课程，并与企业建立良好的合作关系。通过校企合作，学生可以参与到企业的实际项目中，了解企业的运营模式和市场需求。同时，企业也可以借助高校的科研力量，解决生产中的技术难题。这种双赢的合作模式为食品科学与工程专业社会实践金课建设提供有力的支持。

社会实践“金课”建设仍面临一些挑战。一方面，由于食品行业的特殊性，学生在实践过程中可能会遇到一些安全问题。因此，高校需要加强对学生的安全教育和管理，确保实践活动的安全进行。另一方面，由于食品行业的快速发展和变化，高校需要不断更新和优化社会实践课的教学内容和方法，以适应行业的需求和发展。

（二）社会实践“金课”教学设计与实施策略

在社会实践金课的教学设计与实施策略中，应注重将理论知识与实践操作相结合，以提升学生的综合素质和实践能力。设计多样化的实践项目，包括企业参观、市场调研、产品开发与推广等，旨在让学生深入了解食品科学与工程行业的实际运作情况。

在实施策略上，应采用“校企合作、产学研结合”的模式。通过与食品企业建立紧密的合作关系，为学生提供丰富的实践机会和真实的实践环境。

还应注重培养学生的团队协作和沟通能力。在实践项目中，学生们需要分组合作，共同完成任务。通过小组讨论、分工合作、成果展示等环节，学生们的团队协作能力和沟通能力得到有效提升。还应邀请企业专家和学者进行授课和指导，为学生提供更广阔的视野和更深入的行业洞察。

（三）企业合作与实地教学点的选择与建立

在食品科学与工程专业社会实践“金课”建设中，企业合作与实地教学点的选择与建立是至关重要的一环。通过与食品行业内的领军企业建立紧密的合作关系，可以为学生提供真实、前沿的实践环境，帮助他们更好地将理论知识应用于实际生产中。

在选择合作企业时，注重企业的行业影响力、技术水平和创新能力。同时，还考虑企业的地理位置和交通便利性，以便学生能够方便地进行实地学习和实践。在建立实地教学点时，充分利用企业的现有资源，结合专业特点，可设计一系列具有针对性的实践课程。课程涵盖食品生产的基本知识和技能，还应注重培养学生的创新思维和解决问题的能力。

还应与企业建立长期稳定的合作关系。通过定期举办座谈会、研讨会等活动，加强师生与企业之间的交流与合作，共同推动食品科学与工程专业的发展。这种合作模式不仅有助于提高学生的实践能力和就业竞争力，也有助于推动食品行业的创新与发展。

（四）学生社会实践活动的组织与管理

在组织与管理学生社会实践活动时，应注重活动的系统规划与细致执行。通过问卷调查和座谈会等方式，深入了解学生的兴趣和需求，确保活动内容与专业紧密结合，满足学生的实践需求。在活动的组织过程中，可以采用项目管理的方式，明确各项任务的责任人和完成时间，确保活动能够有序进行。建立有效的沟通机制，通过定期召开会议、建立微信群等方式，及时分享活动进展和遇到的问题，共同商讨解决方案。这种管理方式不仅提高工作效率，也增强团队成员之间的协作能力。

还应注重活动的安全保障和风险控制。在活动前，进行详细的场地勘察和安全评估，制定详细的安全预案和应急预案。在活动期间，安排专人负责安全管理，确保学生的安全。建立风险评估机制，对可能出现的风险进行预测和评估，制定相应的应对措施。

（五）社会实践“金课”成果展示与评估体系构建

在社会实践“金课”成果展示与评估体系构建方面，应注重实践成果的多样性和评估的客观性。成果展示不仅限于传统的报告和论文形式，还鼓励学生通过视频、海报、实物模型等多种方式展示实践成果，以更直观、生动的方式呈现实践过程和成果。建立一套科学的评估体系，包括实践过程评价、实践成果评价以及学生自我评价等多个维度，确保评估结果的客观性和公正性。

引入数据分析模型对实践成果进行量化评估。通过对实践过程中的数据收集和分析，可以更准确地了解学生在实践中的表现，为今后的教学改进提供有力支持。鼓励学生进行自我反思和评价，帮助他们更好地认识自己的优点和不足，为未来的学习和职业发展打下坚实基础。

第二节 “金课”认定标准

一、“金课”认定基本要求

课程须至少经过两个学期或两个教学周期的建设和完善，取得实质性改革成效，在同类课程中具有鲜明特色、良好的教学效果，并承诺入选后将持续改进。符合相关类型课程基本形态和特殊要求的同时，在以下多个方面具备实质性创新，有较大的借鉴和推广价值。

（一）教学理念先进

坚持立德树人，体现以学生发展为中心，致力于开启学生内在潜力和学习动力，注重学生德智体美劳全面发展。

（二）课程教学团队教学成果显著

课程团队教学改革意识强烈、理念先进，人员结构及任务分工合理。主讲教师具备良好的师德师风，具有丰富的教学经验、较高学术造诣，积极投身教学改革，教学能力强，能够运用新技术提高教学效率、提升教学质量。

（三）课程目标有效支撑培养目标达成

课程目标符合学校办学定位和人才培养目标，注重知识、能力、素质培养。

（四）课程教学设计科学合理

围绕目标达成、教学内容、组织实施和多元评价需求进行整体规划，教学策略、教学方法、教学过程、教学评价等设计合理。

（五）课程内容与时俱进

课程内容结构符合学生成长规律，依据学科前沿动态与社会发展需求动态更新知识体系，契合课程目标，教材选用符合教育部和学校教材选用规定，教学资源丰富多样，体现思想性、科学性与时代性。

（六）教学组织与实施突出学生中心地位

根据学生认知规律和接受特点，创新教与学模式，因材施教，促进师生之间、学生之间的交流互动、资源共享、知识生成，教学反馈及时，教学效果显著。

（七）课程管理与评价科学且可测量

教师备课要求明确，学生学习管理严格。针对教学目标、教学内容、教学组织等采用多元化考核评价，过程可回溯，诊断改进积极有效。教学过程材料完整，可借鉴可监督。

二、食品类专业课程线下“金课”认定

线下“金课”主要指以面授为主的课程，以提升学生综合能力为重点，重塑课程内容，创新教学方法，打破课堂沉默状态，焕发课堂生机活力，较好发挥课堂教学主阵地、主渠道、主战场作用。课程须至少经过两个学期或两个教学周期的建设和完善，取得实质性改革成效，在同类课程

中具有鲜明特色、良好的教学效果，并承诺入选后将持续改进。

（一）教学理念与团队建设

在食品类专业线下“金课”的认定过程中，教学理念与团队建设是不可或缺的重要环节。应秉持着“以学生为中心，注重实践与创新”的教学理念，致力于培养具备扎实理论基础和卓越实践能力的食品类专业人才。需要组建一支由资深教授、行业专家和青年教师组成的教学团队，他们不仅具备深厚的学术背景，还拥有丰富的实践经验。

在教学团队建设方面，需要注重团队成员之间的协作与沟通，通过定期的教研活动和学术交流，不断提升团队的教学水平和创新能力。引入行业内的优秀专家和学者，通过讲座、研讨会等形式，为学生提供更广阔的视野和更前沿的知识。

在教学理念方面，需要始终坚持理论与实践相结合的原则，注重培养学生的实践能力和创新精神。通过案例分析、实践操作等教学方式，让学生在掌握理论知识的同时，能够灵活运用所学知识解决实际问题。可以推行“产学研”一体化的教学模式，与企业合作开展实践教学和科研项目，为学生提供更多的实践机会和就业渠道。

（二）课程目标设定与达成

在食品类专业线下“金课”的认定过程中，课程目标设定与达成是至关重要的一环。为了确保课程目标的有效实现，可以采用 SMART 原则进行目标设定，即目标应具有明确性（Specific）、可衡量性（Measurable）、可达成性（Achievable）、相关性（Relevant）和时限性（Time-bound）。

在达成课程目标方面，需要注重理论与实践相结合的教学方法。通过案例分析、实践操作等教学手段，引导学生深入理解食品类专业知识，并培养其解决实际问题的能力。引入行业前沿技术和创新理念，不断更新课程内容，确保课程目标与时俱进。建立完善的课程评价体系，通过学生反馈、教师评价等方式，对课程目标达成情况进行定期评估和调整，以确保课程目标的有效实现。

（三）教学内容与课程设计

在食品类专业线下"金课"的认定过程中，教学内容与课程设计是至关重要的一环。需要将最新的食品科学研究成果和行业动态融入教学内容中，确保学生掌握前沿知识和技术。课程设计也要充分考虑学生的认知特点和实际需求，通过案例分析、实践操作等方式，提高学生的实践能力和解决问题的能力。

还应注重课程设计的创新性和实践性。通过引入项目式学习、小组讨论等教学方式，激发学生的学习兴趣和主动性。

在教学内容与课程设计的优化过程中，需要不断收集学生的反馈意见，并根据实际情况进行调整和改进。借鉴其他高校的成功经验，不断完善和优化教学内容和课程设计。

（四）教学方法与手段创新

在食品类专业线下"金课"的认定过程中，教学方法与手段的创新显得尤为重要。可以引入现代教学技术，如虚拟现实（VR）和增强现实（AR）技术，为学生提供沉浸式的学习体验。通过 VR 技术，学生可以模拟进入食品加工厂，身临其境地观察食品加工的全过程，从而加深对食品生产流程的理解。AR 技术可以将抽象的食品科学原理以直观、生动的形式呈现出来，帮助学生更好地掌握相关知识。

除了现代教学技术的应用，还应注重教学方法的多样化。例如，采用项目式学习的方式，让学生分组完成食品研发或营养配餐等实际项目，通过实践锻炼他们的团队协作能力和问题解决能力。引入"翻转课堂"的教学模式，让学生在课前通过自主学习掌握基础知识，课堂上则进行深入的讨论和案例分析，从而提高学生的思维能力和创新能力。创新的教学方法不仅可以提高教学效果，也可以培养学生的综合素质。

（五）教学组织与实施优化

在教学组织与实施优化方面，食品类专业线下"金课"认定大纲强调高效、有序的教学安排与实践。需要注重课程内容的逻辑性与连贯性，通过合理的教学进度安排，确保学生能够逐步深入理解和掌握食品专业的核心知识。引入现代教学技术手段，如多媒体教学、在线互动平台等，提升教学效率和互动性。

在教学组织与实施优化的过程中，注重培养学生的实践能力和创新精神。通过组织各类实践活动、实验操作和课程设计，让学生在实践中深化理论知识，提升解决问题的能力。鼓励学生参与科研项目和学术竞赛，培养他们的科研素养和创新精神。提升学生的综合素质。

注重课程资源的整合与利用。通过与相关企业、实验室等合作，引入实际案例和教学资源，丰富课程内容，提升课程的实用性和针对性。积极推广优秀的教学方法和经验，通过举办教学研讨会、分享会等活动，促进教师之间的交流与合作，共同提升教学质量和水平。

（六）课程管理与评价体系构建

在课程管理与评价体系构建方面，食品类专业线下“金课”认定大纲强调系统性和科学性的重要性。建立一套完善的课程管理制度，包括课程开设审批、教学进度监控、教学质量评估等环节，确保课程管理的规范化和高效化。构建一个多元化的评价体系，包括学生评价、同行评价、专家评价等多个维度，以全面反映课程的教学质量和效果。

引入先进的评价工具和方法，如问卷调查、课堂观察、教学录像分析等，以获取更加全面和深入的评价信息。注重评价结果的应用和反馈，及时将评价结果反馈给教师，帮助他们了解教学中的优点和不足，进而调整教学策略，提升教学质量。

（七）持续改进与成果推广

在食品类专业线下“金课”的持续改进与成果推广方面，要始终秉持着精益求精的态度，不断对课程进行迭代和优化。通过定期收集学生反馈和教学效果评估数据，针对课程中存在的问题和不足进行深入剖析，并制定相应的改进措施。例如，在教学方法上，引入更多互动式和案例式的教学方式，有效提升学生的学习兴趣和参与度。加强课程与实践的结合，让学生更好地将理论知识应用于实际中。

在成果推广方面，注重将课程成果进行多渠道、多形式地展示和宣传。通过举办课程成果展、发表教学论文、参加教学研讨会等方式，积极向校内外展示食品类专业线下金课的优秀成果和特色亮点。

（八）近年来认定的国家级线下“金课”

近年来认定的国家级线下“金课”见表 4-1，食品化学、食品工艺学、食品分析分别有 2 个学校获得认定，其他课程分别有 1 个学校获得认定。

表 4-1　国家级线下金课一览表

序号	课程名称	课程负责人	课程团队其他主要成员	主要建设单位
1	食品贮藏与保鲜	吴彩娥	李婷婷、范龚健、王佳宏	南京林业大学
2	食品加工机械与设备	马海乐	邹小波、陈全胜、陈斌、陆道礼	江苏大学
3	食品工程原理	刘成梅	罗舜菁、刘蓉、吴建永、彭娟	南昌大学
4	食品化学	谢明勇	胡晓波、阮征、聂少平、陈奕	南昌大学
5	果蔬产品加工学	乔旭光	王兆升、张仁堂、李宁阳、唐晓珍	山东农业大学
6	肉与肉制品工艺学	罗欣	牛乐宝、梁荣蓉、张一敏、董鹏程	山东农业大学
7	食品化学	何慧	李春美、李秀娟、黄琪琳	华中农业大学
8	食品加工与保藏原理	李汴生	阮征、陈中、张立彦、朱志伟	华南理工大学
9	食品营养学	王弘	孙远明、杨瑞丽、沈兴、徐振林	华南农业大学
10	食品工艺学	刘石生	陈文学、钟秋平、陈海明、夏光华	海南大学
11	食品保藏原理	梁建芬	季俊夫、戴瑞彤、张燕、毛学英	中国农业大学

续表

序号	课程名称	课程负责人	课程团队其他主要成员	主要建设单位
12	食品工艺学	孙爱东	张柏林、甘芝霖、马超、贾国梁	北京林业大学
13	食品机械与设备	牟光庆	王海涛、吴超、苏文涛、宋玉昆	大连工业大学
14	食品发酵工程概论	岳喜庆	郑艳、束弛、赵春燕、杨梅	沈阳农业大学
15	食品生物化学	姜毓君		东北农业大学
16	食品安全	孙秀兰	孙震、王周平、张毅、庞月红	江南大学
17	食品卫生学	姚卫蓉	于航	江南大学
18	食品无损检测技术	邹小波	石吉勇、孙宗保、欧阳琴、李志华	江苏大学
19	农业与食品政策	卫龙宝		浙江大学
20	分子食品学	陈忠秀	张卫斌、陈可先、田师一、韩剑众	浙江工商大学
21	食品分析	汪少芸	林向阳、田永奇、张芳、施晓丹	福州大学
22	食品毒理学	聂少平	万茵、付桂明	南昌大学
23	食品分析	张国文	石燕、欧阳崇学、胡兴	南昌大学
24	粮油食品工艺学(双语)	孙庆杰	唐文婷、徐兴凤、李曼、代蕾	青岛农业大学
25	粮食过程装备原理与设计	胡继云	王中营、张海红、王明旭、程敏	河南工业大学
26	小麦加工工艺与设备	温纪平	林江涛、关二旗、郭嘉、李萌萌	河南工业大学
27	食品添加剂	黄峻榕	蒲华寅、李宏梁、贾玮、王静	陕西科技大学

二、食品类专业课程线上“金课”认定

食品类专业课程的线上“金课”，其特点必须突出优质、开放和共享三大要素，以满足学习者的多样化需求。

（一）线上课程资源优质

优质无疑是线上“金课”的核心竞争力所在。优质的教学内容，不仅涵盖专业知识的系统传授，还涉及实践操作、案例分析以及前沿研究成果的分享，旨在为学生提供一个全面而深入的学习体验。在构建线上“金课”的过程中，课程设计者会精心挑选并整合各类教学资源，包括权威教材、经典案例、最新研究成果等，以形成一套完整且富有启发性的课程体系。

在教学方法上，线上“金课”同样注重创新。传统的灌输式教学往往无法激发学生的学习兴趣和主动性，而线上金课则通过采用互动式、启发式等多元化的教学方式，使学习变得更加生动有趣。例如，教师可以通过线上讨论、小组合作、实时问答等方式，引导学生积极参与课堂互动，从而提高学习效果。

线上“金课”还积极利用现代技术手段提升教学质量。例如，利用大数据分析技术，教师可以对学生的学习进度、成绩变化等进行实时监控和分析，以便及时发现问题并采取有效措施进行干预。同时，线上金课还可以为学生提供个性化的学习路径，满足不同学生的学习需求。

（二）线上课程资源开放

开放是线上“金课”的重要特征之一。开放意味着线上“金课”不受地域、时间等限制，任何对食品类专业感兴趣的人都可以随时随地进行学习。这种开放性不仅为广大学生提供更多的学习机会，也为食品行业从业者提供便捷的进修途径。通过线上平台，学生可以自由选择感兴趣的课程进行学习，而无需担心时间和地点的限制。同时，线上“金课”还可以为食品行业从业者提供及时的行业资讯和技术更新，帮助他们不断提升自己的专业素养和竞争力。

在开放性的基础上，线上“金课”还应积极与其他高校、研究机构等合作，共享优质教学资源。通过合作共建、资源共享等方式，可以推动食品类专业教育的协同发展，提升整个行业的教育水平。这种合作模式不仅有助于打破高校之间的壁垒，促进资源的优化配置，还能够为学生提供更为丰富的学习资源和学习机会。

（三）线上课程资源共享

共享是线上“金课”的重要价值体现。通过线上平台，学习者可以共享到来自全国各地的优秀教学资源，包括优秀的教师团队、丰富的教学案例以及前沿的研究成果。这种共享机制不仅有助于提升学习者的学习效果，还能够促进食品类专业知识的传播和普及。同时，线上“金课”还应鼓励学习者之间的交流和互动，形成良好的学习氛围和合作机制。

在共享的过程中，线上“金课”还可以为学习者提供多种形式的互动平台。例如，学习者可以在课程论坛中发表自己的观点和看法，与其他学习者进行交流和讨论；同时，教师也可以定期举办线上讲座、答疑等活动，为学习者提供更为深入的学习指导。这种互动和交流的机制不仅能够增强学习者的学习兴趣和主动性，还能够促进食品类专业知识的深入理解和应用。

（四）近年来认定的国家级线上“金课”

近年来认定的国家级线上“金课”见表4-2，主要平台为爱课程（中国大学 MOOC）、学银在线、学堂在线等。

表4-2　国家级线上“金课”

序号	课程名称	课程负责人	课程团队其他主要成员	主要建设单位	主要开课平台
1	食品风味化学与分析	宋焕禄	王丽金、张雨、孟琦	北京工商大学	学堂在线
2	营养与食品卫生学	李颖	孙长颢、牛玉存、宁华、路慧敏	哈尔滨医科大学	人卫慕课

续表

序号	课程名称	课程负责人	课程团队其他主要成员	主要建设单位	主要开课平台
3	食品化学与营养	倪莉	刘志彬、张雯、张晨	福州大学	爱课程（中国大学MOOC）
4	食品工艺学	梁鹏	郑宝东、方婷、陈兴煌、郑明锋	福建农林大学	爱课程（中国大学MOOC）
5	食品营养学（双语）	邓泽元	李静、李红艳、刘小如	南昌大学	优课联盟
6	美食鉴赏与食品创新设计	李斌	邱宁、胡婉峰、张轶、陈义杰	华中农业大学	爱课程（中国大学MOOC）
7	食品原料学	蒋爱民、周佺	周文化、陈明造、林利忠	华南农业大学、中南林业科技大学	学银在线
8	食品标准与法规	张建新	于修烛、葛武鹏、徐春成、陈琳	西北农林科技大学	爱课程（中国大学MOOC）
9	食品与文化	李文钊	孟德梅、赵国忠、吴涛、李书红	天津科技大学	爱课程（中国大学MOOC）
10	食品安全	何更生	厉曙光、陈波、王和兴、薛琨	复旦大学	爱课程（中国大学MOOC）
11	食品营养学	方勇	丁超、李向菲、裴斐、邢常瑞	南京财经大学	爱课程（中国大学MOOC）
12	食品分析	黄志勇	彭爱红、张芹、洪诚毅、陈晓梅	集美大学	学银在线
13	食品化学	赵国华	叶发银、王洪伟、张甫生、石慧	西南大学	学堂在线

三、食品类专业课程线上线下混合式“金课”认定

线上线下混合式“金课”。基于慕课、专属在线课程（SPOC）或其他在线课程，运用适当的数字化教学工具，结合本校实际对校内课程进行改造，安排20%—50%的教学时间实施学生线上自主学习，与线下面授有机结合开展翻转课堂、混合式教学，打造在线课程与本校课堂教学相融合的

混合式金课。

（一）线上线下教学内容融合与衔接评价

在食品类专业课程的线上线下融合教学中，教学内容的融合与衔接评价至关重要。要确保线上线下教学内容在知识点、技能点上的连贯性和互补性。

线上线下教学内容的衔接评价还需要关注学生的学习效果。通过对比线上线下的学习数据，如学习时长、作业完成情况、课堂参与度等，可以评估学生在不同教学环境下的学习效果。同时，还可以结合学生的反馈意见，对教学内容和教学方法进行持续改进和优化。根据学生的学习进度和兴趣点，适时调整线上线下教学内容的比例和难度，以更好地满足学生的学习需求。

线上线下教学内容的融合与衔接评价还需要考虑课程的社会影响和推广价值。通过收集和分析学生对课程的评价、课程的社会关注度以及课程在相关领域的影响力等数据，可以评估课程的社会价值和推广潜力。

（二）混合式教学模式的创新与实践

在食品类专业课程中，混合式教学模式的创新与实践已成为提升教学质量和效果的重要途径。通过结合线上线下的教学资源与活动，构建一种全新的教学模式。

在混合式教学模式的创新方面，注重线上线下的有机融合与衔接。通过设计合理的线上线下教学内容和活动，实现线上线下的无缝对接。利用大数据分析技术，对学生的学习行为和效果进行实时监控和评估，为教学决策提供有力支持。引入先进的在线教学平台和工具，如智能教学系统、虚拟仿真实验平台等，为混合式教学模式的实施提供有力保障。

建立完善的线上线下教学质量监控体系，定期对教学质量进行评估和反馈；加强对学生的线上学习指导和监督，确保学生能够充分利用线上资源进行有效学习。

（三）线上线下教学资源整合与共享机制

在食品类专业课程的线上线下混合式“金课”认定中，线上线下教学

资源整合与共享机制显得尤为重要。这一机制不仅促进教学资源的优化配置，还提高教学质量和效率。

在资源整合方面，注重线上线下资源的互补性。线上资源注重理论知识的系统传授，而线下资源则侧重于实践技能的培养和实验操作的指导。通过整合这两种资源，学生可以在理论学习的同时，进行实践操作和实验验证，从而加深对知识的理解和掌握。

在共享机制方面，建立完善的教学资源共享制度。通过制定明确的共享规则和流程，确保资源的有效利用和公平分配。

（四）学生线上线下学习成效评估

在评估学生线上线下学习成效时，采用多元化的评估方法。通过线上学习平台的数据分析，可以清晰地看到每位学生的学习进度、学习时长以及互动频率。线下课堂的表现也是评估学生学习成效的重要方面。通过课堂测试、小组讨论以及实践操作等方式，全面考查学生对课程内容的掌握情况。

除了传统的评估方式，引入学习分析模型，通过对学生学习数据的深入挖掘和分析，揭示学习成效的内在规律和影响因素。发现学生在某些知识点上存在普遍困难，针对性地加强这些知识点的讲解和练习，有效提升学生的学习效果。收集学生的反馈和评价，通过问卷调查、访谈等方式，了解学生对线上线下学习方式的看法和建议，以便不断优化和改进教学方案。

（五）近年来认定的国家级线上线下混合式“金课”

近年来认定的国家级线上线下混合式“金课”见表4–3，分布课程和学校相对较多。

表4–3 国家级线上线下混合式“金课”

序号	课程名称	课程负责人	课程团队其他主要成员	主要建设单位
1	食品安全与日常饮食	陈芳	沈群	中国农业大学
2	畜产食品工艺学	胡铁军	冯印、秦风贤、尤丽新、武军	长春科技学院

续表

序号	课程名称	课程负责人	课程团队其他主要成员	主要建设单位
3	食品工艺学	夏文水	陈洁、姜启兴、郇延军、王斌	江南大学
4	食品化学	杨瑞金	卢蓉蓉、张文斌、华霄、夏书芹	江南大学
5	食品安全控制	辛志宏		南京农业大学
6	食品安全	郑晓冬	冯凤琴、陈卫、周文文、李阳	浙江大学
7	营养与食品卫生学	黄芳	朱萍萍、陈洁、陈婕	福建医科大学
8	食品工厂设计	李振兴	林洪、李敬、齐祥明、刘青	中国海洋大学
9	食品加工工艺	栗俊广	白艳红、李学红、葛珍珍、张丽华	郑州轻工业大学
10	食品分析	林华娟		广东海洋大学
11	食品营养学	汪建明	杨晨、周中凯、王浩、张泽生	天津科技大学
12	畜产食品工艺学	马俪珍	梁丽雅、杨华	天津农学院
13	食品机械与设备	王笑丹	周亚军、高峰、王璐	吉林大学
14	乳品营养与健康	霍贵成		东北农业大学
15	营养与食品卫生学	李颖	路慧敏、牛玉存、宁华、杨雪	哈尔滨医科大学
16	营养与食品卫生学	董艳梅		齐齐哈尔医学院
17	食品营养学（Food Nutrition）	陶宁萍		上海海洋大学
18	食品安全与卫生学	白晨	黄玥、司晓晶、冯华锋、唐立伟	上海商学院
19	食品化学	林娈	郑宗平、董乐、郭凤仙、陈洪彬	泉州师范学院
20	食品原料生产安全控制	白艳红	刘梦培、赵电波、王昱、禹晓	郑州轻工业大学

续表

序号	课程名称	课程负责人	课程团队其他主要成员	主要建设单位
21	食品分析与检验	宋莲军	黄现青、赵秋艳、崔文明、乔明武	河南农业大学
22	食品微生物学	潘春梅	宁豫昌、张晓静、王静、闫花朵	河南牧业经济学院
23	食品工程原理	丁玉琴	韩文芳	中南林业科技大学
24	食品化学及营养学	李琳	郑子懿、潘子强、陈正、沈志华	电子科技大学中山学院
25	食品化学	周琴	王慧超、孙钟雷、卢春霞、冯晓汀	长江师范学院
26	食品原料学	王桂瑛	葛长荣、廖国周、谷大海、唐卿雁	云南农业大学
27	食品微生物学	刘变芳	魏新元、杨保伟、赵旭博、刘斌	西北农林科技大学
28	食品工艺学导论	王树林	院珍珍、王进英、韩丽娟、叶英	青海大学

四、食品类专业虚拟仿真实验教学“金课”认定

虚拟仿真实验教学“金课”。着力解决真实实验条件不具备或实际运行困难，涉及高危或极端环境，高成本、高消耗、不可逆操作、大型综合训练等问题。

（一）教学理念的先进性与创新性

在当今这个信息化、智能化的时代，教学理念需要与时俱进，注重学生的主体性，培养学生的自主、合作与探究能力。虚拟仿真实验教学一流课程正是基于这样的现代教育理念而构建，旨在通过高度仿真的实验环境和丰富的交互体验，为学生提供一个全新的学习平台。

课程强调学生的主体地位，注重激发学生的学习兴趣和内在动力。通过引导学生主动参与、积极探究，培养学生的创新思维和实践能力。同时，课程还注重跨学科整合能力的培养，鼓励学生跨越传统知识体系的束缚，将所学知识运用到实际问题解决中。

在教学设计上，课程注重学生的个性化发展，尊重学生的差异性和多样性。通过提供多样化的学习路径和丰富的学习资源，满足不同学生的学习需求和兴趣。同时，课程还注重培养学生的自主学习能力，引导学生主动探索、自主学习，提高学习效率和质量。

（二）课程教学团队的专业化与协作性

一个优秀的虚拟仿真实验教学一流课程离不开一个高水平的教学与研究团队。这个团队应由具有丰富教学经验和深厚学术造诣的教师组成，包括主讲教师、实验指导教师、技术人员等。团队成员之间应具有明确的分工和协作机制，共同推动课程内容和教学方法的创新。

主讲教师应具备优秀的教学能力和学术造诣，能够深入浅出地讲解学科知识，引导学生深入理解并掌握核心知识点。同时，他们还应具备敏锐的洞察力和前瞻性思维，能够及时发现并引导学生解决学习中的问题和困惑。

实验指导教师和技术人员则负责实验环境的搭建和维护，提供技术支持和指导。他们应具备丰富的实践经验和技术能力，能够为学生提供高质量的实验环境和指导服务。

此外，团队成员之间还应定期进行教学研讨和学术交流，分享教学经验和研究成果，共同推动课程内容和教学方法的创新。

（三）课程目标的明确性与适应性

课程目标是教学活动的导向和评价标准，对于虚拟仿真实验教学一流课程而言，课程目标的明确性与适应性至关重要。

课程目标应明确指向学生的专业知识、实践能力和创新能力的培养。通过系统学习和实践操作，使学生能够掌握扎实的学科基础知识，具备解决实际问题的能力，并能够在实践中不断创新和发展。

课程目标应具有前瞻性和适应性。随着社会和行业的不断发展，对于人才的需求也在不断变化。因此，课程目标应能够适应这些变化，培养学

生的国际视野和跨文化交流能力，使其具备应对未来挑战的能力。

为实现这些目标，课程应关注行业发展趋势和前沿技术，将最新的研究成果和实际应用案例融入教学中。同时，还应注重理论与实践相结合，通过案例分析、项目实践等方式，增强学生的实际操作能力和问题解决能力。

（四）课程教学设计的科学性与系统性

课程教学设计是虚拟仿真实验教学一流课程的重要组成部分，它决定课程内容的组织形式、教学方法的选择以及学习支持体系的构建。一个科学、系统的教学设计能够确保课程的整体性和连贯性，提高学生的学习效果和学习体验。

课程教学设计应基于教育学、心理学和认知科学的研究成果，采用科学的教育理论和方法。这包括对学生的认知特点和学习规律进行深入分析，选择适合学生的教学方法和手段，以及设计符合学生认知发展水平的课程内容。

教学设计应系统规划课程内容、教学方法、评价方式和学习支持。课程内容应结构合理、逻辑清晰，能够体现学科的核心知识和技能要求；教学方法应灵活多样，能够激发学生的学习兴趣和参与度；评价方式应多元化、全面化，能够客观反映学生的学习成果和能力水平；学习支持则应提供必要的学习资源和辅导服务，帮助学生解决学习中的问题和困难。

教学设计还应注重课程内容的更新和优化。随着社会和科技的不断发展，学科知识也在不断更新和拓展。因此，课程团队应定期评估课程内容的时效性和前沿性，及时更新和优化课程内容，确保课程始终保持与时俱进的状态。

（五）课程内容的前沿性与实践性

虚拟仿真实验教学一流课程在内容上应兼具前沿性与实践性，旨在为学生提供既具有理论深度又富有实际应用价值的学科知识。

课程内容应涵盖学科的基础理论、最新研究成果以及行业应用案例。通过系统学习这些理论知识，学生能够深入理解学科的本质和规律，为未来的学术研究和职业发展奠定坚实的基础。同时，引入最新的研究成果和行业应用案例，能够帮助学生了解学科的前沿动态和实际应用价值，激发他们的学习兴趣和创新潜能。

课程应注重理论与实践相结合。虚拟仿真实验教学为学生提供高度仿真的实验环境和丰富的交互体验，使学生能够在实践中深入理解和掌握学科知识。通过案例分析、项目实践、模拟实验等方式，学生能够亲自动手进行操作和探究，增强实际操作能力和问题解决能力。这种理论与实践相结合的教学方式，能够帮助学生更好地将理论知识应用于实践中，提高他们的综合素质和能力水平。

（六）教学组织与实施的互动性与个性化

教学组织与实施是虚拟仿真实验教学一流课程的关键环节，它直接影响着学生的学习效果和学习体验。为实现教学的互动性与个性化，课程团队应充分利用信息技术手段，如在线学习平台、虚拟现实技术等，构建以学生为中心的互动学习环境。

在线学习平台为师生提供便捷的交流和互动渠道。学生可以在平台上随时提问、发表观点、分享学习心得，而教师可以及时回复学生的问题、提供指导和建议。这种实时互动的教学方式能够增强学生的学习参与度和学习动力，促进师生之间的深入交流和合作。

虚拟现实技术为学生提供高度仿真的实验环境和丰富的交互体验。通过佩戴虚拟现实设备，学生可以身临其境地参与实验过程，与虚拟环境中的物体进行交互操作。这种沉浸式的学习方式能够激发学生的学习兴趣和好奇心，提高他们的学习效率和学习质量。

教学实施还应根据学生的学习特点和需求进行个性化设计。例如，针对不同学生的学习风格和兴趣爱好，提供不同的学习路径和学习资源；针对学生的学习进度和反馈情况，提供个性化的辅导和支持服务等。这种个性化的教学方式能够更好地满足学生的需求，促进他们的全面发展。

（七）课程管理与评价的科学性与公正性

课程管理与评价是确保虚拟仿真实验教学一流课程质量和效果的重要

环节。为实现科学性与公正性，课程团队应建立完善的课程管理与评价体系。

在课程管理方面，应制定明确的课程管理制度和规范，确保教学活动的有序进行。同时，建立课程质量保障机制，定期对课程内容和教学方法进行评估和改进，确保教学质量的持续提升。此外，还应加强课程资源的管理和维护，确保学习平台的稳定性和安全性。

在课程评价方面，应采用多元化的评价方式，全面反映学生的学习成果和能力水平。除传统的考试和作业评价外，还应注重过程性评价和表现性评价，如课堂表现、项目实践、团队合作等方面的评价。同时，引入同行评价和学生互评等机制，增加评价的客观性和公正性。此外，还应定期对课程本身进行评价和反馈，收集学生和教师的意见和建议，不断完善和优化课程内容和教学方法。

（八）技术实现的先进性与可靠性

虚拟仿真实验教学一流课程的技术实现是其成功的关键之一。为确保课程的先进性和可靠性，课程团队应采用先进的信息技术和虚拟仿真技术，构建高效稳定的技术支持体系。

在课程平台的建设上，应选择成熟稳定的技术架构和高效的服务器设备，确保学习平台的稳定性和可用性。同时，加强平台的维护和更新工作，及时处理可能出现的技术问题和故障。

在虚拟仿真技术的应用上，应充分利用最新的技术手段和工具，实现高度仿真的实验环境和丰富的交互体验。例如，通过引入高精度的 3D 建模和渲染技术，构建逼真的虚拟实验场景；通过实现实时交互和反馈机制，增强学生的学习参与度和沉浸感。

课程团队还应注重技术的持续更新和升级。随着技术的不断发展，新的技术手段和工具不断涌现。课程团队应密切关注行业动态和技术趋势，及时将新的技术应用到课程中来，保持课程的先进性和竞争力。

（九）开放度和共享性的广泛性与持续性

虚拟仿真实验教学一流课程应面向全社会开放，鼓励不同背景的学习者参与，促进教育资源的共享和交流。为实现这一目标，课程团队应构建开放共享的教育资源平台。

在课程资源方面，应提供丰富的学习资源和教学材料，包括课程视频、课件、实验指导等。这些资源应经过精心设计和制作，确保内容的质量和效果。同时，课程团队还应定期更新和优化课程资源，保持其时效性和前沿性。

在课程开放方面，应建立便捷的课程注册和访问机制，允许不同背景的学习者方便地参与课程学习。同时，加强课程推广和宣传工作，提高课程的知名度和影响力。

课程团队还应积极与其他教育机构、企业和社区进行合作与交流，共同推动教育资源的共享和发展。通过举办学术研讨会、分享会等活动，促进不同领域之间的交流与融合，为学习者提供更为广阔的学习空间和机会。

（十）教学效果和示范效应的显著性与引领性

虚拟仿真实验教学一流课程应能够显著提高学生的学术水平和实践能力，得到学生、同行和行业的广泛认可。同时，课程还应成为教学改革的标杆，引领教育领域的创新和发展。

为实现这一目标，课程团队应注重教学效果的评估和反馈。通过收集和分析学生的学习数据、成绩和反馈意见等信息，全面了解学生的学习情况和需求，及时调整和优化教学内容和方法。同时，建立与同行和行业的交流机制，分享教学经验和成果，吸引更多的关注和认可。

课程团队还应积极参与教学改革和研究工作，探索新的教学理念和模式，推动教育领域的创新和发展。通过举办研讨会、发表论文等方式，分享自己的研究成果和实践经验，为其他教育工作者提供借鉴和参考。

（十一）持续改进的承诺与实践

虚拟仿真实验教学一流课程的构建是一个持续不断的过程，需要课程团队不断进行自我革新和优化。为实现这一目标，课程团队应建立持续改进的承诺与实践机制。

在课程内容的更新和优化方面，课程团队应密切关注学科发展动态和前沿技术趋势，及时将新的研究成果和实际应用案例融入教学中。同时，根据学生的反馈和需求调整教学内容和难度，确保课程内容的时效性和针对性。

在教学方法和手段的创新方面，课程团队应不断探索新的教学方式和手段，如混合式教学、项目式学习等，以激发学生的学习兴趣和参与度。同时，加强在线学习平台的建设和维护工作。

（十二）近年来认定的国家级虚拟仿真实验教学“金课”

近年来认定的国家级虚拟仿真实验教学“金课”见表4-4，课程较少。

表4-4 国家级虚拟仿真实验教学“金课”

序号	课程名称	课程负责人	课程团队其他主要成员	主要建设单位
1	食品安全事故调查处理虚拟仿真实验	孙长颢	张汝楠、戚佳玥、冯任南、韩天澍	哈尔滨医科大学

五、食品类专业课程社会实践“金课”认定

社会实践“金课”，以培养学生综合能力为目标，通过“青年红色筑梦之旅”“互联网+”大学生创新创业大赛、创新创业和思想政治理论课社会实践等活动，推动思想政治教育、专业教育与社会服务紧密结合，培养学生认识社会、研究社会、理解社会、服务社会的意识和能力，建设社会实践一流课程。课程应为纳入人才培养方案的非实习、实训课程，配备理论指导教师，具有稳定的实践基地，学生70%以上学时深入基层，保证课程规范化和可持续发展。

（一）课程目标与定位

社会实践一流课程旨在培养具备全面综合能力的优秀学子，其中包括但不限于批判性思维、创新能力、团队协作以及领导力等多方面的能力。这些能力不仅对于个人的成长至关重要，更是国家人才培养战略的核心组

成部分。

课程的定位应当清晰明确，凸显其在整个人才培养方案中的重要地位和作用。作为一门与社会实践紧密结合的课程，它应当成为连接校园与社会、理论与实践的桥梁，为学生提供一个全面、深入的学习体验。

（二）课程内容与设计

课程内容的设计紧密围绕食品专业的实际需求和社会发展趋势，力求做到既全面又深入。在理论知识部分，涵盖食品科学的基础理论、食品安全法规、食品加工技术等核心知识点，为学生打下坚实的理论基础。关注食品行业的最新动态和发展趋势，确保课程内容的前沿性和实用性。

在实践技能部分，注重培养学生的实际操作能力和解决问题的能力。通过食品检测、食品生产流程管理、食品安全事故应对等实践活动的开展，学生将有机会亲身参与到食品行业的实际运作中，深入了解行业的运作机制和存在问题。鼓励学生积极参与行业内的创新项目和研究工作，培养他们的创新精神和实践能力。

在课程设计上，充分考虑学生的个体差异和学习需求，采用灵活多样的教学方式和手段。通过案例分析、小组讨论、实践操作等多种形式的教学活动，激发学生的学习兴趣和主动性，提高学生的学习效果和质量。

（三）教学团队与指导

教学团队是确保课程质量的关键因素。教学团队由具有丰富教学经验和实践经验的专业教师组成，具备深厚的学科背景，具备跨学科的知识储备和视野。团队成员们能够从不同角度指导学生，提供全面而深入的学习指导。

理论指导教师将负责制定课程的教学计划、传授教学内容并跟踪学生的学习进度。通过课堂教学、在线辅导、答疑解惑等方式，为学生提供个性化的学习支持。邀请来自食品行业的专家担任实践指导教师，为学生提供行业前沿的知识和实践经验。

（四）实践基地与合作

实践基地是学生进行社会实践活动的重要场所。为给学生提供充足的实践机会和条件，与食品企业、检测机构、社区服务中心等建立紧密的合作关系。与企业签订合作协议、建立实习基地等方式，为学生提供丰富的实践机会和资源。

在实践活动中，学生将有机会亲身参与到企业的生产、研发、管理等各个环节中，深入了解行业的实际运作和市场需求。有机会与行业内的专家进行面对面的交流和互动，获取宝贵的行业经验和建议。

（五）学生参与实践

学生是社会实践活动的主体和核心。鼓励学生积极参与社会实践，通过实践活动了解社会、服务社会。为确保学生的参与度，制定明确的参与要求和评估标准。

学生参与实践活动的学时不少于总学时的 70%。通过出勤记录、实践报告、成果展示等方式，对学生的参与情况进行跟踪和评估。对于表现优秀的学生，给予相应的奖励和荣誉，以激励更多的学生积极参与实践活动。

（六）课程管理与评价

课程管理是确保课程质量的重要环节。为了确保课程的顺利实施和有效管理，建立规范的管理机制，明确教学和评价标准。

在评价方面，采用多元化的评价方式，包括自我评价、同伴评价和教师评价等。评价内容将涵盖学生的理论知识掌握、实践技能运用、创新能力和团队合作等多个方面。注重过程性评价和结果性评价相结合，确保评价的客观性和公正性。

建立效果跟踪和反馈机制，及时收集学生、教师和社会的反馈意见，对课程内容和教学方法进行持续改进和优化。

（七）课程成果与展示

课程成果是评价课程效果的重要依据。为展示学生的实践成果和创新能力，提供多种展示平台，如学术会议、竞赛、展览等。这些平台，学生可以展示他们在社会实践中的成果和创新思维，与更广泛的社会进行交流和互动。

鼓励学生在课程结束后进行总结和反思，将实践经验转化为学术成果，如论文、专利等。

（八）持续改进与发展

社会实践一流课程是一个动态发展的过程，需要不断地进行改进和优化。建立定期的反馈收集和分析机制，通过问卷调查、座谈会等方式收集学生、教师和社会的反馈意见。

基于反馈意见，对课程内容、教学方法和评价体系进行持续改进和优化。关注食品行业的最新动态和发展趋势，及时更新课程内容和实践项目，确保课程的前沿性和实用性。

鼓励创新精神和探索精神的培养，鼓励学生在实践中发现问题、解决问题并提出新的见解和思路。

（九）社会影响与推广

社会实践一流课程不仅对学生的个人成长具有重要意义，还将对社会产生积极的影响。

起到示范作用，为其他高校的社会实践课程提供借鉴和参考。积极推广课程的经验和成果，与更多高校分享教学理念和实践经验，共同推动高等教育质量的提高和人才培养的创新。

（十）近年来认定的国家级社会实践“金课”

近年来认定的国家级社会实践“金课”见表4-5，课程较少。

表4-5　国家级社会实践“金课”

序号	课程名称	课程负责人	课程团队其他主要成员	主要建设单位
1	食品加工生产与品质评价实践	夏宁	林莹、黄丽、陈德慰、符珍	广西大学
2	食品创新创业社会实践	孙文秀	董同力嘎、赵国年、武玲玲、张鹏	内蒙古农业大学

案例 4

食品分析“金课”（一流课程）结题报告书

一、课程基本信息

课程名称：食品分析；项目负责人：吴广辉；课程分类：专业教育课；课程性质：必修；学时：48；学分：3。项目负责人教学情况如下。

1. 承担该门课程教学任务

承担食品质量与安全 2018 级 1 班和 2 班、2019 级 1 班和 2 班、2020 级 1 班、2021 级 1 班，食品科学与工程 2019 级 2 班和 3 班、2020 级 1 班“食品分析”教学任务，2022—2023 学年第 1 学期学生评教全校排名第 17（前 5%），2022—2023 学年第 2 学期学生评教全校排名第 12（前 5%）。

2. 开展教学研究

主持“食品分析”课程超星学习通线上资源建设工作，在此基础上 2023 年 7 月录制完成线上授课视频，10 月上线学银在线平台，取得了良好的效果；“食品分析产教融合课程建设研究”获得贵州省高等学校教学内容和课程体系改革项目结项，“食品分析”获得学校“一流课程”“金课”建设项目；发表“食品分析”线上线下混合式教学模式研究与实践、食品分析产教融合课程建设研究、基于成果导向教育理念的“食品分析”教学大纲设计等教学研究论文 3 篇；主持编写“食品分析”校本教材（即将出版）、主持优化“食品分析”课程大纲及其他教学要件。

3. 获得教学奖励

“食品分析”教学范式改革项目研究与实践获得合格评价一次、良好评价一次；以“食品分析”课程参加教学相关比赛获得学校课堂教学“大比武”二等奖、学校“课程思政”教学大比武三等奖、学校教学创新大赛优秀奖。

二、课程目标

根据食品科学与工程、食品质量与安全专业培养高素质应用型人才的要求，制定“食品分析”三维课程目标如下。

1. 知识目标

掌握食品的采样与处理、食品分析方法的基本原理和方法，食品营养成分和有毒有害物质等的分析检验方法等食品分析基础知识。

2. 能力目标

对需要检测的项目进行分析，会选择合适的分析测定方法，培养学生的自主学习能力；学生具有按照制定的食品分析技术标准，能够对原料、辅助材料、半成品及产品的质量进行检验，并能够独立进行分析检测及数据处理，培养学生的实践应用能力；鼓励学生对检测方法提出不同见解，培养学生的创新创业能力。

3. 素养目标

培养学生认真按照食品分析方法进行操作和对实验结果的敬畏，不能篡改数据、弄虚作假等，并养成良好的职业素养，为食品安全、生产工艺改进等提供支撑。

三、课程建设及应用情况

1. 课程建设发展历程

“食品分析”是食品质量与安全、食品科学与工程专业必修课程。

（1）“食品分析”第一次开课是2019—2020学年第二学期食品质量与安全2017级，编写了教学大纲、教学进度表、教案、课件，建设超星学习通章节的课件、授课视频、课后作业等线上资源，利用超星学习通平台进行在线教学。其间“食品分析”获得“贵州省高等学校教学内容和课程体系改革项目”“学校金课建设项目”立项并积极进行研究。

（2）“食品分析”第二次开课是2020—2021学年第一学期食品质量与安全2018级，对教学大纲、教案进行了修订，对线上资源进行了优化，并继续进行线上线下混合式教学研究与实践，教学效果良好，其间《食品分析》获得“学校一流课程建设项目”。

（3）“食品分析”第三次开课是2021—2022学年第一学期食品质量与安全2019级，并对教学大纲、教案进行了修订，对线上资源进行了优化，优化教学内容，并对教学模式进行探讨，并继续进行线上线下混合式教学研究与实践，启动编写“食品分析”校本教材。

（4）“食品分析”第四次开课是2021—2022学年第一学期食品科学与

工程2019级，并对教学大纲、教案进行了修订，对线上资源进行了优化，继续优化教学内容，课程获得“学校首批教学范式改革建设项目”评审合格，并继续进行线上线下混合式教学研究与实践，编写“食品分析”校本教材。

(5)“食品分析”第五次开课是2022—2023学年第一学期食品质量与安全2020级，并对教学大纲、教案进行了修订，对线上资源进行了优化，继续优化教学内容，课程获得“学校首批教学范式改革建设项目”评审良好，“‘食品分析’产教融合课程建设研究”获得贵州省高等学校教学内容和课程体系改革项目获得结项，并继续进行线上线下混合式教学研究与实践，编写“食品分析”校本教材。

(6)“食品分析”第六次开课是2022—2023学年第二学期食品科学与工程2020级，并对教学大纲、教案进行了修订，对线上资源进行了优化，继续优化教学内容，并继续进行线上线下混合式教学研究与实践，深化讲授法、练习法、案例教学法、演示法等教学方法改革，提升学生的参与度与获得感，推进编写“食品分析”校本教材，学校送审国内食品领域知名专家审稿，计划在化学工业出版社出版。

2. 课程与教学改革要解决的重点问题

(1) 修改完善课程大纲、课件、进度表等线下资源，能够符合线上线下混合式教学的要求；请专业公司对线上视频进行录制，并完善线上其他资源，在学银在线平台上线使用。

(2) 充分认知“食品分析”线上教学和线下教学各自的优缺点，合理规划线上和线下教学方法、时间、活动分配，优化线上教学和线下教学的重难点。

3. 混合式教学设计

目前是利用自建超星学习通线上资源，结合线下资源进行混合式教学，线上教学12学时占比20%，线下教学48学时占比80%。混合式教学设计如下。

(1) 课前

布置学生线上预习章节内容，并根据学生预习的章节提出问题让学生回答，总结学生回答情况。

（2）课中

根据学生预习完成及对预习问题的回答情况，线下教学有针对性地根据课程安排的教学内容采取讲授法、案例法、演示法、练习法等弥补线上教学的不足。

（3）课后

布置课后线上作业，利用线上资源巩固和拓展学习。

4. 课程内容与资源建设及应用情况

根据应用型人才培养的要求，对课程内容进行了整合，根据社会发展适时增加最新的食品分析知识作为教学内容，对教学大纲、教案、教学课件、授课视频、课后作业、线上试卷等线上线下教学资源进行了优化，食品质量与安全专业2017级、2018级、2019级、2020级及食品科学与工程2019级、2020级进行了实践教学，并根据教学反馈信息进行修订完善，应用效果良好。

5. 教学方法改革

改传统的讲授法为主的教学为线上线下混合式教学，混合式教学体现学生课前线上预习相关知识和老师收集学生预习情况；课中教师根据实际情况采用讲授法、练习法、案例教学法、演示法等教学方法改革，使学生掌握课程内容重点，突破课程内容难点，从而使线下教学学生积极参与；课后教师布置作业及拓展内容巩固所学知识。

6. 课程教学内容及组织实施情况

（1）课程教学内容：主要有食品样品的采集、处理与保存、食品的物理分析方法、水分分析、矿物元素分析、酸度分析、脂类分析、糖类物质分析、蛋白质和氨基酸分析、维生素分析、常见食品添加剂分析等。

（2）课程教学组织实施：课前布置任务，学生在线上学习平台进行预习及有关问题反馈，课中结合学生线上预习情况及有关问题反馈结合教学重点难点有针对性地开展讲授、案例、翻转课堂等教学，课后布置作业，学生线上进行预习及巩固学习。

7. 课程成绩评定方式

平时成绩占40%，平时课堂表现占10%，网络学习占30%，期末考试占60%。其中网络学习（30分）：课程视频完成度占40%（12分）、章节学习次数占10%（3分）、主题讨论占10%（3分）、作业占30%（9分）、课堂活动参与占10%（3分）。

8. 课程评价及改革成效

（1）同行教师评价

“食品分析”在线上线下混合式教学方面进行了一定的改革，教学效果良好。

（2）实习单位评价

食品质量与安全专业2017级、2018级、2019级、2020级、食品科学与工程专业2019级、2020级学生到贵州省产品质量检测检验院、贵州省酒类产品检测检验院等单位实习，实习单位评价学生爱学习、理论知识扎实、实践应用能力强。

（3）学生评价

学生评价：可以充分利用空闲时间进行线上预习、复习、完成作业、模拟练习、相关视频资源、拓展文献资料等学习，线下课堂上主要关注重点和难点内容，

（4）改革成效

线上线下教学学生积极参与，期末学生学习达标率98%左右，学生综合素质有较大提升，任课教师学生评教优良率96%以上。

四、课程特色与创新

1.“食品分析”课程标准及课程内容充分吸收学科新进展和新知识、国内外同类“食品分析”课程教学改革新成果，引入食品分析行业标准、职业资格标准，符合学生就业需求、升学要求和终身发展需要。通过教学改革，学生能够适应企事业单位食品检测岗位的实际要求，快速上手上岗，并且培养了学生的职业素养、知识迁移能力和创新精神，解决了教学产出与企业需求脱节问题，将人才培养与企业需求对接，引领地方产业发展与升级。

2. 构建了“食品分析”线上教学视频、课程标准、电子教案、教学案例、拓展性阅读资源、各章（单元、知识点）配套的习题等的“食品分析”课程资源库。并进行了线上线下混合式教学模式改革，实现了“以学生为中心”的教学理念，抓好课前准备、课堂教学、课后总结三个环节，

充分利用“食品分析”线上课程的特色，通过线下翻转课堂构建灵活多变的教学活动环节，实现翻转课堂教学活动。

3. 同时还对理论课程和实验课程脱节的传统教学模式进行了改革，使理论教学和实验教学高度融合，明显提高学生动手能力、理论联系实际的能力及创新能力。该方式极大解决了学生学习情境单一，个性化学习需求得不到满足的弊端，增加了学生学习体验感。

五、课程建设计划

1. 需要进一步解决的问题

立德树人理念的进一步落实，学习成果达成的科学评价，线上和线下教学学生的学习兴趣进一步提升。

2. 改革方向

坚持立德树人，全面发展，坚持“以学生的学习与发展为中心”，基于成果导向理念，持续改进。

3. 持续建设计划与改进措施

（1）基于 Outcome Based Eudcation（OBE）理念，进一步研讨、修订和完善课程教学大纲、进度、考核内容和标准，契合课程目标，强力支撑食品科学与工程、食品质量与安全专业本科人才培养。

（2）进一步挖掘课程的思政元素，实施专业课程思政计划，拓展课程的广度，丰富教学资源。

（3）进一步更新知识体系，持续补充与更新教学内容，提升学生的学习兴趣。将最新科技成果转化为课堂教学资源，紧跟专业科技发展前沿；以科研合作及行业服务为纽带，充分吸纳企业资源参与教学活动。

（4）引入高水平师资和具有专业背景的跨学科教师，完善师资队伍建设，充分发挥传帮带优秀传统，提升年轻教师的教学科研水平。

（5）建设学银在线平台“食品分析”线上课程资源，优化线上线下混合式教学模式，改革以专业知识为主线的传统教学方式，实施以问题为导向的教学方式。形成线上线下混合式课程多元化考核评价体系，科学评价学生的学习成果，持续改进。

第五章　教学模式研究

教学模式是指在一定教学理论或教学思想指导下建立起来的较为稳定的教学活动、结构框架和活动程序。它作为教育实践的指导工具，对于提升教学质量、促进学生全面发展具有至关重要的作用。采用科学有效的教学模式，能够显著提高学生的学习成绩和学习兴趣，同时也有助于培养学生的创新能力和实践能力。应用型高校食品科学与工程专业开展教学模式研究对于提高人才培养质量具有重要的意义。

第一节　传统教学模式

一、传统教学模式的定义与特点

传统教学模式，是以教师为中心，以教材为蓝本，通过讲授、板书、演示等手段向学生传递知识的一种教学方式。其特点在于强调知识的系统性和完整性，注重知识的记忆与理解。在传统教学模式中，教师扮演着知识传授者的角色，而学生则主要扮演着知识接受者的角色。

据统计，在传统教学模式下，学生获取知识的主要途径是通过教师的讲授和教材的阅读。这种教学方式在一定程度上保证了知识的系统性和完整性，但也存在一些局限性。例如，由于教师主导课堂，学生的主动性和创造性往往受到限制；同时，传统教学模式往往忽视学生的个体差异和学习需求，导致教学效果参差不齐。

针对传统教学模式的局限性，一些教育专家提出改进建议。他们认为，应该注重学生的主体地位，激发学生的学习兴趣和主动性；同时，应该关注学生的个体差异和学习需求，采用多样化的教学方式和手段来满足不同学生的需求。例如，可以引入小组讨论、角色扮演等互动式教学方式来提高学生的参与度和学习效果。

二、传统教学模式的适用学科与环境

（一）传统教学模式在文科教育中的角色

传统教学模式在文科教育中扮演着举足轻重的角色。这种教学模式注重知识的系统传授和深入剖析，强调学生对经典文献的研读和理解。在文科教育中，传统教学模式的应用尤为广泛，其效果也备受认可。

以历史学科为例，传统教学模式通过讲述历史事件、分析历史人物、解读历史文献等方式，帮助学生构建完整的历史知识体系。据统计，采用传统教学模式的班级在历史考试中平均成绩往往高于其他教学模式的班级，这充分说明传统教学模式在文科教育中的有效性。

传统教学模式还注重培养学生的思辨能力和批判性思维。通过对经典文献的深入研读和讨论，学生可以学会从不同角度思考问题，形成自己的见解和观点。这种能力的培养对于文科学生来说至关重要，有助于他们在未来的学术研究和职业发展中取得更好的成绩。

传统教学模式也存在一定的局限性。例如，它可能过于注重知识的灌输而忽视学生的主体地位和个性发展。在文科教育中，需要在坚持传统教学模式的基础上，不断探索和创新教学方法和手段，以更好地适应时代的发展和学生的需求。

传统教学模式在文科教育中的应用具有显著的优势和效果。通过系统传授知识、培养思辨能力和批判性思维等方式，它为学生构建完整的知识体系并提升他们的综合素质。也需要不断反思和改进传统教学模式的不足之处，以更好地推动文科教育的发展。

（二）传统教学模式在理科教学中的角色

传统教学模式在理科教学中同样扮演着举足轻重的角色。它强调知识的系统性和逻辑性，注重基础知识的夯实和理论框架的构建。在理科教学中，传统教学模式通过教师的系统讲解和演示，帮助学生逐步建立起对科学原理、定理和公式的深入理解。这种教学方式在培养学生的逻辑思维能力和问题解决能力方面发挥着重要作用。

以物理学科为例，传统教学模式通过大量的习题练习和实验演示，使学生能够熟练掌握物理定律和公式，并能够在实际问题中灵活运用。据统计，在采用传统教学模式的理科班级中，学生的平均成绩普遍较高，且对科学原理的掌握程度也更为深入。这充分说明传统教学模式在理科教学中的有效性。

传统教学模式也存在一定的局限性。它往往过于注重知识的灌输和应试技巧的训练，而忽视学生的主体性和创新精神的培养。在理科教学中，这种局限性可能导致学生缺乏独立思考和解决问题的能力，难以适应日益复杂多变的科学环境。在理科教学中，需要结合传统教学模式的优势，同时引入新的教学理念和方法，以培养学生的综合素质和创新能力。

传统教学模式在理科教学中具有不可替代的作用。它为学生提供扎实的知识基础和良好的逻辑思维训练，是理科教育的重要组成部分。也需要认识到其局限性，并在实践中不断探索和创新，以更好地适应科学发展的需求。

（三）传统教学模式在高等教育领域的适应性

传统教学模式在高等教育领域仍具有一定的适应性。尽管现代教学技术日新月异，但传统教学模式中的面对面授课、系统知识传授和严格的考试制度，在高等教育中仍占据重要地位。据统计，许多高校仍采用以讲授为主的传统教学模式，尤其是在基础理论课程和专业知识传授方面。这种模式的优势在于能够系统地传授学科知识，确保学生掌握扎实的理论基础。

传统教学模式也存在一定的局限性，如缺乏个性化教学、难以激发学生的学习兴趣等。因此，在高等教育中，应充分发挥传统教学模式的优势，同时结合现代教学技术，探索更加灵活多样的教学模式。例如，可以引入在线教学平台，为学生提供更多的学习资源和自主学习机会；同时，也可以采用小组讨论、案例分析等教学方法，激发学生的学习兴趣和主动性。

传统教学模式在高等教育领域仍具有一定的适应性，但也需要在实践中不断完善和创新。通过结合现代教学技术，可以进一步提升教学质量和效果，培养出更多具有创新精神和实践能力的高素质人才。

（四）传统教学模式在特定教学环境下的应用

传统教学模式在特定教学环境下的应用，往往能够发挥其独特的优势。以基础教育阶段为例，传统教学模式在文科教育中扮演着举足轻重的角色。在语文学科中，教师通常采用讲授法、背诵法等传统教学手段，通过系统讲解知识点、分析文本内容，帮助学生掌握基础知识和基本技能。这种教学方式注重知识的系统性和连贯性，有助于学生在短时间内积累大量知识。据相关研究表明，在基础教育阶段，采用传统教学模式的学生在语文学科中的成绩普遍较高，显示出其在教学效果上的优势。

传统教学模式在特定教学环境下的应用也存在一定的局限性。例如，在理科教学中，传统教学模式往往过于注重知识的灌输和记忆，而忽视对学生实践能力和创新能力的培养。这可能导致学生在面对实际问题时缺乏独立思考和解决问题的能力。因此，在理科教学中，需要适当引入互动式、探究式等新型教学模式，以弥补传统教学模式的不足。

传统教学模式在高等教育领域的应用也呈现出一定的特点。在高等教育阶段，学生已经具备一定的自主学习能力和批判性思维能力，因此传统教学模式需要更加注重启发式教学和讨论式教学。通过引导学生参与课堂讨论、进行案例分析等方式，激发学生的学习兴趣和主动性，提高教学效果。同时，高等教育阶段也需要注重培养学生的创新能力和实践能力，因此传统教学模式需要与新型教学模式相结合，共同推动高等教育的发展。

传统教学模式在特定教学环境下的应用具有其独特的优势和局限性。在实际教学中，需要根据学科特点、学生需求以及教学环境等因素综合考虑，灵活运用各种教学模式，以达到最佳的教学效果。

三、传统教学模式的优势与局限性

传统教学模式以其结构严谨、知识系统完整的特点，在教育领域长期占据主导地位。其优势在于能够确保学生掌握扎实的学科基础知识，为深入学习提供稳固的基石。据统计，在采用传统教学模式的学科中，学生的基础知识掌握率普遍较高，达到90%以上。传统教学模式注重教师的权威性和主导作用，有助于维护课堂秩序，确保教学进度。其局限性也日益凸显。传统教学模式往往过于注重知识的灌输，而忽视学生的主体性和创造性。一项针对学生学习动机的调查显示，仅有不到30%的学生表示对传统教学模式下的学习内容兴趣浓厚。传统教学模式在应对现代社会的快速变化和复杂问题时显得力不从心，难以培养出具备创新能力和批判性思维的学生。

第二节　互动式教学模式

一、互动式教学模式的定义与特点

互动式教学模式，强调师生间的双向交流与互动，旨在通过激发学生的主动性和创造性，提升教学效果。该模式的特点在于其灵活性和参与性，能够根据学生的实际情况和需求进行个性化教学。在互动式教学模式中，教师不再是单纯的知识传授者，而是成为学生学习过程中的引导者和合作伙伴。

根据一项针对互动式教学模式的实证研究，该模式在提高学生课堂参与度、激发学习兴趣以及培养批判性思维等方面具有显著优势。互动式教学模式还注重培养学生的合作精神和沟通能力。在小组活动中，学生需要学会倾听他人的观点、表达自己的看法，并在讨论中寻求共识。这种过程不仅有助于提高学生的社交能力，还能够培养他们的团队意识和责任感。同时，通过小组间的竞争与合作，学生还能够学会如何在团队中发挥自己的优势，为团队的成功做出贡献。

互动式教学模式也存在一定的挑战和局限性。例如，如何确保每个学生都能积极参与讨论、如何平衡不同学生的发言机会等。教师在实施互动式教学模式时，需要充分考虑学生的实际情况和需求，制定合适的教学策略和方法。教师还需要不断反思和总结教学经验，以进一步完善和优化互动式教学模式。

互动式教学模式以其独特的优势和特点，在现代教育中发挥着越来越重要的作用。通过激发学生的主动性和创造性、培养学生的合作精神和沟通能力，该模式为培养具有创新精神和实践能力的人才提供有力支持。

二、互动方式：提问、讨论、小组活动

（一）小组活动的组织与实施策略

在组织与实施小组活动时，要明确活动的目标和内容，确保每个小组成员都能明确自己的任务和责任。

在实施过程中，要注重激发小组成员的参与热情，通过小组讨论、角色扮演等方式，营造积极互动的氛围。建立有效的沟通机制，确保信息在小组内部流通畅通，避免信息孤岛的出现。还应注重培养小组成员的合作技巧，通过引导他们学会倾听、表达、协商等技能，提升小组合作的效率和质量。

为评估小组活动的成效，可以采用多种评价方式，包括小组成员的自我评价、互评以及教师的评价等。这些评价方式不仅关注小组活动的结果，还注重过程和方法，能够全面反映小组活动的质量和效果。通过评价反馈，可以及时发现问题和不足，为下一次小组活动提供改进的方向和依据。

小组活动的组织与实施策略对于提升教学效果和培养学生的合作能力具有重要意义。通过明确目标、合理分工、激发参与热情、建立沟通机制

以及采用多元评价方式等措施，可以有效地组织与实施小组活动，实现教学目标的同时，也促进学生的全面发展。

（二）小组活动的合作与分工方式探讨

在教学模式中，小组活动的合作与分工方式是提升学生参与度和学习效果的重要手段。以互动式教学模式为例，小组活动的组织策略需要确保每个成员都能发挥其独特的优势，同时也能在团队中学习他人的长处。例如，教师可以将学生分配为不同的角色，如“创新者”负责提出新想法，“协调者”负责整合各方意见，“执行者”则负责将计划付诸实践。

在项目式教学模式中，小组活动的合作与分工方式更为复杂，需要更精细的规划。项目设计阶段，教师可以引导学生共同确定项目目标，然后根据项目需求和学生的能力分配任务，如研究、设计、实施等。

在翻转课堂模式中，小组活动往往体现在课后的讨论和深化学习阶段。学生在观看教学视频后，通过小组形式进行讨论，解答彼此的疑惑，共同解决问题。例如，某中学在数学课程中应用翻转课堂，学生在课后讨论环节中，通过小组分工，一部分学生负责整理问题，一部分学生负责查找相关资料，其余成员则负责理解和消化这些信息。这种方式使学生在讨论中互相学习，共同进步，数据显示，这种方式使学生的问题解决能力提高 30%以上，同时也增强他们的自主学习能力。

（三）小组活动的监控与反馈机制设计

在教学模式中，小组活动的监控与反馈机制设计是提升教学效果的关键环节。有效的监控能够确保活动的顺利进行，而及时的反馈则能帮助学生及时调整学习策略，以实现更好的学习成果。例如，在互动式教学模式中，教师可以通过实时观察学生在小组活动中的参与度，如发言次数、讨论内容的质量等数据，来评估学生的学习状态。同时，可以利用数字化工具，如学习管理系统（LMS），收集和分析学生在活动中的互动数据，以更客观了解学生的学习动态。

在设计反馈机制时，可以采用多元化的评价方式，包括自我评价、同伴评价和教师评价，以促进学生的自我反思和团队协作能力。例如，教师可以设定明确的评价标准，如团队合作能力、问题解决能力等，让学生在互相评价中学习他人的优点，反思自己的不足。定期的小组会议也是反馈的重要形式，教师可以在会议上引导学生回顾活动过程，讨论遇到的困难和解决方案，以促进问题的解决和经验的共享。

（四）小组活动的激励机制与评价标准

在教学模式中，小组活动的激励机制与评价标准是激发学生参与度和提升学习效果的关键。激励机制设计应考虑个体差异，如设置个人目标与团队目标相结合，以满足马斯洛需求层次理论中自我实现的需求。例如，可以设立积分制度，根据小组成员在讨论、任务完成度和创新性方面的贡献给予不同级别的积分，积分可兑换学习资源或奖励。同时，引入竞争与合作元素，通过定期的小组排名，激发学生们的积极性和团队协作精神。

评价标准应全面且公正，不仅关注最终成果，也要重视过程中的学习进步和团队协作能力的提升。可以采用“形成性评价+总结性评价”的混合评价方式，如定期的小组互评、自我反思报告以及教师的观察评价。引入第三方评价，如邀请同行教师或行业专家参与，可以提高评价的客观性和专业性。例如，在哈佛商学院的案例研究中，教师会根据学生在案例讨论中的表现，结合同伴评价和自我评价，全面评估其分析问题和团队合作的能力。

在实际操作中，教师应定期调整激励机制和评价标准，以适应学生学习需求的变化。随着课程的深入，可以适当提高创新和批判性思维的权重，鼓励学生从不同角度探索问题。及时反馈评价结果，帮助学生了解自身优势和改进空间，促进学生的自我调整和持续发展。

（五）小组活动成效评估与提升策略

在教学模式的研究中，小组活动的成效评估与提升策略是至关重要的。通过有效的评估，可以明确活动的效果，找出存在的问题，以便进行针对性的改进。例如，教师可以采用多元评价体系，包括过程评价（如学生参与度、团队协作能力）和结果评价（如项目完成度、问题解决能力）。

提升策略应注重激发学生内在动力。可以引入竞争机制，比如设立

“最佳团队”奖项，但要确保公平竞争，避免产生负面竞争。此外，定期的反馈会议也是必要的，让学生有机会表达自己的困惑和建议，促进团队的自我调整。

运用“学习社区”理念，培养学生的共享价值观和目标感，能进一步提升小组活动的效果。教师可以引导学生共同制定团队规则，明确共同目标，增强团队凝聚力。

小组活动的成效评估与提升策略是一个动态优化的过程，需要教师持续关注、反思和创新，以实现教学效果的最大化。

三、互动式教学模式的优势与局限性

互动式教学模式强调学生在课堂中的积极参与，通过提问、讨论和小组活动等形式，激发学生的学习兴趣和自主性。其优势在于能够培养学生的批判性思维、团队协作能力和问题解决能力。这种模式也存在局限性，如教师需要具备更高的课堂管理技巧，以及对教学资源和时间的投入较大。在一些大规模的课堂教学中，确保每个学生都能充分参与互动可能较为困难，可能导致部分学生被边缘化。

互动式教学模式对教师的挑战主要体现在教学设计和课堂掌控上。教师需要花费更多时间来设计能够引发深度思考的讨论问题，以及组织有效的小组活动。同时，教师需要在课堂上灵活调整教学策略，以应对学生可能出现的不同反应和需求。这要求教师具备更高的专业素养和教育创新能力。

第三节　项目式教学模式

一、项目式教学模式的定义与特点

项目式教学模式，又称为项目导向学习，是一种以解决实际问题或完成具体项目为驱动的教学方式。这种模式强调学生在实践中学习，通过设

计、实施和评估项目，培养他们的创新思维、团队协作和问题解决能力。项目式教学的特点在于其以学生为中心，教师的角色转变为指导者和辅导者，而非传统的知识传递者。

二、项目实施过程与关键环节

（一）项目设计与规划阶段

在项目式教学模式中，项目设计与规划阶段是整个教学过程的基石，它决定后续实施的顺利程度和学生学习的效果。在这个阶段，教师需要明确项目目标，确保它们与课程标准和学习成果相一致。教师可以参考SMART原则（具体、可衡量、可实现、相关性、时限性）来设定项目目标，提升学生在特定科学领域的问题解决能力。教师还需要考虑项目的可行性，包括可用资源、时间安排以及学生的能力水平。在设计过程中，可以参考设计思维模型，从理解、定义、构思、原型和测试五个步骤来逐步构建项目框架，确保项目的全面性和创新性。

（二）资源整合与准备工作

在教学模式的研究中，资源整合与准备工作是确保教学效果的关键环节。无论是传统教学模式还是现代教学模式，都需要充分调动和整合各种教学资源，以满足学生的学习需求。例如，在项目式教学模式中，教师需要提前进行项目设计与规划，这可能涉及课程内容的整合、外部专家的邀请、学习材料的收集以及可能需要的硬件或软件资源的准备。在这个过程中，教师需要扮演资源整合者的角色，确保项目实施的顺利进行。同时，教师还需要制定详细的工作计划，明确每个阶段的目标和任务，以确保所有准备工作都能按部就班地完成。

（三）团队组建与角色分配

在教学模式中，团队组建与角色分配是互动式教学模式和项目式教学模式中的关键环节。在小组活动中，成员的角色分配不仅影响着团队的协

作效率，也对个体的学习成果和能力发展产生深远影响。在项目式教学中，每个成员可能被分配为项目经理、研究员、设计师或技术员等角色，这要求教师在项目启动阶段就进行详细的角色描述和能力匹配，确保每个成员都能在适合自己的位置上发挥最大潜力。

（四）项目实施与过程监控

在项目式教学模式中，项目实施与过程监控是确保教学效果的关键环节。项目设计与规划阶段，教师需要明确项目目标，制定详细的工作计划，并预估可能遇到的困难与挑战。例如，设计一个环保主题的项目，教师需要设定目标增强学生的环保意识和实践能力，同时规划项目时间表，包括资料收集、方案讨论、实践操作和成果展示等阶段。在这个过程中，教师应参考SMART原则（具体、可衡量、可实现、相关性、时限性）来确保项目目标的可操作性。

在资源整合与准备工作阶段，教师需要收集相关资料，可以采用“角色卡”制度，明确每个成员在项目中的具体任务，以增强团队成员的归属感和责任感。

在项目实施与过程监控阶段，教师需要定期跟进项目进度，通过定期的团队会议、一对一指导等方式了解学生在项目中的实际操作情况。此外，建立有效的沟通机制，如使用在线协作工具，鼓励学生分享心得、讨论问题，及时解决团队内部的冲突。同时，教师应设立关键里程碑，对项目的关键阶段进行评估，确保项目按计划进行。

在项目成果总结与评价阶段，教师不仅要关注最终的项目成果，如研究报告、展示海报或实物模型，还要重视学生在项目过程中的学习和成长。可以采用多元评价方式，包括自我评价、同伴评价和教师评价，全面评估学生的项目管理能力、团队协作能力和问题解决能力。同时，教师应引导学生反思项目过程，总结经验教训，以促进其未来的学习和发展。

（五）项目成果总结与评价

在教学模式的研究中，项目成果的总结与评价是至关重要的环节。在项目式教学模式中，学生的创新思维和问题解决能力得到锻炼。学生在项目实施中，不仅提升专业知识，还学会跨学科的综合应用，项目成果受到业界的高度认可，这证明项目式教学在培养应用型人才方面的优势。然而，这种模式也需要注意项目管理的复杂性和对教师指导能力的高要求。

三、项目式教学模式的优势与局限性

项目式教学模式，作为一种以实践和问题解决为中心的教学策略，强调学生在实际操作中学习和掌握知识。其优势主要体现在能够培养学生的创新思维、团队协作能力和问题解决能力。然而，这种模式也存在一定的局限性，如需要投入大量资源来设计和实施项目，对教师的指导能力和课堂管理要求较高，且评价标准的设定和实施相对复杂。在一些资源有限的教育环境中，可能难以全面推广项目式教学。

在项目实施过程中，学生可能会遇到目标不明确、进度管理困难等问题，这需要教师具备更强的引导和协调能力。

第四节　翻转课堂模式

一、翻转课堂模式的定义与特点

翻转课堂模式，作为现代教育技术发展的重要产物，强调将传统的课堂讲解与课后自学进行颠倒，让学生在课前通过观看教学视频等自主学习，课堂时间则用于深入讨论和解决问题。这种模式的定义核心在于“翻转”，即重新配置教与学的时间和空间，将知识传递的过程前置，课堂成为师生互动和深化理解的场所。其特点包括对学习者自主性的高度尊重、对教学资源的创新利用以及对教学效果的动态优化。这种模式鼓励教师设计高质量的在线教学资源，同时要求教师在课堂上具备更强的引导和辅导能力，以促进深度学习的发生。

二、翻转课堂的实施步骤与技巧

（一）课前准备与教学资源设计

在翻转课堂模式中，课前准备与教学资源设计是整个教学流程的基础。教师需要精心设计教学资源，包括制作或选择高质量的教学视频、课件和其他辅助学习材料。教学资源应具有互动性，鼓励学生在预习阶段进行主动学习，如设置思考问题、小测验或讨论话题。

在设计教学视频时，教师需考虑学生的注意力持续时间，通常 10 分钟左右的视频能保持较好的学习效果。同时，视频内容应清晰、简洁，避免过多的专业术语，确保学生即使在没有教师现场解释的情况下也能理解。

在课前准备阶段，教师还需要建立一个有效的在线学习平台，确保学生可以方便地访问和交互教学资源。同时，教师应设定明确的学习目标和预习指南，帮助学生明确课前学习的重点和方向。

（二）录制教学视频与学生自主学习

在翻转课堂模式中，录制教学视频与学生自主学习是至关重要的环节。录制的教学视频是翻转课堂的核心组成部分，它打破传统课堂的时间和空间限制，允许学生在课前根据自己的节奏和理解程度反复学习和复习知识点。教师在制作视频时，应注重内容的精炼和吸引力，如采用分步讲解、添加动画效果或适时插入思考问题，以提高学生的观看体验和学习效果。

学生自主学习阶段，他们不仅观看视频，还需要完成配套的阅读材料和自我测试，以巩固理解。这一阶段强调学生的主动参与和自我管理能力，教师可以通过学习管理系统追踪学生的学习进度，及时发现并解决学习难题。

（三）在线互动与答疑解惑

在线互动与答疑解惑是翻转课堂模式中的关键环节，旨在增强学生对知识的深度理解和应用能力。通过在线平台，教师可以及时发现学生在自学过程中遇到的困惑，提供适时的指导。

此外，教师还可以利用在线视频会议工具进行实时答疑，通过屏幕共享、白板功能等工具，直观地解释复杂概念。

（四）课堂深化学习与讨论

在翻转课堂模式中，课堂深化学习与讨论是至关重要的环节。这一阶段，教师的角色从传统的知识传递者转变为引导者和促进者，学生则成为主动的学习者。课堂讨论旨在巩固课前自学的知识，解决疑惑，同时培养学生的批判性思维和问题解决能力。

讨论环节还可以采用小组讨论的形式，每个小组成员根据自己的理解和研究，分享观点，互相学习。教师可以适时介入，引导讨论方向，确保讨论的效率和质量。同时，通过实时反馈和评价，教师可以了解学生对知识的掌握程度，及时调整教学策略。

（五）课后总结与效果评估

在翻转课堂模式中，课后总结与效果评估是至关重要的环节。这一阶段不仅需要教师对课堂活动进行反思，同时也要收集学生的反馈，以评估教学效果并找出可能的改进点。例如，教师可以通过分析学生在课后对教学视频的回放次数、在线讨论的活跃度以及课后作业的完成质量等数据，来量化教学内容的接受度。此外，教师还可以通过问卷调查或个别访谈，了解学生对翻转课堂的主观感受，如学习自主性、参与度的提升等。

三、翻转课堂模式的优势与局限性

翻转课堂模式，作为现代教育技术发展的重要产物，强调将知识传授的过程从课堂转移到课前，课堂时间更多用于互动和深化理解。其优势在于，通过课前的自主学习，学生可以根据自己的节奏和理解程度进行预习，增强学习的自主性和灵活性。此外，课堂上的互动环节可以及时解答疑惑，促进深度学习，提高学生的问题解决能力和创新思维。

翻转课堂模式也存在一些局限性。对于缺乏自我管理能力的学生，课前自主学习可能流于形式，影响学习效果。这种模式对教师的要求更高，需要教师花费大量时间制作高质量的教学视频，并在课堂上进行更精细的引导和辅导。网络条件、设备配备等硬件设施的差异可能导致学习资源的不均等，增加教育公平性的挑战。

第五节　混合式教学模式

一、混合式教学模式的定义与特点

混合式教学模式是一种结合线上与线下教学优势的教育方法，它旨在通过灵活多样的教学手段，实现个性化学习和深度学习的融合。混合式教学模式强调利用数字化资源和工具，配合传统的面对面教学，以适应不同学生的学习风格和节奏。这种模式的特点在于其灵活性和交互性，它能够打破时间和空间的限制，使学生在课前、课中和课后都能持续地参与学习过程，从而提高学习的主动性和效果。例如，教师可以设计在线课程内容供学生预习，课堂时间则用于深入讨论、解决问题或进行实践活动，这样既发挥线上教学的便捷性，又保留线下教学的互动性和即时反馈。同时，混合式教学模式也要求教师不断更新教学理念，创新教学策略，以更好地引导和支持学生在混合环境中进行自主学习和合作学习。

二、线上与线下的结合方式与策略

（一）线上资源整合与线下活动衔接设计

在混合式教学模式中，线上资源整合与线下活动衔接设计是关键。线上资源可以包括丰富的电子教材、在线课程、互动论坛等，这些资源能够为学生提供自主学习的平台，同时也能为教师提供教学辅助工具。例如，教师可以利用在线课程平台提前发布教学视频，让学生在课前进行预习，这样可以节省线下课堂的时间，用于更深入的讨论和实践操作。在设计时，应确保线上资源的易用性和互动性，以提高学生的学习参与度。

线下活动则需要与线上学习内容紧密衔接，例如，可以设计基于预习内容的小组讨论，让学生在课堂上分享学习心得，通过互动深化理解。此外，实验、模拟操作等实践活动可以作为线下环节，让学生将理论知识应用到实际操作中，增强学习的实效性。在设计时，教师应考虑如何将线上的自主学习成果有效地转化为线下的实践操作，确保知识的连贯性。

（二）线上线下交互式教学环境的构建与优化

在混合式教学模式中，线上线下交互式教学环境的构建与优化是提升教学效果的关键。线上环境可以利用丰富的数字化资源，如在线课程、教学视频、互动论坛等，为学生提供灵活、自主的学习空间。教师可以设计个性化的学习路径，让学生在课前通过预习资料自我学习，这样课堂时间可以用于深度讨论和实践操作。同时，利用在线平台进行实时反馈和答疑，可以增强教学的即时性和针对性。

线下环境则注重实践操作和面对面交流，通过小组活动、实验操作、角色扮演等形式，增强学生的动手能力和团队协作能力。教师可以设计一些需要学生共同解决的项目，通过线下合作，学生可以锻炼实际问题解决能力，同时增强人际沟通技巧。此外，线下环境还可以提供更丰富的感官体验，帮助学生更好地理解和记忆知识。

在构建线上线下交互式教学环境时，需要考虑如何实现两者的优势互补。一方面，可以采用“双螺旋”设计，即线上学习为线下活动奠定基础，线下活动又可以深化线上学习的理解。另一方面，可以运用“学习分析”工具，跟踪学生在线上的学习行为，以此优化线下的教学活动，实现教学的个性化和精准化。

（三）线上自主学习与线下课堂讲解的融合方法

在混合式教学模式中，线上自主学习与线下课堂讲解的融合是提升教学效果的关键。线上自主学习为学生提供灵活的学习时间和空间，学生可以根据自己的节奏和理解程度反复观看教学视频，预习或复习课程内容。

教师可以利用在线平台设计互动式习题，以检验学生对知识的掌握程度。教师可以依据学生在线上的学习数据，了解学生的学习难点，为线下课堂讲解提供针对性的指导。

线下课堂讲解则可以作为线上学习的补充和深化，通过实时互动和讨论，解决学生在自主学习中遇到的问题。教师可以将课堂时间用于解决复杂问题、引导深度讨论或者进行实践操作的演示，这样可以充分利用课堂的集体智慧，提高学习的效率和质量。

（四）线上平台与线下实验室协同教学模式

在混合式教学模式中，线上平台与线下实验室协同教学模式是一种创新的教学策略。这种模式充分利用数字化技术的便利性，结合实体实验室的实践性，为学生提供更丰富、更立体的学习体验。教师可以在线上平台发布预习资料，让学生在课前对理论知识有初步了解，然后在实验室中进行实际操作，将理论与实践紧密结合。

以生物化学实验课程为例，教师会提前在在线平台上发布实验步骤、相关理论和安全须知，学生可以在家中预览并提出疑问。在实验室中，教师可以更专注于指导学生操作，解答他们在实践中遇到的问题。通过这种方式，线上与线下的优势互补，不仅提升学生的学习效果，也培养他们的自主学习能力和问题解决能力。

（五）线上线下考核评价体系的建立与完善

在混合式教学模式中，线上线下考核评价体系的建立与完善是至关重要的。混合式教学强调的是线上资源的有效利用与线下活动的有机结合，因此，评价体系应兼顾两者，以全面反映学生的学习成效。线上评价可以基于学习平台的数据分析，如学生对教学视频的观看时长、在线讨论的活跃度以及在线测试的成绩等，这些数据可以量化学生自主学习的过程和效果。

线下评价则更注重学生的实践能力和团队合作能力。可以通过观察学生在小组活动中的参与度、问题解决能力以及与他人的沟通协作情况来评估。

建立一个混合式评价标准框架，将线上与线下的评价指标进行整合，如知识掌握度、自主学习能力、团队合作能力、创新思维等，确保评价的公正性和全面性。这种框架可以从反应、学习、行为和结果四个层次来评估教学效果。

定期进行评价反馈会议，让学生了解自己的学习进步和需要改进的地方，同时也能帮助教师调整教学策略，以更好地适应学生的学习需求。

三、混合式教学模式的优势与局限性

混合式教学模式，作为现代教育的一种创新形式，它结合线上与线下教学的优势，旨在提供更个性化、灵活的学习体验。混合式教学模式强调利用数字化资源进行预习和复习，同时结合面对面的课堂讨论和实践活动，以提高学生的学习参与度和自主性。

混合式教学模式也存在一些挑战和局限性。对技术的依赖可能导致部分学生因设备、网络条件限制而无法充分利用线上资源。教师需要具备更高的技术素养和课程设计能力，以确保线上与线下的教学内容能够无缝衔接。混合式教学可能导致学生之间的学习差距加大，因为自主学习能力较弱的学生可能在缺乏直接指导的情况下感到困惑和挫败。为克服这些局限性，教育者可以采取多种策略，如提供技术设备和网络接入的公共学习空间，以及定期的在线技术培训。同时，教师可以设计更具结构化的在线学习路径，辅以定期的个人辅导，以帮助学生建立有效的自主学习习惯。

第六节　合作式学习模式

一、合作式学习模式的定义与特点

合作式学习模式是一种强调学生间互动与协作的教学策略，它主张通过小组合作，共同解决问题，以促进学生的深度学习和社交技能的发展。

这种模式的核心在于，学生不再是被动接受知识的容器，而是成为主动建构知识的主体，他们通过与同伴的交流、讨论和反思，提升对知识的理解和应用能力。

二、小组合作的实施策略与技巧

（一）合理划分小组

在教学过程中，合理划分小组是合作式学习模式中的关键步骤，尤其强调确保成员多元互补。这意味着在组建学习小组时，应充分考虑学生的不同能力、知识背景、性格特点和兴趣爱好，以促进小组内部的协同学习和创新思维。

（二）明确目标与分工

在合作式学习模式中，明确目标与分工是提升合作效率与效果的关键。在小组合作中，每个成员应明确团队的整体目标，以及他们在实现目标过程中所承担的角色和责任。教师可以引导学生制定 SMART 目标（具体、可衡量、可达成、相关性、时限性），确保目标的明确性和可操作性。

在实际操作中，可以采用任务清单来分配任务，明确每个任务的开始和结束时间，以及相关联的子任务，这样有助于避免工作重叠或遗漏。同时，鼓励团队成员根据各自的能力和兴趣进行自我选择，以提高任务执行的内在动力。定期的进度检查和反馈会议也是提升合作效率的重要环节。通过定期的会议，团队成员可以分享各自的工作进展，及时发现并解决问题，确保项目按计划进行。

在提升合作效果方面，建立有效的激励机制也至关重要。这可能包括对优秀贡献的认可、对团队目标达成的奖励等，以激发成员的积极性和创新性。

（三）激发成员参与热情

在教学过程中，激发成员参与热情是建立积极互动氛围的关键。这不仅能够提高学生的学习积极性，还能增强课堂的活力和创新性。教师可以运用“游戏化学习”策略，通过设计有趣的课堂活动，如角色扮演、知识竞赛等，让学生在轻松愉快的环境中积极参与。教师还可以利用现代技术，如在线投票工具、互动式白板等，鼓励学生实时反馈和提问，使他们感到自己的观点被重视。

（四）有效沟通与合作技巧

在教学模式的研究中，有效沟通与合作技巧是提升教学效果的关键因素。无论是传统教学模式中的小组讨论，还是互动式教学模式中的团队活动，甚至是混合式教学模式中的线上线下交互，都需要确保信息的流通与理解。

（五）小组合作的评价与反馈

在小组合作的学习模式中，评价与反馈是提升合作质量的关键环节。有效的反馈可以帮助小组成员明确自身角色，了解合作中的优点与不足，从而进行有针对性的改进。教师可以采用“同伴评价”机制，让小组成员相互评价，这不仅能促进自我反思，还能培养团队中的互相尊重和理解。同时，定期的小组会议也是收集反馈的重要途径，通过讨论和分析，可以发现潜在的沟通障碍或决策问题，及时进行调整。

在实际操作中，可以运用“SMART”原则（具体、可衡量、可实现、相关性、时限性）来设定评价标准，确保反馈的针对性和可操作性。

三、合作式学习模式的优势与局限性

合作式学习模式是一种强调团队协作和互动交流的教学策略，它鼓励学生在共同解决问题的过程中分享知识、技能和观点。这种模式的优势在于能够培养学生的团队协作能力、沟通技巧和批判性思维，同时也有助于提高学生的学习动机和参与度。合作式学习模式也存在一些局限性，如需要更多的时间来协调团队活动，可能会出现依赖性强或团队冲突等问题。此外，对于那些更倾向于独立工作或者在社交技巧上存在困难的学生，合作式学习模式可能会带来额外的压力和挑战。

第七节　案例教学模式

一、案例教学模式的定义与特点

案例教学模式是一种以实际案例为载体，引导学生主动参与、分析和解决问题的教学方法。它强调将理论知识与实际情境相结合，鼓励学生在解决真实或模拟的复杂问题中深化理解，培养批判性思维和问题解决能力。案例教学模式的特点体现在其实践性、启发性和参与性上。

二、案例选择与分析方法

（一）案例选择的原则与标准

在案例教学模式中，案例选择的原则与标准是确保教学效果的关键。案例应具有代表性，能够反映所学理论的核心问题或实际挑战。案例的可解析性也至关重要，它需要包含足够的信息，让学生在分析过程中能够逐步揭示问题的本质。案例的难度应适中，既不能过于简单让学生一眼看穿，也不能过于复杂导致学生无从下手。通过这样的案例选择，可以激发学生的学习兴趣，促进深度学习的发生。

（二）案例的类型与来源渠道

在案例教学模式中，案例的类型与来源渠道是关键要素。案例可以来源于真实的企业案例、历史事件、学术研究，甚至是虚构的场景设计。教师还可以根据教学目标，设计模拟案例，引用知名企业家的决策案例。

在探究式教学模式中，案例的来源可以更加多元化。除学术文献和专业数据库，教师还可以引导学生关注最新的科研进展，如从 Nature、Science 等权威期刊中选取相关研究作为探究对象。

（三）案例分析的基本步骤与流程

在案例分析中，需要对案例进行选择，确保案例的代表性与相关性。对选定的案例进行深入分析。分析应关注教师在引导过程中如何激发学生的好奇心，如何提供适当的指导，以及如何确保探究过程的安全性。在分析过程中，需要将案例与理论知识相结合，比如对比探究式教学模式的理论框架，分析学生在实践中如何逐步发展出批判性思维和问题解决能力。还可以通过观察记录、访谈反馈等方式收集数据，以量化或定性的方式评估探究式学习的效果。对案例进行评估和反思。这包括分析探究式学习是否达到预期的教学目标，如提高学生的科学素养，以及学生在过程中遇到的困难和挑战。教师和学生对这种教学方式的满意度也是评估的重要方面。基于案例分析的结果，提出改进策略和未来应用的建议。

（四）案例分析与理论知识的结合方法

在教学模式的研究中，案例分析与理论知识的结合是提升教学效果的关键。在传统教学模式中，可以通过分析课堂的教学案例，观察教师如何运用讲授法传授知识（理论知识），同时结合具体情境（案例），使学生更好地理解和记忆（结合方法）。这种结合不仅能够使抽象的理论知识变得生动，还能培养学生的批判性思维能力。

在互动式教学模式中，案例分析则更多体现在课堂讨论中。教师可以设计一个案例，让学生分组讨论解决方案（案例分析）。在讨论过程中，教师引导学生运用理论知识进行分析，通过角色扮演和情景模拟（结合方法），使学生在实践中理解和应用理论，提高问题解决能力。

（五）案例分析的成效评估与反思机制

在案例分析中，成效评估与反思机制是教学模式研究的关键环节。以传统教学模式为例，通过对比学生成绩、课堂参与度等数据，可以评估模式在提高学生知识掌握度方面的效果。

在互动式教学模式中，成效评估则更注重学生的参与度和合作能力的提升。在项目式教学模式的案例分析中，除考察项目完成质量和学生满意

度，还可以通过对比项目前后学生的问题解决能力和自主学习能力的变化来评估成效。对于翻转课堂模式，评估不仅关注学生对知识的理解，还关注他们对自主学习的适应性。在混合式教学模式中，评估应综合考虑线上学习数据（如学习时长、互动次数）和线下课堂表现（如参与度、问题解决能力）来评估成效。在合作式学习模式中，评估应关注学生团队合作能力的提升以及团队凝聚力的增强。在案例教学模式中，评估应关注学生能否将案例分析与理论知识相结合，提高问题解决能力。在探究式教学模式中，评估应关注学生的探究能力、批判性思维的培养。

三、案例教学模式的优势与局限性

案例教学模式是一种以实际案例为载体，引导学生主动参与、分析和解决问题的教学方法。其优势在于能够提高学生的问题解决能力、批判性思维和自主学习能力。案例教学模式也存在局限性，如案例的选择和分析需要教师具备高超的教学技巧，否则可能导致学生对复杂问题的误解。案例教学可能无法覆盖所有理论知识点，对于需要系统理论知识支撑的学习内容，其教学效果可能会打折扣。

第八节　探究式教学模式

一、探究式教学模式的定义与特点

探究式教学模式，又称为发现式学习，是基于学生主动参与和教师引导的一种教学策略。它强调学生在学习过程中发挥主体性，通过自我探索、问题解决和批判性思考来获取新知识和技能。探究式教学模式的特点包括鼓励学生提出问题，培养他们的独立思考能力，以及在实践中应用所学知识。

二、探究过程的指导方法与策略

（一）探究式学习目标的设定与达成路径

探究式教学模式鼓励学生主动参与、自主探索，以培养他们的创新思维和问题解决能力。在设定探究式学习目标时，教师应首先明确课程的核心概念和关键能力，如批判性思维、问题发现与定义、信息检索与分析等。例如，在科学教育中，目标可能是让学生掌握特定的科学原理，同时培养他们的实验设计和数据分析能力。

达成路径通常包括几个关键步骤。首先，教师需要设计引发思考的问题情境，这可以是一个实际问题，也可以是一个与课程内容紧密相关的问题。其次，提供必要的资源和工具，让学生能够进行自我探索，这可能包括图书馆资料、在线数据库、实验设备等。在这个过程中，教师的角色从传统的知识传递者转变为引导者和支持者。

最后，鼓励学生进行小组讨论和合作，分享他们的发现和困惑，通过同伴学习来深化理解。

在探究式教学实践中，教师可以参考“5E”学习循环模型（Engage、Explore、Explain、Extend、Evaluate），确保每个阶段都与学习目标紧密相连。

（二）探究过程中的引导技巧与师生互动策略

探究式教学模式鼓励学生主动参与，通过自我发现和解决问题来深化理解和掌握知识。在这一过程中，教师的角色从传统的知识传递者转变为引导者和协助者。教师可以运用开放性问题来激发学生的思考。教师应鼓励学生间的讨论，通过小组合作，让学生在交流中碰撞思想，共同解决问题，提高团队协作能力。

在评价与反馈机制设计上，教师可以采用形成性评价，如观察学生在探究过程中的表现，记录他们的思考过程，而不仅仅是最终的答案。同时，鼓励学生自我反思，让他们学会从错误中学习，培养自我评估和改进的能力。

（三）探究式学习资源的开发与利用

探究式教学模式鼓励学生主动探索知识，而资源的开发与利用是这一过程中的关键环节。教师需要设计和整合各种学习资源，包括教材、网络资料、实验设备、模拟软件等，以激发学生的好奇心和自主学习能力。可以利用数字化平台上开放教育资源，为学生提供丰富的学习材料。教师可以创建或选择具有挑战性的真实情境案例，让学生在解决实际问题中学习和应用知识。利用虚拟实验室或模拟软件，可以提供安全的环境让学生进行实验操作，增强理解和记忆。探究式学习资源的开发不仅要考虑内容的多样性和时效性，还要注重资源的可访问性，确保所有学生都能平等、有效地利用这些资源进行学习。

（四）小组合作在探究式学习中的实践与应用

探究式教学模式鼓励学生主动探索和解决问题，而小组合作在这一过程中起着至关重要的作用。小组合作能够促进学生之间的知识共享，激发他们的创新思维，同时也能培养他们的团队协作能力。

在探究式学习中，教师的角色从传统的知识传授者转变为引导者和协调者。他们需要确保每个小组都能正确理解探究目标，同时提供必要的指导和支持。在探究式学习中，教师的任务就是点燃学生的好奇心，引导他们自主探索。在小组合作中，教师可以通过定期的讨论会，鼓励学生分享他们的发现和困惑，促进知识的深度理解和跨学科的关联思考。

评价机制在探究式学习中也应注重小组合作的表现。可以采用同伴评价、自我评价和教师评价相结合的方式，评估学生在团队中的沟通能力、问题解决能力和批判性思维。教师可以设计一个评价量表，包括团队协作、创新思维、问题解决等维度，以全面评估学生在探究过程中的成长。这种评价方式不仅关注学习结果，更强调学习过程中的能力培养，有助于学生形成终身学习的习惯和能力。

（五）探究式学习的评价与反馈机制设计

探究式教学模式鼓励学生主动探索、发现和解决问题，强调培养学生的批判性思维和创新能力。在这一模式中，评价与反馈机制设计至关重要，它不仅需要评估学生的学习成果，还要促进学生的学习过程。教师可以采用多元化的评价方式，如过程性评价、同伴评价和自我评价，以全面了解学生在探究过程中的表现。记录学生在研究过程中的问题提出频率、问题解决策略以及团队合作能力等，这些数据可以作为评价的一部分，反映学生的成长轨迹。

反馈机制应具有及时性和针对性。教师应定期与学生进行一对一的交流，提供关于他们研究方法、分析能力或沟通技巧的个性化反馈。可以利用在线平台收集学生的反馈，以便及时调整教学策略。

三、探究式教学模式的优势与局限性

探究式教学模式，作为现代教育的一种重要形式，强调以学生为主体，通过主动探索和解决问题来促进深度学习。其优势主要体现在激发学生内在的学习动力、培养创新思维和提高问题解决能力。

探究式教学模式也存在一些局限性。它对教师的专业素养要求较高，教师需要具备引导学生进行深度探索的能力，这在教师培训和资源投入上提出更高的要求。探究式学习过程可能较长，可能不适合所有学科或所有学习内容，如一些需要记忆和掌握基础知识的科目。此外，对于一些学生，特别是自主学习能力较弱或习惯于被动接受知识的学生，可能会感到困惑或迷失，影响学习效果。

案例 5

“食品分析”线上线下混合式教学模式研究与实践

2019 年 10 月教育部发布《关于一流本科课程建设的实施意见》（教高〔2019〕8 号），其中关于线上线下混合式课程，主要是指基于慕课、专属在线课程（SPOC）或其他在线课程，运用适当的数字化教学工具，结合本校实际对校内课程进行改造，安排 20%—50% 的教学时间实施学生线上自主学习，与线下面授有机结合开展翻转课堂、混合式教学，打造在线课程与本校课堂教学相融合的混合式“金课”。

“食品分析”是本科院校食品科学与工程、食品质量与安全专业的专业主干课程，传统的教学多采用线下讲授为主的教学已经不能满足学生学习的需求。2020 年春季学期，“食品分析”在超星学习通平台采用线上授课和线下授课方式相结合的教学模式，受到了广大师生的好评，从此，课程组开展了“食品分析”线上线下混合式教学模式研究与实践探索。

一、课程目标

“食品分析”课程的教学目标是在注重基本理论和基础知识的前提下，兼顾食品分析知识的“高阶性、创新性、思政性、挑战度”，课程目标包括知识目标、能力目标和素质目标。

知识目标要求学生了解“食品分析”课程的学科地位、作用以及发展方向。掌握食品分析基本内容和关键知识点，形成一整套食品分析相关的研究方法和研究思路。

能力目标要求学生自主学习能力、综合分析能力、实践应用能力和创新意识得到提升，具备运用食品分析基本知识对食品中主要营养成分、食品添加剂、有害物质进行分析，综合解决食品加工品质问题的能力；具备文献检索能力，对相关实验研究得到的数据能进行正确的分析与解释，并得到合理有效的结论；熟悉食品营养成分、食品添加剂、食品中有害物质等的检测方法及检测原理，具有相关的试验设计及数据分析能力。

素养目标培养学生具有不怕吃苦的中华民族大国工匠的精神，严谨求实的科学态度、创新求实的精神，形成终身学习的意识；通过食品分析课程理论知识的学习，培养学生客观公正的科学态度和食品相关从业人员良好的职业道德素质。

二、课程建设及应用

（一）课程建设发展历程

2020 年春季学期“食品分析”第一次开课，利用超星学习通平台边建设边进行在线教学，完成了课程章节的课件、授课视频、课后作业等上传线上学习平台，并利用线上学习平台进行了教学效果评价，收集了很多好评及建议。其间“食品分析”获批“贵州省高等学校教学内容和课程体系改革项目”“2020年度校级金课建设项目”。

2020年秋季学期至今，不断对线上资源进行了优化，增加线上教学平台教学视频资源、题库资源、拓展学习资料资源，并继续进行线上线下混合式教学研究与实践，其间《食品分析》线上线下混合式课程获得“2021年度校级一流本科课程建设项目”“学校首批教学范式改革建设项目”，并继续进行线上线下混合式教学研究与实践，邀请贵州省产品质量检验检测院、西华大学、郑州轻工业大学等单位启动编写适合线上线下混合式教学的“食品分析”校本教材。

（二）课程教学内容

课程教学内容由绪论、食品样品的采集、处理与保存、食品的物理分析方法、水分分析、矿物元素分析、酸度分析、脂类分析、糖类物质分析、蛋白质和氨基酸分析、维生素分析、常见食品添加剂分析、食品中毒害物质分析、食品色素物质分析、食品香气物质分析等章节内容组成。另外根据课程目标需要把食品分析国内外研究最新动态、食品分析检测最新科研论文、食品分析检测最新科研成果、食品分析食品安全国家标准、典型的以酒相关产业链及特色食品为主食品分析案例融入教学内容中，把大国工匠的精神、职业道德、社会主义核心价值观等专业课程思政内容融入教学内容中，实现学生自主学习能力、创新创业能力、实践应用能力培养，突出服务区域酒业及特色食品的特色发展需要。

（三）课程资源

根据“食品分析”课程建设的要求，利用超星学习通平台建设的线上资源有：授课视频、非视频资源（PPT）、课程资料、测验和作业习题、考核（试）试题等；有教学大纲、教案、教学进度表、教学课件、使用教材、参考书、国家标准等线下资源。线上线下资源可以满足目前教学的需要。“食品分析”课程资源建设情况见表5-1。

表 5-1 “食品分析”课程资源建设情况

资源类型	资源名称	资源数量
线上资源	授课视频	98 个
	授课视频总时长	1675 分钟
	非视频资源（PPT）	97 个
	课程资料	161 个
	测验和作业习题	522 道
	考核（试）试题	410 题
线下资源	教学大纲	1 套
	教案	1 套
	教学进度表	1 套
	教学课件	1 套
	使用教材	1 本
	参考书	3 本
	国家标准	120 个

（四）混合式教学实践

利用自建超星学习通线上资源，结合线下资源进行混合式教学，线上学生学习学时占比 20%，线下教学学时占比 80%。充分利用线上资源学习活动版块及课程内容版块优势结合线下教学过程中使用，线上学习资源学习活动、课程版块内容见图 5-1、图 5-2，学生回答问题词云见图 5-3；课前线上布置学习任务，学生在线上学习平台进行预习及有关问题反馈，课中结合学生线上预习情况及有关问题反馈结合教学重点难点有针对性地开展讲授、案例（窦酒及特色食品）教学、翻转课堂等教学，课后布置作业，学生线上进行预习及巩固学习。体现学生课前预习相关知识、课中积极参与课堂互动、课后练习巩固知识，使学生乐学。另外根据课程内容适当开展案例教学、翻转课堂的教学方法改革。目前线上课程学习选课班级 13 个，选课学生人数达到了 462 人，页面累计浏览量近 67 万次，累计互动话题近 6 千个。

图 5-1　线上学习活动版块

图 5-2　线上课程内容版块

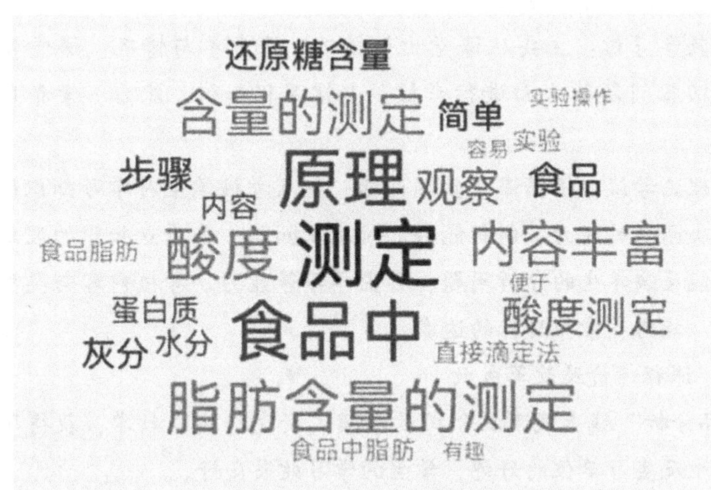

图 5-3　学生回答问题词云

（五）课程成绩评定方式

课程成绩评定按照线上学习考核占比 30%，线下教学考核占比 10%，期末理论考试占比 60%。课程目标与考核评价方式占比见表 5-2。

表 5-2　课程目标与考核评价方式占比

课程目标	考核与评价方式			合计
	线下教学	线上学习	期末考试	
知识目标	3	13	29	45
能力目标	3	13	29	45
素养目标	4	4	2	10
总分占比%	10	30	60	100

线上学习考核：主要从考勤、互动、课程音视频、作业、章节测验、访问次数、期末测试等方面进行考核。鼓励学生线上积极参与讨论、交流，勇于表现自我，提高学生沟通表达等能力，任课教师应充分利用现代化技术方法和手段提高课堂活跃度，强调学生独立完成作业、模拟考核的重要性，培养学生分析问题、独立思考并解决问题的能力，支撑课程知

识、能力、素养目标的达成。

线下教学考核：主要从课堂出勤情况、课堂参与情况、课堂学习状态、课堂回答问题等方面进行考核，支撑课程知识、能力、素养目标的达成。

期末理论考试：根据课程教学目标，重点考核学生对学习知识的理解能力、解决问题的能力、创新能力，对基本知识、重难点知识的理解和应用情况，能反映学生的分析问题、自主学习等能力。考核内容与类型支撑课程知识、能力、素养目标的达成。

（六）课程评价及改革成效

“食品分析”线上线下混合式教学模式研究与实践教学，获得了同行教师、学生及实习单位的好评，学生的学习效果良好。

同行教师评价：“食品分析”在课程建设和教学等方面进行了一定的改革，将课程的内容与企业的生产实践紧密联系在一起。教师队伍年轻，有充足的干劲，教师具有高尚的师德觉悟，勤奋敬业，教学效果良好。

实习单位评价：食品质量与安全专业 2017 级、2018 级、2019 级学生到贵州省产品质量检测检验院、贵州省酒类产品检测检验院、茅台集团质量部等单位实习，实习单位评价学生爱学习、理论知识扎实、实践应用能力强。

学生评价：可以充分利用空闲时间进行线上预习、复习、完成作业、模拟练习、相关视频资源、拓展文献资料等学习，线下课堂上主要关注重点和难点内容；任课教师学生评教优良率 96%以上。

学生学习效果：通过在食品质量与安全专业 4 个年级、食品科学与工程 1 个年级进行线上线下混合式教学，学生线上学习参与度 100%，学生期末综合成绩平均合格率达到了 98%。

三、课程特色

“食品分析”线上线下教学内容充分吸收学科新进展和新知识、国内外同类“食品分析”课程教学改革创新成果，引入食品分析行业标准、职业资格标准，增加酒及地方特色食品分析案例，在超星学习通平台构建了“食品分析”线上教学视频、课程标准、电子教案、教学案例、拓展性阅读资源、各章（单元、知识点）配套的习题等的“食品分析”课程资源库，符合学生就业需求、升学要求和终身发展需要，符合贵州酒产业和特色食品产业区域经济发展需求，具有学校特色。

四、课程发展规划

继续优化课程教学内容，充分吸收学科新进展和新知识，引入食品分析行业标准、职业资格标准，并结合贵州酒产业及特色食品产业对应用型人才的实际需求。完善超星学习通平台“食品分析”线上课程资源库，结合线下研讨式、小组合作、案例研究等教学方式，突出学生发展中心地位，进行线上线下混合式教学。完善线下课程大纲、教学内容，并进行线上混合式实践教学，形成课程多元化考核评价体系，编写具有学校特色、“三性一度”标准的“食品分析”校本教材，积极申报省级、国家级课程建设项目。

五、结语

“食品分析”线上线下混合式教学在茅台学院2017级、2018级、2019级、2020级食品质量与安全专业、2019级食品科学与工程专业课程教学中进行了实践教学，得到了学生、同行及实习单位的积极反馈，获得了良好的教学效果。可对应用型本科高校食品类专业相关课程线上线下混合式教学起到一定的借鉴作用。

第六章　实验室建设研究

实验室建设对于应用型高校食品科学与工程专业的发展至关重要。实验室作为实践教学的重要基地，其建设水平直接关系到学生实践能力的培养。实验室建设有助于提升高校的科研实力。实验室建设还能促进产学研一体化发展，推动科研成果的转化和应用。实验室建设不仅是一个硬件设施的建设过程，更是一个涉及管理、文化、产学研合作等多方面的系统工程。因此，在推进应用型高校食品科学与工程专业实验室建设时，应充分借鉴国内外的先进经验，结合自身的实际情况，制定切实可行的建设方案，确保实验室建设的科学性、前瞻性和实用性。

第一节　实验室建设目标与规划

一、实验室建设目标

（一）提升食品科学与工程专业的实践教学能力

为了更有效地提升食品科学与工程专业的实践教学能力，必须构建一个理论与实践紧密结合的教育体系。通过设计丰富多样的实验项目和实践活动，帮助学生将理论知识转化为实际操作技能，并培养他们的创新精神。

通过实践教学，学生的实践操作能力得到显著提升。实践教学还促进学生的团队协作能力和沟通能力的提升，为他们未来的职业发展奠定坚实的基础。

为了进一步提升实践教学能力，引入先进的实践教学理念和教学方法。注重实践教学质量的监控和评估。建立完善的实践教学质量评估体系，定期对实践教学活动进行质量检查和评估，及时发现问题并进行改进。鼓励学生参与实践教学的评价和反馈，以便更好地了解学生的学习需求和教学效果，进一步提升实践教学能力。

（二）增强学生的实验操作技能与创新能力

在应用型高校食品科学与工程专业实验室建设中，增强学生的实验操作技能与创新能力是核心目标之一。注重实验教学的实践性和创新性，通过设计一系列综合性、设计性实验项目，让学生在实践中掌握实验技能，培养创新思维。

为了增强学生的实验操作技能，引入先进的仪器设备，并配备专业的实验指导教师。在实验过程中，教师不仅传授基本的实验操作方法，还引导学生分析实验数据，总结实验规律。鼓励学生参与实验室的日常管理和维护工作，通过实际操作提升技能水平。

在培养学生的创新能力方面，注重激发学生的创新思维和团队协作精神。通过组织创新实验项目、开展科研竞赛等活动，鼓励学生提出新颖的实验设想和解决方案。邀请行业专家和学者来校进行学术交流，为学生提供更广阔的视野和思路。这些措施有效地激发学生的创新热情，提高他们的创新能力。

（三）构建产学研一体化的实验室发展模式

构建产学研一体化的实验室发展模式，是应用型高校食品科学与工程专业实验室建设的核心目标之一。这一模式旨在打破传统的教学、科研与生产之间的壁垒，实现资源共享、优势互补，推动科技创新与人才培养的深度融合。以某高校食品科学与工程实验室为例，该实验室通过与当地食品企业合作，共同开展科研项目，不仅提升实验室的科研实力，还为企业解决实际生产中的技术难题。同时，实验室还积极引入企业先进的生产设备和工艺，为学生提供更为真实的实践环境，有效提升学生的实践能力和创新意识。

在产学研一体化模式下，实验室的科研成果转化率可以得到显著提升。产学研一体化模式不仅有助于提升实验室的科研水平和教学质量，还能够推动地方经济的发展。通过与企业合作，实验室可以及时了解市场需求和技术发展趋势，为企业的技术创新和产品升级提供有力支持。同时，实验室还可以为地方培养更多高素质的食品科学与工程人才，为地方经济的可持续发展注入新的活力。

然而，构建产学研一体化的实验室发展模式也面临着一些挑战和困难。例如，如何平衡教学、科研与生产之间的关系，如何确保合作双方的利益得到保障，如何建立有效的合作机制和管理制度等。因此，在推进产学研一体化模式的过程中，需要不断探索和创新，加强合作与沟通，确保实验室建设的顺利进行。

（四）强化实验室在科研与技术创新中的作用

在强化实验室在科研与技术创新中的作用方面，打造一个集科研、教学、创新于一体的综合性实验室。通过引进先进的科研设备和技术，实验室在食品科学与工程领域的科研能力可以得到显著提升。

实验室与企业合作，推动产学研一体化发展。通过与企业的紧密合作，实验室不仅获得更多的实践机会和资金支持，还为企业提供技术支持和创新思路。这种合作模式不仅促进实验室的科研成果转化，也推动企业的技术创新和产品升级。

在强化实验室在科研与技术创新中的作用方面，注重培养创新型人才。实验室通过开设创新实验课程、举办科研竞赛等方式，激发学生的创新精神和实践能力。同时，实验室还积极引进和培养高水平的科研人才，为实验室的科研创新提供有力的人才保障。这些措施的实施，使得实验室在科研与技术创新方面的作用得到进一步强化。

（五）促进实验室资源的共享与优化配置

在应用型高校食品科学与工程专业实验室建设中，促进实验室资源的共享与优化配置是提升实验室整体效能的关键环节。通过构建实验室资源共享平台，实现仪器设备、实验材料、数据资源等的共享，可以有效避免资源的重复购置和浪费，提高资源利用效率。

在优化资源配置方面，实验室应根据实验教学和科研需求，对仪器设备进行科学合理的选型与配置。通过引入高端科研仪器，提升实验室的科研能力；对于实验教学常用的仪器设备，应保证数量充足、性能稳定，以满足学生的实践需求。实验室还应注重与校外企业、科研机构的合作，通过产学研合作的方式，实现资源共享和优势互补，推动实验室建设的持续发展。

在促进实验室资源共享与优化配置的过程中，还需要注重实验室文化的建设。通过营造开放、合作、创新的实验室氛围，激发师生们的积极性和创造力，推动实验室资源的有效利用和共享。同时，实验室还应建立完善的激励机制和评价体系，对在资源共享和优化配置方面做出突出贡献的个人和团队给予表彰和奖励，以推动实验室建设的不断进步。

二、实验室建设规划

（一）场地布局与功能分区

在应用型高校食品科学与工程专业实验室建设中，场地布局与功能分区是至关重要的一环。合理的场地布局能够确保实验流程的顺畅进行，提高实验效率，而功能分区的明确则有助于实现资源的优化配置和高效利用。可以将实验室划分为教学实验区、科研实验区、仪器设备区、试剂储存区等多个功能模块。每个模块之间既相互独立又相互联系，既保证实验教学的正常进行，又满足科研工作的需求。

在教学实验区，实验室设置多个实验台和通风橱，配备先进的实验教学仪器和设备，能够满足食品科学与工程专业各类实验课程的需求。科研实验区则更加注重科研工作的专业性和独立性，配备高端科研仪器和专业的实验设施，为科研团队提供良好的工作环境。仪器设备区和试剂储存区则分别负责实验所需仪器设备的存放和维护以及试剂的储存和管理，确保实验资源的有效利用和安全管理。

实验室应注重空间利用率的提升。通过合理的空间规划和布局优化，实验室充分利用每一寸空间，提高实验室的容纳能力和使用效率。

（二）仪器设备购置与选型原则

在实验室仪器设备购置与选型过程中，应遵循实用性、先进性、可靠性及经济性的原则。实用性原则要求所选设备必须满足实验室教学和科研的实际需求，能够完成既定的实验任务。例如，在食品科学与工程专业的实验室中，购置高精度的质构分析仪，用于测定食品的质地特性，为食品品质评价提供有力支持。先进性原则强调设备的技术水平应处于行业前沿，能够反映当前科技发展的最新成果。引进先进的色谱仪和质谱仪，这些设备具有高度的灵敏度和分辨率，为食品成分分析和食品安全检测提供可靠的技术手段。可靠性原则要求设备在长时间运行过程中能够保持稳定性和准确性，减少故障率和维修成本。选择的设备均来自知名品牌，经过严格的质量检测，确保设备的可靠性和稳定性。经济性原则要求在满足前三个原则的基础上，尽量降低设备购置和使用的成本，提高设备的性价比。通过市场调研和比价，选择性价比高的设备，既满足教学和科研的需求，又节约实验室的建设成本。

（三）安全环保与应急预案制定

在实验室建设中，安全环保与应急预案的制定是至关重要的一环。实验室作为科研和教学的重要场所，涉及众多危险源和潜在风险，因此必须高度重视安全环保工作。在制定应急预案时，要对实验室可能面临的风险进行全面评估，包括化学品泄漏、火灾、爆炸等常见风险，以及生物安全、辐射安全等特殊风险。通过风险评估，可以确定风险等级和可能的影响范围，为应急预案的制定提供科学依据。

（四）资源整合与共享机制构建

在应用型高校食品科学与工程专业实验室建设中，资源整合与共享机制的构建至关重要。通过整合校内外的优质资源，实验室能够提升实践教学和科研创新的能力。实验室与周边食品企业建立紧密的合作关系，共同

开展科研项目和人才培养。这种合作模式不仅为实验室带来先进的仪器设备和技术支持，还为学生提供实践锻炼的机会，促进产学研一体化的发展。

在资源整合方面，实验室可以充分利用现有的仪器设备、教学资源和科研成果，通过共享机制实现资源的最大化利用。在共享机制构建方面，实验室需要制定明确的共享规则和管理制度，确保资源的公平分配和有效利用。

通过资源整合与共享机制的构建，实验室不仅能够提升实践教学和科研创新的能力，还能够促进产学研一体化的发展。这种发展模式不仅符合高校人才培养和科研创新的需求，也符合社会经济发展的趋势。

（五）项目实施与进度安排

在应用型高校食品科学与工程专业实验室的建设过程中，项目实施与进度安排是确保项目顺利进行的关键环节。根据实验室建设的整体规划，将项目划分为多个阶段，并设定明确的时间节点和阶段性目标。在项目实施过程中，注重进度控制，通过定期召开项目进展会议，及时跟踪项目进度，确保各项任务按时完成。同时，建立项目风险评估机制，对可能出现的风险进行预测和评估，制定相应的应对措施，确保项目的顺利进行。

以实验室场地选择与布局为例，根据食品科学与工程专业的特点和实践教学的需求，综合考虑场地选址的考量因素与策略。最好选择位于校园内交通便利、环境优美的区域作为实验室的建设地点。在场地布局方面，可以采用模块化设计理念，将实验室划分为多个功能区域，包括实验教学区、科研区、仪器设备区等，合理规划各区域之间的空间布局和交通流线，以提高实验室的使用效率和安全性。

在项目实施过程中，注重与合作伙伴的沟通与协作。通过与设备供应商、施工单位等合作伙伴的紧密合作，确保实验室建设所需设备、材料等的及时供应和安装。借鉴国内外先进的实验室建设经验和技术，不断提升实验室的建设水平和质量。在实验室安全设施与环保要求方面，参考国内外相关标准和规范，配置先进的安全设施和环保材料，为实验室的安全运行和环境保护提供有力保障。

注重项目实施的灵活性和可调整性。在项目实施过程中，根据实际情况和需求变化，及时调整项目计划和进度安排。

三、实验室建设预算与资金筹措

在应用型高校食品科学与工程专业实验室的建设过程中，预算与资金筹措是至关重要的一环。需要根据实验室建设的目标和规划，制定详细的预算方案。这包括场地布局与功能分区的费用、仪器设备的购置与选型成本、安全环保与应急预案的制定费用，以及资源整合与共享机制构建所需的资金等。通过科学合理地制定预算，可以确保实验室建设的顺利进行。

在资金筹措方面，可以采取多种途径。一方面，可以向学校申请专项资金支持，这是实验室建设的主要资金来源之一。另一方面，可以积极寻求企业合作，通过产学研一体化的模式，吸引企业投资参与实验室建设。还可以考虑通过社会捐赠、基金支持等方式筹集资金。这些多元化的资金筹措方式可以有效缓解实验室建设过程中的资金压力。

在预算与资金筹措的过程中，还需要注重资金使用的效率和效益。通过合理的预算分配和资金调度，可以确保每一分钱都用在刀刃上，实现资源的最大化利用。还需要建立严格的财务管理制度，对实验室建设的每一笔支出进行严格的审核和监督，确保资金的合规性和安全性。

可以借鉴一些成功的实验室建设案例和经验。例如，某些高校在实验室建设过程中，通过与企业深度合作，共同投入资金和资源，实现实验室建设的快速推进和高质量完成。

实验室建设预算与资金筹措是实验室建设过程中的重要环节。通过科学合理地制定预算、多元化地筹措资金、注重资金使用效率和效益以及借鉴成功案例和经验，可以确保实验室建设的顺利进行，为食品科学与工程专业的实践教学和科研创新提供有力的支持和保障。

第二节　实验室硬件设施建设

一、实验室场地选择与布局

（一）场地选址

在应用型高校食品科学与工程专业实验室建设的场地选址过程中，需综合考虑多种因素与策略。地理位置的优越性至关重要，它直接影响到实验室的可达性和便利性。位于校园中心或交通便利地段的实验室，能够吸引更多的师生参与实验活动，提高实验室的利用率。场地周边环境的安全性也是不可忽视的因素。食品科学与工程实验室涉及化学试剂、生物样本等潜在危险物质，因此选址时应远离污染源和危险区域，确保实验室的安全运行。场地规模与布局也是选址过程中的重要考量因素。根据实验室的功能需求和未来发展规划，合理确定场地面积和布局，确保实验室的空间利用率和实验流程的顺畅性。还需考虑场地的可扩展性，为实验室未来的升级和扩建预留空间。可以借鉴国内外成功案例，结合本校实际情况进行综合分析，制定出符合自身特点的选址方案。

（二）实验室空间规划与分区设计

在应用型高校食品科学与工程专业实验室的空间规划与分区设计中，充分考虑到实验室的功能需求和使用效率。根据实验室的主要功能，将其划分为实验教学区、科研实验区、仪器设备区、试剂储存区以及办公与休息区等五大区域。每个区域都根据其功能特点进行精细化设计，确保实验室的整体布局合理、功能完善。

实验教学区，根据食品科学与工程专业的课程设置和实验教学需求，设置多个实验台和实验教室，每个实验台都配备必要的实验设备和仪器，以满足学生实践操作的需求。还应注重实验教学区的通风和采光设计，确保实验环境的舒适性和安全性。

科研实验区，注重科研工作的独立性和私密性，设置独立的科研实验室和科研办公室，为科研人员提供安静、舒适的工作环境。配备先进的科研仪器和设备，以满足科研工作的需要。

仪器设备区的设计则注重设备的分类管理和使用效率。将同类设备集中放置，便于管理和维护；同时，根据设备的使用频率和重要性进行布局，确保常用设备易于取用，提高实验效率。

试剂储存区的设计则遵循安全、规范的原则。设置专门的试剂柜和储存室，对试剂进行分类储存，并配备必要的防火、防爆设施，确保试剂的安全储存和使用。

办公与休息区，注重营造舒适、宁静的工作氛围。设置宽敞明亮的办公室和休息室，配备必要的办公设施和休息设施，为实验室人员提供良好的工作环境和休息空间。

（三）场地布局对实验流程的影响分析

场地布局对实验流程的影响不容忽视。合理的场地布局能够优化实验流程，提高实验效率。场地布局还需考虑实验流程的连贯性和安全性。在实验室建设中，应确保实验流程中的各个环节紧密相连，避免出现流程中断或交叉污染的情况。对于涉及危险品的实验，应设置专门的危险品存放区和应急处理区，确保实验人员的安全。在场地布局对实验流程影响的分析中，可以借鉴工业工程中的流程优化理论。引入流程分析模型，对实验流程进行定量分析和优化，可以更加精确地确定场地布局对实验流程的影响程度。结合实验室的具体情况和需求，可以制定出更加科学合理的场地布局方案，为实验室的高效运行提供有力保障。

（四）实验室环境适应性与可持续发展考虑

在实验室环境适应性与可持续发展考虑方面，需要深入剖析实验室建设与环境之间的相互作用关系。实验室的选址应充分考虑其环境适应性，避免在易受自然灾害影响或环境敏感区域建设，以确保实验室的长期稳定运行。

在实验室建设中，还应注重环保材料的使用和节能技术的引入。通过

引入先进的节能技术，如太阳能供电系统、智能照明系统等，可有效降低实验室的能耗，提高能源利用效率。

实验室的可持续发展还需要考虑其生态修复和环境保护措施。在实验室周围种植绿色植被，不仅可以美化环境，还能吸收空气中的有害物质，提高空气质量。建立实验室废物处理系统，对实验产生的废弃物进行分类处理和资源化利用，也是实现可持续发展的重要手段。

二、实验室仪器设备配置

（一）仪器设备选型

在实验室仪器设备选型过程中，应遵循多项原则与考量因素，以确保所选设备既符合教学科研需求，又具备高性价比和可持续发展性。注重设备的先进性与适用性，优先选择技术成熟、性能稳定的仪器设备，如高效液相色谱仪和气相色谱仪等，这些设备在食品科学与工程领域具有广泛的应用前景。考虑设备的性价比，通过对比分析不同品牌、型号的仪器设备，选择性能优良、价格合理的设备，以节约实验室建设成本。关注设备的可扩展性与兼容性，以便在未来进行设备升级或扩展时能够顺利实现。设备的操作简便性和维护便利性也是重要考量因素，有助于降低实验室人员的操作难度和维护成本。注重设备的环保性能，优先选择低能耗、低排放的仪器设备，以符合实验室的环保要求。

在选型过程中，可以借鉴国内外先进的实验室建设经验，结合实验室的实际情况进行选型。参考国内外知名高校和科研机构的实验室设备配置情况，了解不同设备在食品科学与工程领域的应用情况和性能特点。与设备供应商进行深入交流，了解设备的性能参数、售后服务等信息，为选型提供有力的支持。

（二）实验教学仪器配置

在实验教学仪器配置清单中，挑选一系列具有先进功能和特点的仪器设备，旨在满足食品科学与工程专业实践教学的多样化需求，食品科学与工程专业实验室推荐仪器设备见表6-1。

在仪器设备的选型过程中，应注重设备的先进性和实用性相结合的原则。考虑设备的稳定性和耐用性，确保在实验教学过程中能够长期稳定地运行。通过这些先进仪器设备的配置和使用，为学生提供一个良好的实践教学平台，有助于培养他们的实践能力和创新精神。

表6-1　食品科学与工程专业实验室推荐仪器设备一览表

1	气相质谱联用仪	31	原子吸收光谱仪
2	气相色谱仪	32	旋光仪
3	高效液相色谱仪	33	色度仪
4	紫外可见分光光度计	34	密度计/折光率仪
5	荧光分光光度计	35	蛋白质测定仪
6	多功能酶标仪	36	脂肪测定仪
7	全自动生长曲线分析仪	37	水分快速测定仪
8	凝胶成像系统	38	膜过滤试验机
9	PCR仪	39	超临界二氧化碳萃取仪
10	二氧化碳培养箱	40	分子蒸馏装置
11	超低温冰箱	41	微射流高压均质机
12	霉菌培养箱	42	超声破碎仪
13	恒温恒湿培养箱	43	高压灭菌器
14	真空干燥箱	44	超高压杀菌设备
15	立式高压蒸汽灭菌器	45	低温等离子体液体处理
16	冷冻离心机	46	固定式射频加热设备
17	管式离心机	47	真空变温压差膨化设备
18	发酵罐	48	冷冻混合球磨仪
19	电子鼻	49	榨汁机
20	电子舌	50	均质机
21	质构仪	51	搅拌机
22	傅里叶变换红外光谱仪	52	醒发箱

续表

23	激光纳米粒度仪	53	烘烤箱
24	激光粒度仪	54	灌装机
25	流变仪	55	喷码机
26	差示量热扫描仪	56	高温杀菌釜
27	快速粘度分析仪	57	超高温瞬时杀菌机
28	扫描电镜	58	实验型喷雾干燥机
29	X 射线衍射仪	59	真空冷冻干燥机
30	核磁共振仪	60	饮料生产线

（三）仪器设备资源共享

建立仪器设备共享平台，通过信息化手段实现设备信息的实时更新和共享。这一平台不仅可以提高设备的使用效率，还降低设备的闲置率。

为了确保共享机制的有效运行，需要制定详细的设备使用规则和流程。这些规则明确设备的申请、审批、使用、归还等各个环节的操作要求，确保设备的规范使用和管理。

在实施方案中，注重设备的安全性和可靠性。需要采取多种措施，如定期对设备进行维护和保养、建立设备故障应急处理机制等，以确保设备在共享过程中的稳定性和安全性。这些措施不仅提高设备的使用寿命，也增强用户对共享机制的信任度。

推广和宣传仪器设备共享机制，鼓励更多的实验室和科研团队参与到共享中来。通过举办共享机制培训、分享成功案例等方式，提高用户对共享机制的认识和接受度。

三、实验室安全设施与环保要求

（一）实验室安全设施规划与配置

在应用型高校食品科学与工程专业实验室的建设中，安全设施规划与配置是至关重要的一环。实验室安全设施的建设不仅关乎实验人员的生命安全，也直接影响到实验结果的准确性和实验室的可持续发展。在规划实验室安全设施时，必须充分考虑实验室的特点和需求，确保安全设施的科学性、合理性和有效性。

实验室应配备完善的安全防护设施。针对食品科学与工程实验中可能产生的有害气体和粉尘，实验室应安装高效的通风系统和排风设备，确保实验环境的空气质量。实验室还应设置紧急喷淋装置和洗眼器，以便在发生化学灼伤等紧急情况时能够迅速进行初步处理。

实验室应建立严格的安全管理制度。通过制定详细的安全操作规程和应急预案，明确实验人员的安全职责和应对措施，确保在发生安全事故时能够迅速、有效地进行处置。实验室还应定期进行安全检查和隐患排查，及时发现并消除潜在的安全风险。

实验室还应注重安全教育和培训。通过定期组织安全知识讲座、实践操作演练等活动，增强实验人员的安全意识和操作技能，使他们能够熟练掌握实验室安全设施的使用方法和注意事项。同时，实验室还应建立安全文化，营造人人关注安全、人人参与安全的良好氛围。

（二）环保材料在实验室建设中的应用

在实验室建设中，环保材料的应用不仅有助于提升实验室的环保性能，还能有效减少对环境的影响。在实验室地面材料的选择上，采用环保型地板材料如 PVC 地板，其无毒无味、耐磨耐用的特性使得实验室环境更加安全健康。PVC 地板的回收利用率高，符合可持续发展的理念。据相关数据显示，实验室使用环保地板材料相比使用传统材料，其室内空气质量明显改善，员工满意度提升。

在实验室家具的选择上，采用环保板材如 E0 级环保板材，其甲醛释放量极低，符合国家标准。这种板材不仅美观耐用，而且能够有效减少对室内环境的污染。此外，实验室的通风系统也是环保建设的重要一环，采用高效节能的通风设备，能够有效降低能耗，减少碳排放。通过引入新风系统，实验室的空气质量得到显著改善，为科研人员提供更加舒适的工作环境。

除了硬件设施的环保建设外，实验室在日常运营中也应注重环保理念的贯彻。实验室可以建立垃圾分类制度，将废弃物进行分类处理，提高资源回收利用率。同时，实验室还可以开展环保宣传活动，增强员工的环保意识，形成人人参与环保的良好氛围。通过这些措施的实施，实验室不仅能够实现绿色可持续发展，还能够为科研人员提供更加安全、健康的工作环境。

（三）安全操作规范与应急预案制定

在实验室建设中，安全操作规范与应急预案的制定是确保实验室安全运行的基石。安全操作规范应详细规定实验室人员在实验过程中的各项操作要求，包括实验前的准备、实验中的注意事项以及实验后的清理工作。对于涉及高温、高压或有毒有害物质的实验，应明确规定操作人员的防护措施、实验设备的使用方法以及实验废物的处理流程。通过严格执行安全操作规范，可以有效降低实验过程中的安全风险。

应急预案的制定也是实验室安全管理的重要环节。应急预案应针对实验室可能发生的各种安全事故，如火灾、爆炸、泄漏等，制定详细的应对措施和处置流程。预案中应包括应急组织机构的建立、应急资源的储备、应急通信的保障以及应急演练的开展等内容。通过定期进行应急演练，可以检验预案的可行性和有效性，提高实验室人员的应急反应能力和处置水平。

在应急预案制定过程中，可以借鉴国内外先进的实验室安全管理经验和案例，结合实验室自身的实际情况进行针对性的制定。可以引入风险评估模型对实验室的安全风险进行量化评估，根据评估结果制定相应的预防措施和应急预案。也可以参考相关法规和标准，确保应急预案的合规性和可操作性。

（四）实验室废物处理与资源回收机制

在实验室废物处理与资源回收机制方面，建立严格的废物分类与管理制度，确保各类废物得到妥善处理。对于可回收的废物，设立专门的回收站点，并配备专业的回收设备，实现废物的资源化利用。

注重废物处理的环保性。可以引进先进的废物处理技术，如生物降解、化学处理等，确保废物在处理过程中不会对环境造成二次污染。加强对废物处理过程的监管，确保各项处理措施得到有效执行。

资源回收方面，要注重废物中潜在价值的挖掘。可以与科研机构和企业合作，开发废物资源化利用技术，将原本被视为无用的废物转化为有价值的资源。

（五）安全培训与环保意识提升措施

在安全培训与环保意识提升措施方面，实验室建设应着重加强师生安全意识的培养和环保理念的深入人心。定期开展安全培训课程，确保每位实验室成员都掌握基本的安全知识和操作技能。引入实际案例进行剖析，让师生从真实事件中汲取教训，增强安全意识。实验室还应建立环保考核机制，将环保意识纳入师生评价体系，激励大家积极参与环保活动。

第三节　实验室软件环境建设

一、实验室管理制度建设

（一）实验室管理制度框架构建

在构建实验室管理制度框架时，要注重制度的系统性、科学性和可操作性。可以借鉴国内外先进的实验室管理经验，结合本校食品科学与工程专业的特点，制定一套完整的实验室管理制度体系。体系可以涵盖实验室人员管理、设备管理、安全管理、实验教学管理等多个方面，确保实验室运行的规范化和高效化。

在人员管理方面，可以实行岗位责任制，明确每个岗位的职责和权限，确保人员分工明确、责任到人。建立人员培训制度，定期对实验室人员进行专业技能和安全培训，增强人员的专业素养和安全意识。

在设备管理方面，可以建立设备档案管理制度，对每台设备的使用情况、维护记录等进行详细记录，确保设备的正常运行和及时维护。还可以制定设备使用规定，规范设备的操作流程和使用方法，避免因操作不当导致的设备损坏和安全事故。

在安全管理方面，注重预防为主、综合治理的原则，建立安全检查和隐患排查制度，定期对实验室进行安全检查，及时发现和消除安全隐患。还应制定应急预案和演练计划，提高实验室应对突发事件的能力。

（二）实验室人员职责与权限界定

在应用型高校食品科学与工程专业实验室建设中，明确实验室人员的职责与权限界定是确保实验室高效运行和科研质量的重要保障。实验室人员包括实验室主任、实验员、科研人员等，他们各自承担着不同的职责，并拥有相应的权限。

实验室主任作为实验室的负责人，负责制定实验室的发展规划，管理实验室的日常运行，并对实验室的科研质量和安全环保工作负总责。他们拥有对实验室资源的调配权，以及对实验室人员的考核和奖惩权。

实验员是实验室中的基层工作人员，他们主要负责实验室的日常实验操作的执行、实验设备的维护与管理以及实验数据的记录与整理。实验员需要严格遵守实验室的规章制度，确保实验操作的准确性和安全性。同时，他们也有权对实验室的运行提出改进建议，并参与实验室的科研项目。

科研人员则是实验室中的核心力量，他们负责开展科研项目的立项、实验设计、数据分析以及论文撰写等工作。科研人员拥有较高的学术水平和创新能力，他们在实验室中享有较大的自主权，包括选择研究方向、申请科研项目以及使用实验室资源等。同时，他们也需要承担相应的科研责任，确保科研工作的质量和进度。

在实验室人员职责与权限界定的过程中，还需要注重团队协作和沟通机制的建立。实验室主任应定期组织实验室人员进行交流和讨论，分享科研经验和成果，共同解决实验中遇到的问题。实验室还应建立有效的激励机制，鼓励实验室人员积极参与科研工作，提高实验室的整体科研水平。

（三）实验室安全与环保管理制度

在应用型高校食品科学与工程专业实验室建设中，安全与环保管理制度的制定与实施至关重要。根据国家标准和实验室特点，可以制定一套严格的安全与环保管理制度，确保实验室运行的安全稳定与环保达标。在制度中，明确规定实验室人员的安全职责与操作规范，要求实验人员必须接受安全培训，掌握实验室安全知识和应急处理技能。建立实验室安全检查与隐患排查机制，定期对实验室进行安全巡查，及时发现并消除安全隐患。还应注重实验室环保管理，通过采用环保材料、优化实验流程、减少废弃物排放等措施，降低实验室对环境的影响。

（四）实验室仪器设备使用与维护规定

在实验室仪器设备使用与维护规定方面，应制定详尽的操作规程和保养制度。每台仪器设备都配备详细的使用说明书，确保实验人员能够正确、安全地操作。建立设备使用记录制度，要求实验人员每次使用设备后都要进行记录，包括使用时间、使用人员、设备状态等信息，以便对设备的使用情况进行跟踪和监控。定期对设备进行维护和保养，确保设备的正常运行并延长使用寿命。

在维护方面，注重预防性维护，应定期对设备进行巡检和保养，及时发现并解决潜在问题。建立设备故障处理流程，一旦设备出现故障，能够迅速响应并进行维修。还应注意设备更新与淘汰机制，对于老旧、性能不佳的设备，及时进行更新或淘汰，确保实验室设备的先进性和可靠性。

在实验室仪器设备使用与维护规定的执行过程中，还应注重培训与技术提升。定期组织实验人员进行设备操作和维护的培训，提高他们的专业技能和操作水平。鼓励实验人员积极学习新技术、新方法，不断提高实验室的科研水平和创新能力。通过这些措施的实施，实验室的仪器设备使用与维护工作可以得到进一步的提升和完善。

注重实验室仪器设备使用与维护规定的宣传和推广。通过各种渠道向实验人员宣传设备使用和维护的重要性，增强他们的安全意识和环保意识。推广先进的设备使用和维护经验与技术，促进实验室之间的交流和合作。

二、实验室信息化建设

（一）信息化基础设施规划与建设

在应用型高校食品科学与工程专业实验室建设中，信息化基础设施规划与建设是提升实验室管理与教学科研水平的关键环节。需明确信息化基础设施的建设目标，即构建一个高效、稳定、安全的信息化平台，以支撑实验室的日常运行与科研创新。可以规划包括网络基础设施、数据中心、信息化管理系统等在内的整体架构。

在网络基础设施建设方面，采用高速光纤网络，确保实验室内部及与外部网络的畅通无阻。在数据中心建设方面，采用高性能的服务器与存储设备，构建稳定可靠的数据存储与备份系统。在信息化管理系统建设方面，采用集实验教学管理、科研项目管理、仪器设备管理等功能于一体的综合管理系统。

（二）实验室管理系统开发与应用

在实验室管理系统开发与应用方面，引入先进的信息化技术，提升实验室管理的效率与精准度。采购一套集成化的实验室管理系统，实现对实验室资源、设备、人员、项目等信息的全面整合与动态管理。

可引入先进的分析模型，如数据挖掘、机器学习等技术，对实验室运行数据进行深度挖掘与分析。通过构建预测模型，能够提前预测实验室资源需求、设备故障等潜在问题，为实验室的平稳运行提供有力保障。还应关注系统的易用性与安全性，确保用户能够便捷地操作系统，同时保障数据的安全与隐私。

（三）信息化培训与技术支持体系建设

在实验室信息化培训与技术支持体系建设中，要构建一套全面、系统的培训体系，旨在提升实验室人员的信息化素养和技术应用能力。通过定期举办信息化培训班，邀请业内专家进行授课，使他们掌握实验室管理系统的基本操作和数据分析方法。还应建立技术支持团队，提供一对一的技术指导和问题解决服务，确保实验室人员在遇到技术难题时能够及时得到帮助。

在技术支持体系建设方面，可以引入先进的信息技术，如大数据分析、云计算等，为实验室的信息化建设提供强大的技术支撑。通过构建实验室数据仓库，实现实验数据的集中存储和高效管理，提高数据资源的利用率。

三、实验室文化建设与氛围营造

（一）实验室核心价值观的提炼与传播

在应用型高校食品科学与工程专业实验室的建设过程中，提炼与传播实验室的核心价值观至关重要。实验室的核心价值观不仅体现实验室的精神风貌和价值取向，更是引领实验室发展的灵魂。

（二）实验室学术氛围的营造与提升

在营造与提升实验室学术氛围方面，可以构建开放、包容、创新的学术环境。通过定期举办学术讲座、研讨会等活动，邀请国内外知名专家学者来实验室进行交流，分享前沿研究成果和学术见解，激发师生的学术热情和创新思维。

鼓励师生积极参与科研项目和学术竞赛，通过实践锻炼和成果展示，提升学术能力和水平。

注重实验室内部的学术交流与合作，鼓励不同研究方向的师生进行交叉合作，共同探索新的研究领域和方法。通过搭建学术交流平台，促进知识共享和资源整合，实验室的学术氛围日益浓厚。与校外科研机构、企业等建立合作关系，拓展学术交流的广度和深度。

在营造学术氛围的过程中，注重培养师生的学术道德和学术规范意识。通过加强学术诚信教育、建立学术评价体系等措施，引导师生树立正确的学术观念，遵守学术规范，维护学术生态的健康发展。鼓励师生勇于挑战学术权威，敢于提出新的观点和见解，推动学术领域的不断进步和发展。

（三）实验室特色文化活动的组织与推广

在实验室特色文化活动的组织与推广方面，应注重将学术氛围与实际操作相结合，打造独具特色的活动，比如“食品科学与工程创新大赛”“设备操作技能大赛”“实验室开放日”等。在推广方面，可以充分利用现代媒体和社交平台，通过官方网站、微信公众号等渠道发布活动信息和成果展示。

第四节　实验室教学与科研功能发挥

一、实验室教学功能发挥

（一）实验教学课程设置与教学方法创新

在应用型高校食品科学与工程专业实验室建设中，实验教学课程设置与教学方法创新是提升实践教学能力的关键环节。根据行业需求和专业特点，设计实验教学课程体系，增加与实际应用紧密相关的实验项目，如食品加工工艺优化、食品分析检测等，使实验内容更加贴近实际生产。引入项目式、案例式等多元化的教学方法，让学生在实践中学习、在问题中思考，提高学生的实践能力和创新能力。

还应注重实验教学与科研的有机结合，鼓励教师将科研成果转化为实验教学资源，丰富实验教学内容。鼓励学生参与教师的科研项目，通过参与科研活动，提升学生的科研素养和创新能力。

（二）实践操作技能培养与评估体系构建

在实践操作技能培养方面，应用型高校食品科学与工程专业实验室注重构建一套完整且富有成效的培养体系。该体系以行业需求为导向，结合专业特点，设计具有针对性的实验课程和实践项目。通过这些课程和项目，学生能够深入了解食品科学与工程领域的实际操作流程，掌握关键技能，并提升解决实际问题的能力。

在评估体系构建上，实验室可以采用多元化的评估方法，包括技能考核、项目评价、实践操作表现等。技能考核主要考查学生对基本技能的掌握程度，通过标准化操作测试来评定学生的操作水平。项目评价则侧重于学生综合运用所学知识解决实际问题的能力，通过完成综合性实验项目来检验学生的实践操作能力。实践操作表现也是评估体系中的重要一环，通过观察学生在实验过程中的操作规范、团队协作、创新思维等方面的表现，全面评价学生的实践操作技能。

（三）实验室开放共享与教学资源优化

实验室开放共享与教学资源优化是提升应用型高校食品科学与工程专业实践教学水平的关键举措。通过实施实验室开放制度，实现教学资源的最大化利用。

在实验室开放共享的过程中，应注重优化教学资源配置。引入先进的实验教学管理系统，实现实验课程的在线预约、实验设备的智能调度等功能，提高实验教学管理的效率和水平。与企业的合作，引入企业先进的实验设备和工艺，使实验教学更加贴近实际生产，培养学生的实践能力和创新精神。

（四）实验教学质量监控与持续改进

建立完善的实验教学质量监控体系，通过定期的教学检查、学生评教、同行评议等方式，对实验教学过程进行全面监控。注重数据的收集与分析，通过统计实验课程的出勤率、实验报告的质量、学生成绩等数据，对实验教学质量进行量化评估。在持续改进策略方面，根据监控结果和评估反馈，及时调整实验教学方案，优化实验教学内容和方法。

二、实验室科研功能发挥

（一）科研平台构建与资源整合

在应用型高校食品科学与工程专业实验室建设中，科研平台构建与资源整合是提升实验室科研能力与创新水平的关键环节。通过构建科研平台，实验室能够汇聚优质科研资源，形成科研合力，推动科研成果的产出与转化。

资源整合是科研平台构建的重要基础。实验室通过整合校内外的科研资源，实现资源的优化配置和共享。一方面，实验室充分利用校内的教学资源、科研资金和人才优势，为科研平台提供稳定的基础保障；另一方面，实验室积极寻求外部合作，与相关企业、科研机构等建立紧密的合作关系，共同开展科研项目和技术创新。这种资源整合的方式不仅提高实验室的科研效率，还促进产学研的深度融合。

实验室还注重借鉴国内外先进的科研平台构建经验。通过学习和借鉴其他高校或科研机构的成功经验，实验室能够不断完善自身的科研平台构建与资源整合机制。实验室还应积极参与国际交流与合作，与国际一流的食品科学与工程专业实验室建立合作关系，共同推动食品科学与工程领域的发展。

（二）科研方向定位与课题选择

在应用型高校食品科学与工程专业实验室建设中，科研方向定位与课题选择是至关重要的一环。科研方向定位需要紧密结合行业发展趋势和市场需求，确保实验室的研究方向具有前瞻性和实用性。课题选择应基于实验室的现有资源和研究基础，同时考虑课题的创新性和可行性。通过深入分析行业热点问题和挑战，结合实验室的研究特长和优势，选择具有实际应用价值和理论意义的课题进行研究。

（三）科研团队建设与人才培养

在应用型高校食品科学与工程专业的实验室建设中，科研团队建设与人才培养是不可或缺的重要环节。

在人才培养方面，实验室注重理论与实践相结合的教学模式。通过开设实验课程、组织科研实践、参与学术交流等方式，培养学生的实践能力和创新精神。同时，实验室还积极与企业合作，开展产学研一体化项目，为学生提供更多的实践机会和就业渠道。

（四）科研成果产出与学术交流

在应用型高校食品科学与工程专业的实验室建设中，科研成果产出与学术交流是不可或缺的重要环节。除了论文发表，实验室还积极参与各类学术交流活动，如国际学术会议、研讨会等。通过这些平台，实验室的研究人员得以与国内外同行深入交流，分享研究成果，探讨前沿技术。同时，实验室还积极邀请国内外知名专家来校进行学术讲座和合作研究，进一步拓宽学术视野，提升研究水平。

（五）科研质量保障与评价体系建立

在科研质量保障与评价体系建立方面，应用型高校食品科学与工程专业实验室应构建一套科学、系统、可操作的评价机制。要明确评价目标，即提升实验室科研水平、促进科研成果转化、培养高素质科研人才。要制定详细的评价指标，包括科研项目数量、经费支持、论文发表数量及质量、专利授权情况、成果转化效益等。还应注重过程评价，对科研活动的规范性、创新性、实用性进行综合评价。在评价方法上，可采用定量与定性相结合的方式，通过数据分析、专家评审、同行评议等多种手段，确保评价结果的客观性和公正性。还应建立反馈机制，及时将评价结果反馈给科研人员，以便他们了解自身科研工作的优势和不足，从而有针对性地改进和提升。

在科研质量保障与评价体系建立过程中，还应注重引入外部评价和监督机制。例如，可以邀请行业专家、学术机构等对实验室的科研工作进行定期评估和指导，以便及时发现问题和不足，提出改进建议。还可以通过参加国内外学术会议、发表高水平论文等方式，展示实验室的科研成果和实力，提升实验室的知名度和影响力。

第五节　实验室运行管理与维护

一、实验室日常运行管理

（一）实验室日常运行规范与流程

实验室日常运行规范与流程是确保实验室高效、有序运行的关键。实验室应制定详细的日常运行规范，包括实验室开放时间、人员进出管理、设备使用规定等。实验室应建立科学的任务分配机制，根据实验人员的专业背景和技能特长，合理分配实验任务，确保实验质量和效率。实验室还应建立严格的物资管理制度，包括试剂、耗材的采购、存储和使用等，确保实验所需物资充足且质量可靠。最后，实验室日常运行监控与评估体系也是必不可少的，通过对实验室运行数据的收集和分析，可以及时发现并解决运行中的问题，不断提升实验室的运行水平。

（二）实验人员管理与任务分配机制

在实验人员管理方面，可以实行严格的岗位责任制，确保每位实验人员都明确自己的职责和权限。通过制定详细的岗位职责说明书，明确实验人员的工作内容、工作标准以及考核办法，从而确保实验工作的有序进行。注重实验人员的培训与提升，定期组织专业技能培训和学术交流活动，提高实验人员的业务水平和创新能力。

在任务分配机制方面，采用项目化管理的方式，将实验任务分解为若干个具体的项目，并明确每个项目的负责人和团队成员。通过制定详细的项目计划和进度安排，确保实验任务能够按时按质完成。建立任务分配与考核相结合的机制，根据实验人员的专业特长和工作表现，合理分配任务，并通过绩效考核来激励实验人员的工作积极性。

（三）实验室物资管理与采购流程

在实验室物资管理与采购流程中，要遵循科学、规范、高效的原则。首先，要建立完善的物资管理制度，明确各类物资的采购、验收、入库、出库等流程，确保物资管理的透明化和规范化。同时，注重数据的收集与分析，通过定期统计物资使用情况，为采购决策提供有力支持。

其次，在采购流程方面，采用集中采购与分散采购相结合的方式。对于常用且需求量大的物资，实行集中采购，通过批量采购降低成本，提高采购效率。而对于一些特殊或需求量较小的物资，则采用分散采购的方式，以满足实验的个性化需求。

最后，在采购过程中，要始终坚持质量优先的原则。对供应商的资质、产品质量、价格等因素进行综合评估，选择优质的供应商进行合作。对采购的物资进行严格的验收，确保物资的质量符合实验要求。建立完善的物资追溯体系，对物资的采购、使用、报废等全过程进行记录，以便对物资的使用情况进行追溯和分析。

（四）实验记录

在应用型高校食品科学与工程专业实验室的建设中，实验记录与数据管理制度的完善与实施至关重要。实验记录不仅是实验过程的真实反映，更是实验结果的重要依据。

要求实验人员必须详细记录实验过程，包括实验目的、实验步骤、实验条件以及实验数据等。可以引入数据分析模型，对实验数据进行深入分析和挖掘，以揭示实验现象背后的规律和机制。

（五）实验室日常运行监控

实验室日常运行监控与评估体系是确保实验室高效、安全、稳定运行的关键环节。通过构建完善的监控体系，可以实时掌握实验室的运行状态，及时发现并解决问题。评估体系则是对实验室运行效果进行客观评价的重要依据，有助于不断优化实验室管理，提升实验室的整体水平。

在监控体系方面，可以采用先进的物联网技术，实现对实验室环境、

设备状态、人员行为等多方面的实时监控。例如，通过安装温湿度传感器和空气质量监测仪，可以实时获取实验室内的环境数据，并根据预设的阈值进行自动报警。利用视频监控系统对实验室进行全方位监控，确保实验过程的安全可控。

二、实验室设备维护与保养

（一）实验室设备日常巡检与维护计划

实验室设备日常巡检与维护计划是确保实验室设备稳定运行、延长设备使用寿命的关键环节。根据实验室的实际情况，制定详细的巡检与维护计划，并严格执行。在每日巡检中，对设备的运行状态、温度、湿度等关键参数进行实时监测，确保设备处于最佳工作状态。每周组织专业人员进行深度维护，包括清理设备内部灰尘、检查设备连接线路等，确保设备性能稳定。建立设备维护档案，详细记录每次巡检和维护的情况，以便及时发现问题并采取相应的解决措施。

在巡检与维护计划的执行过程中，要注重数据分析与案例研究。通过对设备故障数据的统计和分析，能够发现设备故障的规律，从而提前预防并减少故障的发生。借鉴其他实验室的成功经验，结合本实验室的实际情况，不断优化巡检与维护计划，提高设备维护的效率和效果。

（二）维护保养记录与故障处理流程

在实验室的日常管理中，维护保养记录与故障处理流程是确保设备稳定运行和延长使用寿命的关键环节。实验室应建立详细的维护保养记录，包括设备名称、维护保养时间、维护保养内容、维护保养人员等信息，以便对设备的维护保养情况进行追溯和分析。同时，实验室还应制定科学的故障处理流程，确保在设备出现故障时能够迅速定位问题并采取有效措施进行修复。

在故障处理方面，实验室建立故障报告和快速响应机制。一旦设备出现故障，实验室人员会立即进行初步检查，并将故障情况报告给专业维修人员。维修人员会根据故障现象和维护保养记录进行分析，确定故障原因并制定修复方案。同时，实验室还会对故障处理过程进行记录和总结，以便对类似故障进行预防和应对。

应注重维护保养人员的培训和技能提升。通过定期举办培训课程和邀请专家进行技术指导，实验室人员的维护保养能力和故障处理能力得到显著提升。这不仅提高实验室设备的运行效率，也为实验室的科研和教学工作提供有力保障。

（三）设备更新与淘汰机制及实施方案

在实验室建设中，设备更新与淘汰机制是确保实验室设备保持先进性和高效性的重要环节。随着科技的不断进步和实验需求的日益复杂，实验室设备需要定期更新，以适应新的科研需求。同时，对于性能落后、维护成本高昂或无法满足实验需求的设备，应及时进行淘汰，以避免资源浪费和实验风险。

在设备更新方面，实验室应制定明确的更新计划，根据科研需求和设备性能评估结果，确定需要更新的设备类型和数量。在设备淘汰方面，实验室应建立科学的评估机制，对设备性能、维护成本、使用寿命等因素进行综合考量，确定需要淘汰的设备。对于性能落后、无法满足实验需求的设备，应及时进行淘汰，以避免影响实验结果的准确性和可靠性。同时，实验室还应注重设备的环保处理，确保淘汰设备不会对环境和人体造成危害。

三、实验室安全与环保管理

（一）实验室环保意识的培养与责任落实

在应用型高校食品科学与工程专业实验室建设中，环保意识的培养与责任落实是不可或缺的一环。实验室作为科研与教学的重要场所，其环保意识的强弱直接关系到实验室的可持续发展和环境保护。高度重视实验室环保意识的培养，通过制定严格的环保管理制度和开展多样化的环保教育活动，使实验室成员充分认识到环保工作的重要性。

为了落实实验室环保责任，需要建立明确的责任分工机制，将环保工作纳入实验室日常管理体系中。实验室主任作为环保工作的第一责任人，负责制定环保工作计划和监督执行情况；实验室成员则按照各自职责，积极参与环保工作，确保实验室环保工作的顺利开展。可以建立环保工作考核机制，将环保工作纳入实验室成员的绩效考核中，以激励大家更加积极地参与环保工作。

（二）实验室危险品管理与应急处置机制

实验室危险品管理是确保实验室安全稳定运行的关键环节。在实验室中，危险品如易燃易爆物品、有毒有害化学品等，一旦管理不善或操作失误，就可能引发严重的安全事故。建立科学有效的危险品管理制度至关重要。

除了管理制度的建立，应急处置机制的完善同样重要。实验室应制定详细的应急预案，明确在发生危险品泄漏、火灾等突发情况时，实验人员应采取的紧急措施和逃生路线。实验室还应定期组织应急演练，提高实验人员的应急反应能力和自救互救能力。

实验室还应加强危险品管理的监督检查和持续改进。通过定期检查危险品储存和使用情况，及时发现和纠正存在的问题，确保危险品管理的有效性。同时，实验室还应根据新的安全标准和要求，不断更新和完善危险品管理制度和应急预案，以适应不断变化的实验室安全环境。

（三）实验室环境监测与污染防治措施

在实验室环境监测方面，可以采用先进的在线监测技术，对实验室内的空气质量、噪声水平以及辐射强度等关键指标进行实时监控。通过安装高精度传感器和数据分析系统，能够及时获取实验室环境的各项数据，并对其进行深入分析。定期对实验室环境进行全面检测，以评估实验室环境的整体状况。

在污染防治措施方面，要注重源头控制和综合治理。严格筛选实验室使用的化学试剂和仪器设备，优先选择环保型、低污染的产品。加强实验室废弃物的分类收集和处理，确保各类废弃物得到妥善处理，避免对环境造成污染。定期对实验室进行清洁和消毒，保持实验室环境的整洁和卫生。

（四）实验室安全与环保教育培训与考核体系

实验室安全与环保教育培训与考核体系是确保实验室安全稳定运行的关键环节。在教育培训方面，采取定期举办安全环保知识讲座、实践操作演练等形式，确保每位实验人员都能熟练掌握实验室安全操作规程和环保要求。引入案例分析，通过剖析实验室安全事故和环保违规案例，让实验人员深刻认识到安全环保的重要性，增强他们的安全意识和环保意识。

在考核体系方面，建立严格的考核标准和流程，对实验人员的安全环保知识和技能进行定期考核。考核内容包括理论考试和实际操作考核，确保实验人员能够真正掌握安全环保知识和技能。建立奖惩机制，对在安全环保方面表现优秀的实验人员进行表彰和奖励，对存在安全环保问题的实验人员进行批评和处罚，以此激励实验人员更加重视安全环保工作。

案例 6

常见食品科学与工程专业实验室功能及主要设备配置

序号	实验室名称	功能	主要设备配置
1	饮料工艺实验室	实验教学，学生可以掌握饮料加工的原理、工艺以及质量控制；科研，教师可以开展饮料配方、生产工艺研究。	螺旋榨汁机、均质机、化糖锅、打浆机、胶体磨、高剪切乳化罐、超高温瞬时灭菌机、两级反渗透过滤、CIP 清洗系统、磨浆机、真空脱气机、精滤机高压杀菌锅、灌装机、紫外线杀菌器等。
2	肉制品工艺实验室	实验教学，学生可以掌握肉制品加工的原理、工艺以及质量控制；科研，教师可以开展饮料配方、生产工艺研究。	绞肉机、斩拌机、搅拌机、灌肠机、蒸煮锅、盐水注射机、真空滚揉机、红外线烤炉、油炸锅、火腿模具、杀菌设备、真空包装机、烟熏炉等。

续表

序号	实验室名称	功能	主要设备配置
3	焙烤工艺实验室	实验教学，学生可以掌握焙烤食品加工的原理、工艺以及质量控制；科研，教师可以开展焙烤食品配方、生产工艺研究。	烤箱、发酵箱、搅拌机、和面机、压面机、分割滚刀、擀面杖、成型机、切片机、模具、烤盘、奶油搅拌器、打蛋器、蒸烤箱等。
4	乳制品工艺实验室	实验教学，学生可以掌握乳制品加工的原理、工艺以及质量控制；科研，教师可以开展乳制品配方、生产工艺研究。	巴氏杀菌机、超高温（UHT）杀菌设备、均质机、真空脱气机、发酵罐、搅拌机、灌装机、冷藏设备、冷冻干燥机、喷雾干燥机、奶油分离机、冰激凌机等。
5	粮食加工实验室	实验教学，学生可以掌握粮食加工的原理、工艺以及质量控制；科研，教师可以开展粮食加工研究。	磨粉机、和面机、压面机、面条机、米粉机、米皮机、脱皮机、筛粉设备、粉碎设备、干燥设备、挤压膨化设备等。
6	果蔬加工实验室	实验教学，学生可以掌握果蔬加工的原理、工艺以及质量控制；科研，教师可以开展粮果蔬加工研究。	榨汁机、打浆机、切片机/切块机、去皮机、脱水机、真空包装机、巴氏杀菌机、超高温（UHT）杀菌设备、均质机、发酵罐、冷冻干燥机、冷藏和冷冻设备、固体灌装机、封罐机、果蔬膨化机等。
7	食品分析实验室	实验教学，学生可以掌握食品中基本物理性质及成分的检测；科研，教师可以开展食品基本物理性质及成分的研究。	高效液相色谱仪、气相色谱仪、原子吸收光谱仪、紫外-可见分光光度计、荧光分光光度计、pH 计、折光仪、旋光仪、粘度计、质构分析仪、流变仪、热重分析仪、差示扫描量热仪、电子天平、自动滴定仪、近红外光谱仪、水分测定仪、油脂氧化稳定性指数仪、自动蛋白质分析仪、自动脂肪分析仪、马弗炉等。
8	食品感官实验室	实验教学，学生可以掌握食品的感官评价基本方法；科研，教师可以开展食品感官评价研究。	感官评价室、样品准备区、品尝桌、样品编码系统、温度控制设备、水槽和漱口水站、纸巾和废物容器、记录工具、计算机和软件、样品储存柜、参考标准样品、照明控制系统、空气过滤和调节系统、时间控制设备、样品分配器、消毒设备、电子鼻、电子舌、电子眼等。

续表

序号	实验室名称	功能	主要设备配置
9	食品微生物实验室	实验教学，学生可以掌握食品微生物检测的基本方法；科研，教师可以开展食品微生物研究。	生物安全柜、灭菌器、培养箱、恒温水浴、冰箱和冷冻箱、显微镜、菌落计数器、pH计、天平、均质器、超净工作台、振荡器、真空泵、厌氧工作站、酶标仪、PCR仪、凝胶成像系统、流式细胞仪、微生物鉴定系统、冷冻干燥机、超滤设备、无菌操作工具、培养皿和培养管、废物处理设备、温度和湿度监控系统、通风系统等。
10	食品工程原理实验室	实验教学，学生可以掌握食品工程的基本原理；科研，教师可以开展食品工程相关研究。	流体力学实验设备、热力学实验设备、干燥实验设备、冷冻和冷藏实验设备、蒸发和浓缩实验设备、混合和搅拌实验设备、过滤和分离实验设备、传热实验设备、流体阻力实验设备、食品加工模拟软件、食品工程原理仿真实验软件等。
11	食品化学实验室	实验教学，学生可以掌握食品化学的基本原理；科研，教师可以开展食品化学相关研究。	恒温水浴、电热干燥箱、马弗炉、高效液相色谱仪、气相色谱仪、紫外可见分光光度计、红外光谱仪、质谱仪、研磨机、超声波破碎仪、真空过滤装置、微孔滤膜、低温冰箱、普通冰箱、储物柜、电子天平、精密电子天平、磁力搅拌器、漩涡混合器等。
12	食品工厂设计实验室	实验教学，学生可以掌握食品工厂设计基本原理；科研，教师可以开展食品工厂设计研究。	计算机辅助设计（CAD）软件、计算机辅助制造（CAM）软件、三维建模软件、虚拟现实（VR）设备、数据采集系统、过程控制系统、项目管理软件、工程图纸打印机、实验室模型设备、食品工厂沙盘等。
13	食品高新技术实验室	实验教学，学生可以掌握食品高新技术的原理；科研，教师可以开展食品高新技术研究。	高压处理设备、超声波处理设备、脉冲电场处理设备、等离子体处理设备、射频处理设备等

第七章　教学成果奖建设研究

第一节　教学成果奖概述

随着全球化和知识经济的发展，教育在国家发展中的地位愈发重要。高等教育作为培养创新人才和推动科技进步的关键环节，其教学质量直接关系到国家的竞争力和未来。在此背景下，教学成果奖应运而生，旨在通过表彰和奖励在教学领域做出杰出贡献的教师和团队，激励更多教育工作者投身于教学改革和创新实践。教学成果奖的设立，不仅为教师提供展示自己教学成果的平台，更是一种精神和物质上的双重激励。通过这一奖项，教师的辛勤工作和创新努力得到社会的认可和尊重，从而增强教师的职业荣誉感和成就感，进一步激发教师的工作热情和创新动力。教育质量的提升是一个系统工程，涉及教育理念、教学内容、教学方法、教学评价等多个方面。教学成果奖的评定标准，正是围绕这些核心要素展开，鼓励教师在这些方面进行探索和创新。通过教学成果奖的评选和推广，优秀的教学理念和方法得以在更广泛的范围内传播和应用，从而推动整个教育质量的提升。

一、教学成果奖的评定标准

（一）独创性、新颖性、实用性的深入解析

独创性是教学成果奖评定的核心标准之一。在教学实践中，独创性意

味着教师能够基于自己的理解和判断，创造出新的教学理念、方法或技术。这种独创性不仅能够解决特定的教学问题，还能够为其他教师提供新的教学思路和灵感。

新颖性则更侧重于成果相对于现有教学实践的新颖程度。一个新颖的教学成果，往往能够引领教学的新趋势，推动教学方法和手段的更新换代。新颖性的评价，需要综合考虑成果在理念、内容、形式等方面的创新点。

实用性是指教学成果能否在实际教学中发挥作用。一个具有实用性的教学成果，应该能够针对教学中的具体问题提供有效的解决方案，并且在实际应用中能够带来明显的教学效果提升。

（二）实践检验与效果产生的具体要求

教学成果奖要求成果必须经过至少两年的实践检验。这一要求确保成果的稳定性和可持续性，避免短期效应和偶然成功的情况。

效果产生的评估需要综合运用多种方法，包括但不限于学生学习成果的统计分析、同行评议、教学观察、学生和教师的问卷调查等。这些方法的结合使用，可以全面、客观地评估教学成果的实际效果。

二、教学成果奖的申请与评审流程

（一）申请条件与材料准备的详细指导

申请教学成果奖的教师或团队，需要满足一系列具体条件，如成果的独创性、新颖性、实用性，以及经过一定时间的实践检验等。这些条件旨在确保申请的成果具有较高的质量标准和实际应用价值。

在材料准备方面，申请者需要提交一份详尽的教学成果报告，该报告应包括以下几个部分。成果概述：简要介绍成果的主要内容和特点。设计理念：阐述成果的设计思路和理论依据。实施过程：详细描述成果的实施步骤和方法。实践效果：提供实践效果的具体数据和案例分析。创新点：强调成果的创新之处和独特价值。推广应用：讨论成果的推广潜力和应用前景。

此外，申请者还需要提供相关证明材料，如教学评价报告、学生反馈、同行评议等，以增强申请材料的说服力。

（二）评审组织与评审流程的深入分析

教学成果奖的评审工作通常由教育行政部门、学术团体和教育专家组成的评审委员会负责。评审委员会的构成体现多元性和专业性，确保评审工作的权威性和公正性。

评审流程通常包括以下几个步骤：

材料初审：对申请材料进行初步审查，确保材料的完整性和符合性。

专家评审：由教育专家组成的评审小组对成果进行深入评审，评估成果的独创性、新颖性、实用性和实践效果。

结果公示：将评审结果进行公示，接受社会监督和反馈。

异议处理：对公示期间收到的异议进行调查和处理。

最终决定：根据公示结果和异议处理情况，做出最终的获奖决定。

三、教学成果奖的导向与原则

（一）贯彻国家教育方针的具体体现

教学成果奖的评定标准要求成果必须贯彻国家的教育方针，如立德树人、素质教育等。这意味着成果不仅要在教学方法和技术上有所创新，还要在培养学生的道德品质、创新能力和实践能力等方面发挥作用。

（二）实施素质教育的实践探索

教学成果奖鼓励教师在教学中实施素质教育，这涉及对学生全面发展的关注，包括知识学习、能力培养、个性发展等多个方面。成果奖的评定标准，为教师提供一个展示素质教育实践成果的平台，促进素质教育理念的深入实施。

（三）鼓励创新与实践的策略

教学成果奖通过设定创新性和实践性的评价标准，鼓励教师在日常教学中不断尝试新的教学方法和技术，解决教学中的实际问题。这种鼓励创新与实践的策略，有助于形成一种积极向上、勇于探索的教学文化。

（四）向一线教师倾斜的政策导向

教学成果奖在评审过程中特别关注一线教师的工作，这一政策导向体现对一线教师辛勤工作的认可和尊重。通过向一线教师倾斜，奖项旨在激发一线教师的教学热情，提升教学质量，促进教育公平。

近年来食品类专业获得的国家级教学成果奖见表 7-1。

表 7-1　近年来食品类专业国家级教学成果奖一览表

成果名称	等级	完成人	完成单位
新工科背景下持续改进联动响应的食品专业教学质量保障体系设计与实践	二等奖	朱蓓薇，林松毅，吴海涛，周大勇，孙娜，秦磊，宋爽，艾春青，王海涛，林心萍，启航，毕景然，鲍志杰	大连工业大学
食以生强、生以食特，培养面向未来的生物食品类多元复合型人才	二等奖	许正宏，刘元法，陈献忠，陈敬华，王立，堵国成，东为富，李会，谢云飞，陈旭升，徐丽广，陈鹏程，董玉明，刘龙，傅莉莉，丁重阳，王维，张旦旦	江南大学
螺旋递进、多维联动、能力为重——食品保藏课程群 20 年教学改革与实践	二等奖	罗自生，叶兴乾，郭慧媛，陈芳，郑晓冬，任发政，李莉，徐艳群，傅达奇，陈士国，叶尊忠，李阳，茅林春，曹建康，徐惠荣	浙江大学，中国农业大学
“供需反转、互融互促”产教融合培养动物生产类应用型创新人才的研究与实践	二等奖	姜世金，林海，殷子惠，商营利，赵鹏，吴连军，李显耀，潘广臣，杨萍萍，纪春景，张方爱，李国锋，王群，刘传孝，邵彩梅，郭龙宗	山东农业大学，禾丰食品股份有限公司，山东益生种畜禽股份有限公司

续表

成果名称	等级	完成人	完成单位
“三融合二递进”轻工食品类本科创新人才培养体系的构建与实践	二等奖	堵国成，夏文水，尹健，王周平，饶志明，刘元法，陈献忠，常明，孙付保，陈卫，周哲敏，杨瑞金	江南大学
以食品产业需求为导向的食品学科研究生培养质量保障体系构建与实践	二等奖	朱蓓薇，周大勇，董秀萍，林松毅，杜明，刘贵伟，牟光庆，侯红漫，辛丘岩，启航，吴海涛，刘兆芳	大连工业大学
基于国际工程教育理念的“1-3-5 链式递进”食品创新型工程人才培养模式	二等奖	谢明勇，刘成梅，胡晓波，张国文，谭杰，聂少平，阮征，刘伟，熊涛，阮榕生	南昌大学

第二节　教学成果奖的培育

一、背景与意义

（一）教学成果奖的定义与重要性

教学成果奖是高等教育领域内对教育教学成果的认可和表彰，它体现高校在教学改革、教学方法创新、课程建设、人才培养等方面取得的显著成就。该奖项不仅肯定教师和教学团队的努力，也激励着更多教育工作者投身于教育事业，不断提高教学质量和教育水平。

（二）培育教学成果奖的战略意义

培育教学成果奖对于推动高等教育内涵式发展、提升教育质量具有重要的战略意义。它能够促进高校深化教育教学改革，激发教师的教学创新活力，提高学生的综合素质和创新能力。同时，教学成果奖的培育有助于形成具有示范和引领作用的优秀教学成果，推动高等教育的整体进步和社会认可度的提升。

二、教学成果奖培育现状分析

（一）国内外教学成果奖培育现状对比

国际上，教学成果奖的培育通常与高等教育的整体质量控制和提升紧密相关。以美国为例，其高等教育机构普遍重视教学成果奖的培育，通过设立专门的教学发展中心、提供教学创新基金等方式，鼓励教师进行教学改革和实践探索。这些措施不仅提升教学质量，也增强高校的国际竞争力。

相比之下，我国高等学校在教学成果奖的培育上起步较晚，但近年来已取得显著进步。国内高校通过制定教学成果奖培育计划、加强教学团队建设、优化课程体系等措施，积极推动教学成果奖的培育工作。同时，教育部等相关部门也出台了一系列政策，支持和引导高校加强教学成果奖的培育。

（二）我国高等学校教学成果奖培育现状

当前，我国高等学校教学成果奖的培育工作已形成较为完善的体系。具体表现在以下几个方面：

政策支持：国家和地方教育行政部门出台了一系列政策文件，明确教学成果奖培育的目标、原则和措施，为高校培育教学成果奖提供政策保障。

组织架构：多数高校成立了教学成果奖培育领导小组和工作小组，负责教学成果奖的申报、评审和培育工作，确保教学成果奖培育工作的有序进行。

培育机制：高校普遍建立了教学成果奖培育机制，包括教学改革项目的立项、教学成果的积累与总结、教学成果的推广与应用等环节。

资源投入：高校在教学成果奖培育上投入大量资源，包括资金支持、人才引进、平台建设等，为教学成果奖的培育创造良好的条件。

成果产出：近年来，我国高等学校在教学成果奖的培育上取得了丰硕

成果，多次获得国家级教学成果奖，展现我国高等教育教学改革和创新的成效。

然而，我国高等学校教学成果奖培育工作仍面临一些挑战，如教学成果的系统性不足、教学创新的持续性不强、教学成果的推广应用范围有限等。未来，高校需要进一步优化教学成果奖培育机制，加强教学成果的系统化建设，提升教学创新的持续性和实效性，扩大教学成果的推广应用范围，以实现教学成果奖培育工作的持续健康发展。

三、教学成果奖培育的关键要素

（一）教学团队建设

教学团队的建设是教学成果奖培育的核心。一个高效的教学团队通常具备以下特点：

跨学科合作：团队成员来自不同学科背景，能够促进知识的交叉融合，增强教学内容的深度和广度。

资深与青年教师结合：团队中既有经验丰富的资深教师，也有充满活力的青年教师，形成良好的传帮带机制。

持续的专业发展：团队成员定期参与教学研讨和培训，不断提升教学能力和专业素养。

明确的分工与协作：团队成员根据个人专长和兴趣进行分工，同时在项目实施过程中保持紧密合作。

根据教育部的数据，获得国家级教学成果奖的团队中，有超过60%的团队实现跨学科合作，这显著提高教学成果的质量和创新性。

（二）教学内容与方法创新

教学内容与方法的创新是提升教学质量的关键。创新的教学内容和方法包括：

课程内容更新：定期更新课程内容，反映学科最新发展和行业需求。

教学方法多样化：采用案例教学、翻转课堂、项目驱动等多种教学方法，提高学生的参与度和学习效果。

技术融合：有效利用信息技术，如在线教学平台、虚拟现实等，丰富教学手段，增强教学互动性。

评价体系创新：建立多元化的评价体系，不仅关注学生的知识掌握，也重视学生的创新能力和实践技能。

据统计，采用多样化教学方法的课程，学生满意度平均提高30%，教学效果显著提升。

（三）教学资源与环境支持

丰富的教学资源和良好的教学环境是教学成果奖培育的重要支撑：

教学设施完善：拥有先进的教学设施和实验室，为教学和科研提供必要的物质基础。

教学资源充足：包括丰富的图书资料、在线课程资源、实践案例库等，满足不同教学需求。

政策支持：学校和教育行政部门提供的政策支持，包括资金投入、项目支持、荣誉激励等。

校园文化建设：营造积极向上、鼓励创新的校园文化氛围，激发教师和学生的创新潜能。

四、教学成果奖培育的策略与方法

（一）教学成果奖培育的顶层设计

教学成果奖培育的顶层设计是确保培育工作顺利进行的前提。顶层设计应包括以下几个方面：明确目标定位，根据学校的发展战略和教育目标，明确教学成果奖培育的具体目标和预期成果。制定政策框架，出台一系列支持教学成果奖培育的政策措施，包括资金支持、人才引进、科研激励等。构建评价体系，建立科学合理的教学成果评价体系，确保教学成果的质量和创新性得到公正评价。强化组织领导，成立专门的教学成果奖培育领导小组，负责整体规划和协调推进培育工作。

（二）教学成果奖培育的实施策略

实施策略是教学成果奖培育工作的具体执行方案，主要包括：

项目化管理，将教学成果奖培育工作项目化，明确项目目标、实施步骤、责任分工和时间节点。团队协作机制，建立高效的团队协作机制，鼓励跨学科、跨部门的合作，形成合力。持续跟踪评估，对教学成果奖培育项目进行持续跟踪评估，及时发现问题并进行调整优化。

成果推广应用，加强对优秀教学成果的推广应用，通过教学研讨会、教学展示等形式，扩大成果的影响力。

五、教学成果奖培育的启示

（一）顶层设计与政策支持的重要性

教学成果奖的成功培育需要高校领导层的高度重视和顶层设计，同时需要教育行政部门的政策支持和资源配置。

（二）教学团队的多元化与协作

构建多元化的教学团队，促进不同学科和背景的教师之间的协作，是提升教学成果创新性和实用性的关键。

（三）教学内容与方法的持续创新

教学内容和方法需要不断地更新和创新，以适应时代发展的需求和学生的学习特点。

（四）教学资源与环境的优化

丰富的教学资源和良好的教学环境是提升教学成果质量的基础，高校应不断优化教学设施和资源配置。

（五）教学成果的系统化培育与推广

教学成果的培育应注重系统化和持续性，同时加强成果的推广应用，扩大其影响力和示范作用。

六、教学成果奖培育的挑战与对策

（一）面临的主要挑战

教学成果奖培育面临的挑战是多方面的，需要高校、教育行政部门以及教师团队共同面对和解决。教学成果的系统性不足是当前培育工作中的一个主要问题。许多教学成果缺乏长期积累和系统规划，导致成果的影响力和推广性受限。教学创新往往需要持续地努力和不断地探索。当前，部分高校在教学创新上存在短期行为，缺乏长期坚持和深入研究。优秀的教学成果需要得到广泛的推广和应用，才能真正发挥其价值。目前，教学成果的推广机制尚不完善，应用范围有限。高校之间在教学资源配置上存在不均衡现象，一些高校由于资源有限，难以支持教学成果奖的培育工作。教学成果的评价体系不够完善，评价标准和机制需要进一步明确和统一，以确保教学成果的质量和创新性得到公正评价。

（二）可以采取的对策

高校应加强教学成果的系统化建设，通过长期规划和持续积累，形成具有影响力的教学成果体系。建立持续的教学创新机制，鼓励教师不断探索新的教学方法和手段，形成教学创新的长效机制。完善教学成果的推广应用机制，通过教学研讨会、教学展示等形式，扩大教学成果的影响力。优化教学资源配置，实现高校间的均衡发展，为教学成果奖的培育提供充足的物质和人才支持。建立和完善教学成果评价体系，制定明确的评价标准和机制，确保教学成果的质量和创新性得到公正评价。

七、教学成果奖培育的长远规划与展望

（一）长远规划的重要性

长远规划对于教学成果奖培育工作的可持续性至关重要。它确保教学

成果奖培育与高等教育发展的宏观目标相一致，并为实现这些目标提供清晰的路线图。

1. 与国家教育战略对接

长远规划，作为教育领域的重要指导原则，应当与国家的教育战略紧密对接，以确保教学成果奖培育工作能够符合国家教育发展的总体方向和要求。这不仅是对教育事业的负责，更是对国家和民族未来的负责。

长远规划要紧密对接国家教育战略，意味着需要深入了解国家的教育发展目标、重点任务和改革方向。只有明确这些宏观层面的内容，才能制定出符合国家教育战略要求的教学成果奖培育方案。这包括对课程设置、教学内容、教学方法等方面的全面考虑，以确保教育资源的合理配置和高效利用。

长远规划还需要关注国家教育发展的阶段性目标。不同的发展阶段，教育工作的重点和方向也会有所不同。需要根据国家的阶段性目标，调整教学成果奖培育工作的重点和方向，以更好地服务于国家的发展大局。

2. 适应教育技术发展趋势

随着教育技术的迅猛发展和不断创新，需要认真考虑如何充分利用新兴技术，如人工智能、大数据等，来提升教学成果奖培育的效率和质量，从而推动教育事业的蓬勃发展。

要认识到人工智能技术在教育领域的巨大潜力。人工智能技术可以应用于教育资源的整合与优化，为教学成果奖培育提供有力支持。可以通过智能推荐系统，根据学生的学习特点和需求，为学生提供个性化的学习资源和路径。

大数据技术的应用也为教学成果奖培育带来新的机遇。大数据技术可以对大量的教育数据进行收集、分析和挖掘，揭示教育过程中的规律和趋势，为教育决策提供有力支持。通过大数据技术，可以分析学生的学习习惯、兴趣偏好、能力水平等，为教学成果奖培育提供更为精准的指导。大数据技术还可以评估教学成果奖培育的效果，以便及时调整和优化培育方案，确保教育目标的实现。

除人工智能和大数据技术外，还应关注其他新兴技术的发展和应用。例如，虚拟现实、增强现实等技术可以为学生创造更为逼真的学习环境和体验，提高学生的学习参与度和满意度。

（二）构建持续创新的教学体系

构建一个持续创新的教学体系是实现教学成果奖培育长远目标的关键。该体系应包括以下几个方面：教学内容的持续更新，定期更新教学内容，确保教学与学科发展和行业需求保持同步，以提高教学成果的时效性和实用性。教学方法的创新实践，鼓励教师探索和实践新的教学方法，如混合式学习、协作学习等，以提升学生的学习体验和教学成果的质量。教学评价体系的完善，不断完善教学评价体系，确保评价结果能够全面、准确地反映教学成果的质量和创新性。

（三）强化教学团队的建设与发展

强化教学团队的建设与发展，是提升教学成果奖培育质量的重要保障。

跨学科团队的构建，构建跨学科的教学团队，促进不同学科知识的融合，提高教学成果的创新性和综合性。教师专业成长的支持，为教师提供专业成长的支持，包括教学培训、学术交流等机会，以提升教师的教学能力和专业素养。

（四）优化资源配置与政策环境

优化资源配置和政策环境，为教学成果奖培育提供坚实的物质基础和政策支持。教学资源的均衡分配，确保教学资源在不同学科和教学团队之间均衡分配，避免资源配置不均对教学成果奖培育工作的影响。政策环境的持续优化，持续优化政策环境，出台更多支持教学成果奖培育的政策措施，为教师提供更有利的工作条件。

（五）展望未来：教学成果奖培育的新趋势

国际化视野的拓展是教学成果奖培育中不可或缺的一环。通过加强与国际教育界的联系，可以及时了解国际教育的最新动态和发展趋势，借鉴和吸收国外先进的教育理念和教学方法。还可以通过国际合作与交流，共同开展教学研究和项目合作，从而推动我国教育领域的创新发展。这种国际化视野的拓展不仅有助于提升我国教育成果的国际化水平，还能为我国教育事业的长远发展奠定坚实的基础。

在教学成果奖培育过程中，加强以学生为中心的教学理念。这一理念强调关注学生的个性化需求和发展，尊重每个学生的独特性和差异性，通过因材施教的方式提升教学效果。在教学过程中，教师应该注重培养学生的创新能力和实践能力，鼓励学生积极参与课堂讨论和实践活动，提高学生的综合素质和竞争力。这种以学生为中心的教学理念有助于提升教学成果的针对性和有效性，使教学成果更加符合学生的实际需求和发展方向。

强化教学成果在社会服务和责任方面的体现。教学成果不仅仅是学术成果的一种表现形式，更是服务于社会发展和公共利益的重要载体。应该注重将教学成果应用于实际教学中，提升教学质量和水平。关注社会热点问题和需求，通过教学成果的转化和应用，为社会发展提供有力的支持。这种强化社会服务与责任的体现有助于提升教学成果的社会价值和影响力，使其更好地服务于社会发展和公共利益。

第三节　教学成果奖的申报

一、申报条件与要求解析

（一）详细说明申报条件及资格要求

在申报教学成果奖的过程中，详细说明申报条件及资格要求显得尤为重要。首先，申报者需具备相应的教育教学经验，通常要求在教学领域有至少五年的实践经验，以确保其成果具有扎实的实践基础。此外，申报者还需具备较高的学术水平，这通常通过发表高水平论文、参与重要科研项目等方式来体现。同时，教学成果奖还强调创新性和实用性，要求申报者的成果在教学方法、教学内容或教学管理等方面具有显著的创新点，并能有效提升学生的学习效果和综合素质。

此外，申报教学成果奖还需要注意资格要求。一般来说，申报者需为在职教师或教学管理人员，且所在学校或单位需具备相应的申报资格。同时，申报者还需按照规定的程序和要求进行申报，如提交完整的申报材料、参加评审答辩等。这些资格要求和程序规定确保申报过程的公平性和规范性，有助于筛选出真正具有创新性和实用性的教学成果。

（二）解读申报材料的具体内容与格式要求

在解读申报材料的具体内容与格式要求时，首先要明确申报材料的整体框架和逻辑结构。一般而言，申报材料应包含成果概述、成果实施过程、成果创新点及特色、成果应用与推广情况等多个部分。每个部分都需要详细阐述，确保内容充实、逻辑清晰。

以成果概述为例，需要用精练的语言概括出教学成果的核心内容，包括成果的背景、目标、主要内容和实施效果等。在撰写时，可以引用具体的数据和案例来支撑观点，比如“本成果通过实施一系列教学改革措施，使得学生的平均成绩提高10%，学生的满意度也达到90%以上”。这样的数据能够直观地展示成果的效果。

在格式要求方面，申报材料通常要求使用规范的字体、字号和排版格式，以确保材料的整洁美观。此外，还需要注意材料的篇幅控制，避免过于冗长或过于简略。在撰写过程中，可以参考一些优秀的申报材料案例，学习他们的写作技巧和表达方式，以提高申报材料质量。

二、教学成果梳理与总结

（一）回顾并总结个人或团队的教学成果

在过去的几年里，团队在教学领域取得的教学成果。创新教学方法，引入先进的教学理念和技术手段，有效提升学生的学习效果。在总结这些教学成果时，可以采用SWOT分析模型，全面评估优势、劣势、机会和威胁。

（二）提炼成果的创新点与特色

在梳理与总结教学成果的过程中，注重提炼成果的创新点与特色。教学成果还体现在教学方法的创新上。在教学内容方面，注重创新。结合学科前沿知识和实际应用案例，不断更新和优化教学内容，确保学生能够掌握最新的知识和技能。注重培养学生的跨学科素养，通过跨学科课程的设计和实施，帮助学生拓宽视野，提高综合素质。

三、申报材料准备与撰写技巧

（一）如何撰写申报书及附件材料

在撰写教学成果奖的申报书及附件材料时，首先需明确申报的核心内容，即个人或团队在教学实践中的创新成果与显著贡献。

在撰写申报书时，应注重逻辑性和条理性。可以按照教学成果的产生背景、实施过程、取得成效等方面进行组织，确保内容清晰、层次分明。同时，要注意使用准确、精练的语言，避免冗余和模糊的表达。

附件材料的准备同样重要。附件材料是对申报书内容的补充和证明，应提供充分的证据来支持申报书中的观点和成果。例如，可以附上学生的成绩提升报告、教学视频、学生反馈等，以展示教学成果的实际效果。同时，还可以引用一些权威机构或专家的评价意见，增加申报材料的可信度和说服力。

（二）分享撰写过程中的注意事项与技巧

在撰写教学成果奖的申报材料时，注意事项与技巧至关重要。首先，务必确保申报材料的真实性和准确性，避免夸大其词或虚构数据。例如，在列举教学成果时，应提供具体的案例和数据支持，如学生成绩提升百分比、课程满意度调查结果等，以增强说服力。其次，要注重材料的逻辑性和条理性，按照申报要求逐项展开，避免内容重复或遗漏。再次，语言表达要清晰、简洁，避免使用过于复杂的词汇或句式，以免给读者造成阅读障碍。最后，在撰写过程中，可以借鉴一些经典的分析模型或理论框架，如 SWOT 分析、PEST 分析等，以更全面地展示教学成果的优势和不足。

四、申报流程与注意事项

（一）详细介绍申报流程及时间节点

教学成果奖的申报流程是一个严谨而系统的过程，它要求申报者按照规定的步骤和时间节点进行操作，以确保申报的顺利进行。一般而言，申报流程大致可分为准备阶段、提交阶段、评审阶段和结果公布阶段。在准备阶段，申报者需要充分了解申报条件与要求，梳理和总结自己的教学成果，并准备好相关的申报材料。根据过往经验，申报者通常需要花费数周甚至数月的时间来精心准备这些材料，以确保其完整性和准确性。提交阶段则是将准备好的申报材料按照规定的格式和时间节点提交给相关部门。在这一阶段，申报者需要特别注意提交截止日期，以免错过申报机会。评审阶段则是由专家对提交的申报材料进行评审，确定获奖名单。这一过程通常需要数周至数月的时间，申报者需耐心等待评审结果。最后，在结果公布阶段，相关部门会公布获奖名单，并对获奖者进行表彰。通过这一流程，教学成果奖的申报工作得以有序进行，确保申报的公正性和权威性。

（二）强调申报过程中的注意事项与风险点

在申报教学成果奖的过程中，注意事项与风险点的把握至关重要。首先，申报者需严格遵循申报材料的格式要求，确保内容的完整性和规范性。

申报者还需注意申报材料的真实性和原创性。近年来，教学成果奖申报中的抄袭和造假现象屡见不鲜，这不仅损害申报者的声誉，也严重影响教学成果奖的公信力和权威性。因此，申报者必须确保申报材料的真实性和原创性，避免任何形式的抄袭和造假行为。

申报者还需关注申报过程中的时间节点和流程安排。教学成果奖的申报工作通常具有严格的时间限制和流程要求，一旦错过某个时间节点或未按照流程要求进行操作，可能导致申报失败。因此，申报者需提前了解申报流程和时间节点，合理安排申报进度，确保按时提交申报材料。

申报者还需注意风险点的防范和应对。在申报过程中，可能会遇到各种不可预见的风险和挑战，如评审专家的质疑、申报材料的丢失等。因此，申报者需提前制定风险应对方案，做好风险预警和防范工作，确保申报工作的顺利进行。

五、申报后的跟进与反思

（一）申报后的跟进工作与策略

申报教学成果奖后，跟进工作至关重要。首先，需要密切关注评审进度，定期查询评审结果，确保申报材料得到妥善处理。在跟进过程中，还应积极与评审专家或组织方进行沟通，了解评审反馈，以便及时调整后续策略。其次，根据评审结果，可以制定针对性地改进计划，进一步提升教学成果的质量和影响力。例如，若评审专家指出教学方法存在不足，可以结合专家建议，优化教学方法，提升教学效果。最后，还可以利用社交媒体、学术会议等渠道，积极推广教学成果，扩大其影响力。通过跟进工作，不仅能够及时了解申报进度和结果，还能够根据反馈不断优化教学成果，实现教学质量的持续提升。

（二）总结申报过程中的经验教训与反思

在准备申报材料时，不要过于注重成果的展示，却忽视申报材料的格式要求，导致初次提交的材料被退回。

在撰写申报书时可以尝试运用 SWOT 分析模型来提炼成果的创新点与特色，通过对比同类成果的优势与劣势，以及分析市场趋势和潜在威胁，使申报书更具说服力和针对性。还可以从其他成功申报的案例中学习到许多宝贵的经验：如何突出成果的实用性、如何展示成果的社会效益等。这些经验教训不仅可以在申报过程中少走许多弯路，也为今后的教学工作提供了有益的借鉴。

第四节　教学成果奖的推广

一、教学成果奖推广的策略制定与实施方案

教学成果奖的推广策略制定与实施方案是确保获奖成果得以广泛传播和应用的关键环节。在制定推广策略时，首先要明确推广的目标受众，包括教育界的同行、学生、企业以及社会大众。针对不同受众，采用不同的推广渠道和方式。

针对教育界同行，通过学术会议、研讨会等渠道进行推广。例如，可以组织专题报告会，邀请获奖教师分享他们的教学成果和经验，吸引更多同行关注和学习。同时，还可以利用学术期刊、教育网站等媒体平台，发布获奖成果的论文和案例，扩大其影响力。

对于学生群体，通过课堂教学、实践活动等方式进行推广。例如，可以将获奖成果融入相关课程的教学内容中，让学生在学习过程中了解和体验这些成果。此外，还可以组织成果展示活动，让学生亲身感受获奖成果的实际应用效果。

对于企业和社会大众，通过媒体宣传、社会活动等途径进行推广。例如，可以与媒体合作，制作专题报道或宣传片，介绍获奖成果的创新点和应用价值。还可以组织成果应用展示会或技术交流会，邀请企业代表和社会各界人士参与，促进成果的转化和应用。

在实施推广方案时，注重数据的收集和分析，以评估推广效果。通过收集参与人数、反馈意见等数据，可以了解推广活动的受众覆盖情况和受众反应，从而不断优化推广策略。可以利用社交媒体等新媒体平台，进行线上推广，扩大推广范围和影响力。

二、教学成果奖推广渠道的拓展与优化

在教学成果奖推广渠道的拓展与优化方面，探索多元化的推广路径，

以扩大教学成果奖的影响力和认知度。首先，充分利用互联网平台的优势，通过官方网站、社交媒体和在线教育平台等渠道，发布教学成果奖的获奖信息、成果展示和案例分享，吸引更多教育工作者和学者的关注。据统计，通过线上渠道的推广，教学成果奖的浏览量和转发量均可实现显著增长，有效提升其社会影响力。

其次，与主流媒体合作，通过电视、广播、报纸等传统媒体渠道，对教学成果进行专题报道和深度解读。这种合作方式不仅可以提高教学成果奖的知名度，还可以增强其权威性和公信力。

再次，注重线下推广渠道的拓展。通过组织教学成果奖巡展、举办学术研讨会和论坛等活动，为获奖者提供展示成果、交流经验的平台，也吸引更多教育工作者和学者的参与。这些线下活动不仅可以增强教学成果奖的互动性和体验感，还可促进学术交流和合作，为教学成果的进一步推广和应用奠定坚实基础。

最后，在优化推广渠道方面，要注重数据分析与反馈机制的建立。通过对推广渠道的效果进行定期评估和分析，不断调整和优化推广策略，确保推广效果的最大化。积极收集用户反馈和意见，不断改进和优化推广内容和形式，提高用户的参与度和满意度。

三、教学成果奖推广中的案例分享与经验交流

在教学成果奖推广中，案例分享与经验交流扮演着至关重要的角色。除案例分享，经验交流也是推广教学成果奖的重要途径。在交流会上，获奖团队与参会者深入探讨教学方法改革、教学资源利用以及成果展示等方面的经验。通过交流，大家不仅了解了不同高校的教学特色，还学到如何更好地推广和应用教学成果。

在推广过程中项目团队还充分利用现代技术手段，如网络平台、社交媒体等，将案例和经验进行广泛传播。通过线上线下的互动，吸引更多教育工作者和学者的关注，进一步扩大教学成果奖的影响力。

四、教学成果奖推广对教学质量提升的作用分析

教学成果奖的推广对于教学质量提升具有显著的作用。通过推广获奖成果，可以激发广大教师的教学创新热情，推动教师不断探索和实践新的教学方法和手段。

教学成果奖的推广有助于形成优秀教学资源的共享机制。获奖成果往往代表某一领域或某一课程教学的最高水平，通过推广这些成果，可以让更多的教师和学生受益。

教学成果奖的推广还能够促进教学改革的深化。通过学习和借鉴获奖成果的经验和做法，教师可以更加明确教学改革的方向和目标，进而有针对性地改进自己的教学工作。同时，教学成果奖的推广也能够为教学改革提供有力的支持和保障，推动教学改革向更深层次发展。

五、教学成果奖推广的长效机制与持续发展策略

为构建教学成果奖推广的长效机制，需要建立一套完善的推广体系。该体系应涵盖成果展示、经验交流、资源共享等多个环节，确保教学成果奖能够持续发挥影响力。例如，可以定期举办教学成果展示会，邀请获奖教师分享他们的教学经验和创新实践，吸引更多教师参与和借鉴。

在持续发展策略方面，注重加强与其他高校、教育机构的合作与交流。通过搭建合作平台，可以共享教学资源、教学方法和教学成果，促进教育教学的共同进步。还可以利用现代信息技术手段，如在线教育平台、社交媒体等，扩大教学成果奖的推广范围和影响力。

为评估教学成果奖推广的效果，可以采用问卷调查、访谈等方式收集教师、学生的反馈意见，了解他们对教学成果奖的认知程度和满意度。还可以利用数据分析工具，对推广过程中的数据进行深入挖掘和分析，找出存在的问题和不足，为后续的推广工作提供改进方向。

还可以借鉴国内外优秀的教学成果奖推广案例，学习他们的成功经验和做法。例如，某些高校通过建立教学成果奖推广基金，为获奖教师提供

经费支持和奖励，激励他们继续深入研究和探索教育教学改革。

案例7

“产业引领、课程创新、平台支撑，食品类专业应用型人才培养模式改革与实践”教学成果奖成果报告

一、成果背景及意义

习近平总书记指出“办好我国高校，必须牢牢抓住全面提高人才培养能力这个核心点”。食品科学与工程系是具有培养茅台特色的食品类人才之摇篮，在6余年发展历程中，承载立足茅台、深耕酒业的历史使命。迈进21世纪，我国食品产业可持续发展面临新的机遇与挑战，产业结构性调整与转型升级对人才培养提出全新的要求。然而，目前食品类人才培养结构和质量尚未完全适应经济结构调整和产业升级的要求，教育服务经济社会发展的能力有待提升，尤其是实施创新驱动发展战略对高校人才培养提出更高要求，高校要突破同质化发展格局；培养特色应用型人才，理顺“校企一体、产教融合”协同创新机制，打通人才培养供给侧与需求侧间的传导瓶颈。

我国是食品生产大国，贵州是酿酒大省，酒产业及食品产业在贵州社会经济中具有不可替代的重要作用。以产业需求为导向改革人才培养模式无缝对接酒业及食品产业链，调整人才培养方案，培养出能服务于酒业及食品产业的新型食品类人才，从而实现人才培养与产业发展的融合。

二、成果简介及拟解决的教育教学问题

（一）成果简介

食品科学与工程系是具有培养茅台特色的食品类人才之摇篮，在6余年发展历程中，承载立足茅台、深耕酒业的历史使命。本成果致力解决当前食品类人才供给与产业需求存在的“人才培养特色不足、课程体系匹配度与时效性不强、支撑平台高阶性不够”这3大核心问题。课题组始终践行“一中心、双导向、三能力、四工程”的教育教学改革思路；不断进行探索，构建了以产业需求为导向的“校企一体、产教融合”人才培养模式，创设了“专业共建、课程共担、师资共训、基地共享、教材共编”的

五共产教融合人才培养新路径，构筑了茅台特色课程和产教融合课程体系，创建了“酒+食品+”平台，为酿酒产业及食品产业高质量发展提供人才保障与智力支撑（图 7-1）。

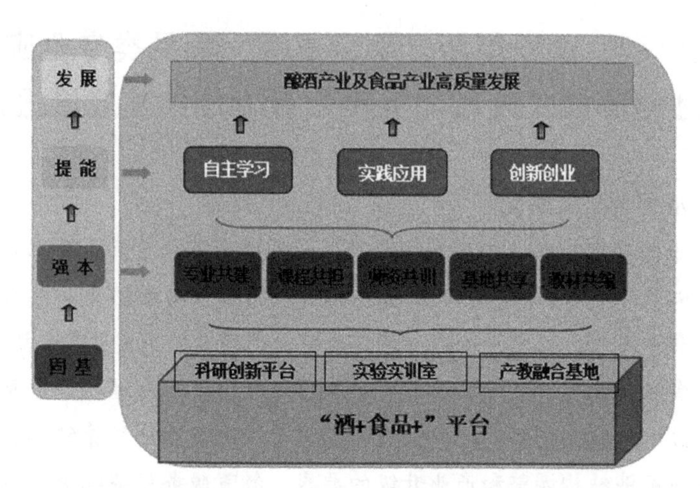

图 7-1　食品类“校企一体、产教融合”人才培养体系

经实践检验，成效显著：就业率及就业满意度名列食品类专业高校前茅；研究生升学从 2021 届 2 人提高到 15 人；学生获省级以上竞赛奖 10 余项；毕业生获茅台集团、双汇食品、顶津食品等行业知名企业高度认可；获校级教学团队 3 个、省级金课 2 门，建成省级科教平台 2 个、市厅级科教平台 2 个，发表教改论文 10 余篇。

成果被国内多所开设食品类专业的高校广泛关注。

（二）拟解决的教育教学问题

1. 人才多样化与个性化培养不足，供需结构不平衡

人才培养目标单一化，未能完全顺应区域酒及食品产业经济社会发展趋势；育人模式同质化，未能充分满足人才个性化发展要求；专业定位不清晰，未能显著提升服务区域酒及食品产业高质量发展。

2. 课程体系匹配度与时效性不强，产教融合不深入

课程设置与产业需求对接不紧密；课程结构不均衡，理论与实践、必修与选修学分构成不协调，学科交叉融合不深入；课程内容时效性低，未能及时促进产业前沿成果与教学资源的双向转化。

3. 支撑平台高阶性不够，实践成效不显著

现有实践平台数量少、规模小；科研平台学生参与度低；开展多层次、全链条式“酒+食品+”创新创业训练的支撑度不够。

三、成果解决教学问题的主要方法

（一）人才特色培养，对接产业需求

以顺应产业发展为特征，以培养茅台特色的食品类人才为核心，以“固基–强本–提能–发展”四层次人才培养架构为支撑，创设了“专业共建、课程共担、师资共训、基地共享、教材共编”的五共产教融合人才培养新路径，培养高素质应用型人才，提升了学生自主学习能力、实践应用能力和创新创业能力，构建了以产业需求为导向的“校企一体、产教融合”人才培养新模式。该模式为酒业及食品行业培养高素质人才提供了有力保障，赋能产业高质量发展。

（二）重构特色课程体系，强化产教融合课程

以提升课程匹配度与时效性为目标，以开发“茅台工匠讲堂”“茅台酒历史与文化”“茅台生产认知实习”“专业实习（茅台酒厂）”等茅台特色课程和“白酒工艺学”“白酒生产与分析”“食品感官评定”“食品分析检测”“食品微生物检验”等产教融合课程体系，该体系解决了特色不突出、产教融合不深入的关键问题，为“茅台特色”食品类“校企一体、产教融合”人才培养提供了有力支撑，实现产教高效双循环。（图 7–2）

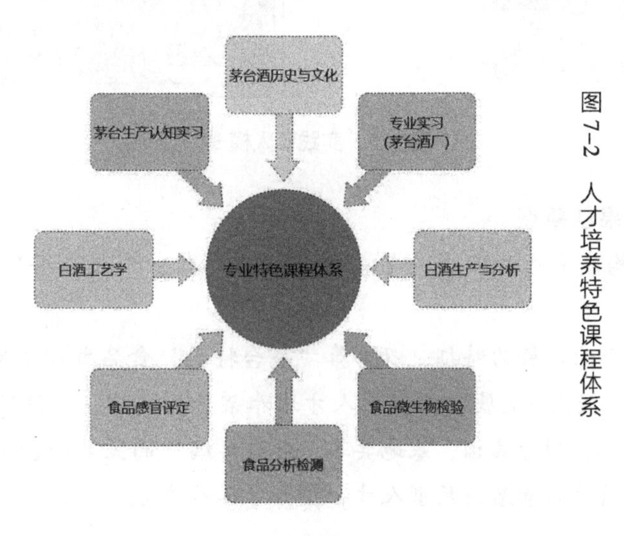

图 7–2　人才培养特色课程体系

（三）整合优势资源，夯实平台支撑

联动校内外优势资源，共建高阶平台。联合校内外单位申请创建了贵州省保健酒酿造工程研究中心、特色食品资源综合利用技术创新平台、贵州特色食品资源开发及综合利用工程研究中心、特色食品资源利用人才基地和14个产教融合基地等“酒+食品+”高阶平台。

打破专业壁垒，发挥平台效能。联合校内其他专业师生密切合作，参加农产品创新创意大赛、食品专业工程实践训练综合能力竞赛、“互联网+”大学生创新创业大赛、“挑战杯”大学生学术科技竞赛、创业训练项目等，创建“酒+食品+”实践新模式，凸显平台育人的新成效（图7-3）。

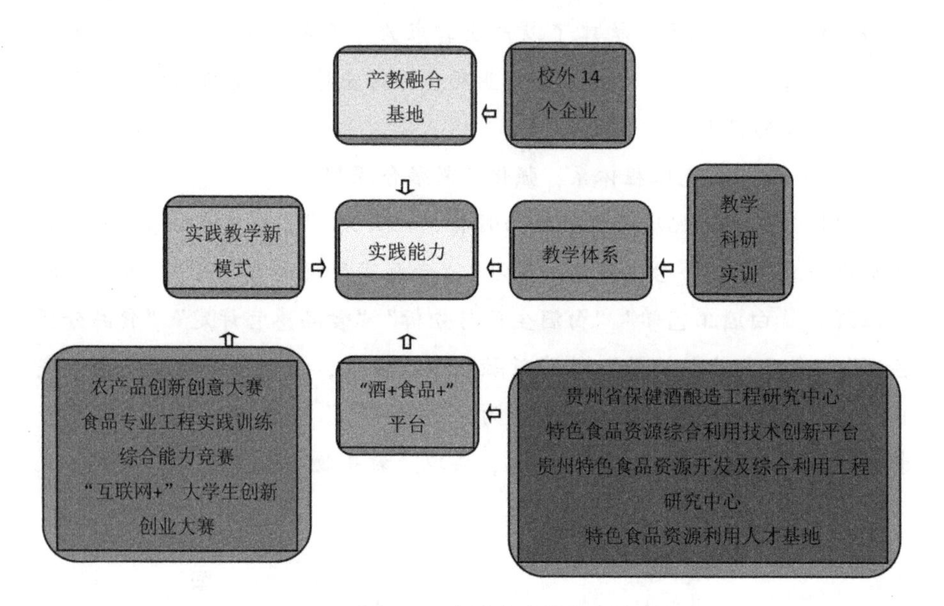

图7-3　实践育人模式

四、成果创新点

（一）构建了产业需求为导向的“校企一体、产教融合”人才培养模式

以顺应产业发展为特征，以培养“茅台特色”食品类人才为核心，以“固基-强本-提能-发展”四层次人才培养架构为支撑，创设了“专业共建、课程共担、师资共训、基地共享、教材共编”的五共产教融合人才培养新路径，培养高素质应用型人才，提升了学生自主学习能力、实践应用

能力和创新创业能力，构建了以产业需求为导向的“校企一体、产教融合”人才培养新模式。该模式为行业培养高素质人才提供了有力保障，赋能产业高质量发展。

（二）创建了茅台特色课程和产教融合课程体系

以提升课程匹配度与时效性为目标，开发茅台特色课程和产教融合课程体系，该体系解决了特色不突出、产教融合不深入的关键问题，为食品类“校企一体、产教融合”人才培养提供了有力支撑，实现产教高效双循环。

（三）创建了“酒+食品+”实践育人平台

以促进酒业及食品产业链的优势学科交叉融合为特征，以提升平台高阶性为目标，建设了贵州省保健酒酿造工程研究中心、茅台学院特色食品资源综合利用技术创新平台、贵州特色食品资源开发及综合利用工程研究中心、茅台学院特色食品资源利用人才基地、14 个产教融合基地等“酒+食品+”平台。该平台解决了实践育人成效不显著的关键问题，促进人才培养与产业发展的深度融合。

本成果以产业需求为导向，创新课程体系，夯实支撑平台，构建与实践了茅台特色的食品类“校企一体、产教融合”人才培养新模式，实践效果显著，受益面广，具有鲜明的创新性、可操作性，引领示范推广价值高。

五、推广应用情况和影响力

（一）专业与平台建设

获批食品质量与安全校级一流本科专业建设点 1 个、2022 年校内专业评估食品科学与工程专业获得良好评价、食品科学与工程专业教研室获得学校 2022—2023 学年优秀教研室，获批建设贵州省保健酒酿造工程研究中心（省级）、特色食品资源综合利用技术创新平台（省级）、贵州特色食品资源开发及综合利用工程研究中心（厅级）、特色食品资源利用人才基地（市级）4 个平台，建设校外 14 个产教融合基地。

（二）师资与团队建设

专任教师增加为 35 人（硕博比 100%，引进博士 17 名，培养博士 4 名），其中教授 3 人、副教授 14 人，校级优秀教师 5 人、仁怀市优秀教师

5人、校级“我心目中的好老师”6人；双师型教师13人；校级教学团队“食品工程教学团队”“食品分析与安全教学团队”“食品营养与毒理教学团队”3个，遵义市管专家1人、贵州省黔南州专家服务团项目帮扶专家1人，遵义市科技特派员2人。

（三）课程与教材建设

获批省级金课“食品营养学”“高压蒸汽加热灭菌及参数优化虚拟仿真实验”2门，获批校级“金课”（一流课程）建设项目3门，在学银在线建设有线上课程“食品分析”1门；参编教材《食品工业技术经济学》1部，正在编写《食品分析》《贵州特色食品概述》校本教材。

（四）教研教改成果

获学校校级教学成果一等奖1项、三等奖1项；贵州省高等学校教学内容和课程体系改革项目4项、厅级教改项目2项、校级教改项目4项；发表教研教改论文10余篇；积极开展教学范式改革项目获得良好评价4门次、合格评价1门次。

（五）人才培养成效

3届毕业生500余人，毕业生初次就业率85%以上，年底就业率95%以上，茅台集团就业100余人，其余大部分在贵州、四川酒厂及国内大型食品企业就业；研究生升学2021届2人、2022届16人、2023届15人；获批创业训练项目国家级2项、省级4项，本科生参加“互联网+”等省级以上大赛获奖10余项。

（六）推广应用情况

通过国内食品相关会议及校际会议等进行成果交流与分享，相关举措被贵州大学、贵阳学院、西南大学、信阳农林学院、西华大学、成都大学等兄弟院校关注。

2021年承办贵州省第二届大学生农产品创新创意大赛，13所院校近300名学子同台竞技，开展农产品创新创意比赛。大赛关注人数累计超万人次，为促进校企合作、资源共享及协同育人提供范例。

第八章　专业评估

应用型本科高校食品科学与工程专业开展专业评估工作，旨在全面提升教育质量，确保专业培养紧密贴合社会实际需求，构建科学有效的质量保障体系。专业评估工作不仅可以规范专业建设的流程与管理机制，还可以推动教学改革，深化内涵式发展，强化教育主管部门的监管职能和指导作用。专业评估工作可以有效提升专业自我改进和自我完善的能力，增强专业的社会认可度和影响力，还为区域经济社会的发展提供有力的人才保障，是推动教育内涵式发展的重要举措。

第一节　学士学位授权评估

一、贵州省学士学位授权与授予审核管理办法（试行）

贵州省学士学位授权与授予审核管理办法（试行）的出台，标志着贵州省在高等教育领域迈向一个新的里程碑。该政策旨在规范学士学位授权与授予的流程，提升学位授予质量，并推动高等教育内涵式发展，为贵州省的高等教育健康发展提供坚实的制度保障。

（一）目的与指导思想

制定贵州省学士学位授权与授予审核管理办法（试行）的核心目的在于改进和加强贵州省学士学位授权与授予管理工作，确保学位授予的严谨性和公正性。同时，该政策旨在通过提高学士学位授予质量，推动高等教育内涵式发展，为贵州省的经济社会发展提供有力的人才支撑。

在指导思想方面，该政策坚持完善制度、依法管理、保证质量、激发活力、分类评价、严格审核的原则。这些原则共同构成贵州省学士学位授权与授予审核工作的基本准则，为各项工作的顺利开展提供有力保障。

（二）学位授权审核管理

学位授权审核是贵州省学士学位授权与授予工作的关键环节。该政策明确规定，学位授权审核分为新增学士学位授予单位授权审核和新增学士学位授予专业授权审核。对于新增普通本科高校和本科专业，需向省学位委员会提出授权申请，并依据相关评审指标体系开展授权审核工作。这一举措有助于确保新增授权单位和专业的质量和水平，为贵州省高等教育的发展注入新的活力。

（三）审核程序

审核程序是贵州省学士学位授权与授予工作的重要环节。该政策详细规定了审核程序，包括申请、评审（预评估和正式评估）、评审组织、评审内容与方式、评审专家组成以及评审结果的公布。申请增列为学士学位授予单位（专业）的高校需在招生当年12月前提出申请，并报送相关材料。这一流程确保审核工作的规范性和公正性，为学位授予的严谨性提供有力保障。

（四）评审内容与方式

评审内容是贵州省学士学位授权与授予审核工作的核心。该政策明确评审内容涵盖办学指导思想、师资队伍、教学条件及利用、培养过程、教学质量保障等多个方面。这些内容的评审有助于全面了解申请单位的办学实力和水平，确保学位授予的质量。

在评审方式方面，该政策采用实地评审和会议评审相结合的方式。实地评审有助于深入了解申请单位的实际情况，会议评审则能更全面地评估申请单位的综合实力。评审过程包括听取汇报、实地考察、查阅资料及评审专家组合议等环节，确保评审结果的准确性和公正性。

（五）学位授予管理

学士学位按学科门类授予，授予单位需明确学士学位授予标准、审核程序、决议程序及组成机构。在评审前，授予单位需将以上材料报省学位办核准后实施。这一规定有助于确保学位授予的规范性和严谨性，避免出现学位授予不当的情况。

（六）学位授予程序

普通高等学校授予全日制本科毕业生学士学位的程序严格规范。学校需依据学校授位标准审查毕业生是否符合学士学位授予条件，符合条件的列入学士学位授予名单。最后由学校学位评定委员会作出是否批准授位的决议。这一流程确保学位授予的合规性和公正性，维护学位的权威性和尊严。

（七）辅修学士学位

具有学士学位授予权的普通高等学校可向本校符合学位授予标准的全日制本科毕业生授予辅修学士学位。这一规定为学生提供更多的学习选择和机会，有助于提升学生的综合素质和竞争力。同时，辅修学士学位的授予也有助于拓宽学生的知识面和视野，为其未来的职业发展打下坚实的基础。

（八）实施与解释

《贵州省学士学位授权与授予审核管理办法（试行）》自实施之日起执行，由贵州省人民政府学位委员会负责解释。这一规定明确了政策的实施主体和解释权归属，有助于确保政策的顺利实施和有效执行。同时，政策还强调监督与检查的重要性，要求各级教育行政部门和高校加强对学位授权与授予工作的监督和管理，确保政策的落实和效果。

《贵州省学士学位授权与授予审核管理办法（试行）》的出台对于规范学位授权与授予流程、提升教育质量具有重要意义。它不仅明确学位授权的申请条件、审核程序和评审标准，还规定学位授予的具体要求和程序。通过这一办法的实施，有望进一步提升学士学位的含金量，促进贵州省高等教育质量的整体提升。同时，该政策也为贵州省的高等教育内涵式发展提供有力的制度保障和支持。

二、贵州省普通高等院校新增学士学位授予专业授权评审指标体系

（一）专业建设及人才培养

专业设置及建设规划：专业设置满足国家、省经济社会发展对专业人才的实际需要，符合学校办学定位和专业布局结构的要求，论证合理充分。专业建设规划科学、合理，能有效指导专业建设；专业建设措施有力，落实情况好，建设有成效，初步形成专业特色。

人才培养目标：全面贯彻党的教育方针，落实立德树人根本任务，将学生培养成有信念、有纪律、有品行、有作为的能担起民族复兴重要使命的时代新人。专业人才培养目标明确、有特色，符合国家、地方及行业发展的人才需求，专业基础扎实并掌握专业技术技能。专业人才培养目标与学校人才培养总目标相契合，能体现学校办学定位和特色。积极培养能创新、勇担当、可适应、会合作的德智体美劳全面发展的社会主义建设者和接班人。

人才培养方案：坚持以学生为本，以能力培养为导向；在符合《普通高等学校本科专业类教学质量国家标准》（以下简称《国标》）的基础上，充分结合国内外专业认证标准、行业从业标准等重要规范；能够支撑学校及专业人才培养目标的达成；具有广泛而深入的市场需求调研基础；与学校总的人才培养方案制定指导思想相一致。课程模块及课程设置科学合理，学分（学时）符合《国标》要求或相关行业标准；课程体系与知识结构层次分明、比例协调，符合人才培养目标；各培养环节联系紧密，能够承载知识、能力、素质培养的具体要求；根据专业特点，坚持通识教育与专业教育相结合，鼓励特色发展；实践教学学分（学时）设置合理，其中人文社科类专业实践教学学分（学时）占总学分（学时）比例不低于

20%，理工农医类专业实践教学学分（学时）占总学分（学时）比例不低于25%，师范类专业教育实践不少于18周。培养过程严格执行既定的人才培养方案，执行情况良好；能根据培养过程中的实际需要和发展要求，按程序科学合理地调整、优化人才培养方案。

（二）师资队伍

数量与结构：专业教师配备数量满足本专业《国标》要求，能达到专业教学需要；师资队伍的专业背景与本专业相关，学历、学缘、年龄、职称等结构合理，规模适当，稳定且发展趋势良好；专任教师中具有硕博学位和高级职称教师比例达到各专业《国标》要求。专业课程主讲教师100%具备主讲教师资格，90%以上具有讲师及以上专业技术职务或具有硕士、博士学位，并通过岗前培训。高级职称教师100%承担本科课程；由高级职称教师授课的课程占课程总数的比例不低于50%。

师德师风水平：教师有良好的师德修养和敬业精神，能尽职履行教师岗位职责，主动开展课程思政，完成教书育人使命。教师遵守学术道德规范，严谨治学，从严执教，为人师表。

教学水平：专业负责人具有正高职称或具有博士学位的副高职称，学术水平较高，具有一定学术影响力，有相对稳定的研究方向，主持过省部级及以上科研、教研项目，有一定数量的研究成果（包括专著、论文、专利等）；教师教学水平达到教学各环节质量标准要求，教学效果较好，学生满意。

科研水平与社会服务：50%以上的教师参与各级科研项目。教师有一定数量论文发表，有收录于核心期刊及以上层次的论文，或有出版专（编）著（含教材、译著），或有专利、有科研成果转化；有获得国家级、省部级、市厅级等各级科研奖励。积极开展社会服务工作，成效显著。

师资队伍建设：制定有详细可行的师资培养规划及相关政策制度，有促进中青年教师学历提升、业务水平提高和职称晋升的有效机制和措施。规划和制度落实到位，教师发展成效明显。

（三）教学资源与利用

专业实验室：有科学可行的实验室建设规划，能根据实际需要新增实验室。专业实验室配备完善，设施先进，能满足师生实验教学及科研需求，学生实际使用面积超过 3.0m²/人或满足该专业《国标》要求；实验室使用合理，利用率高；制定有完善的实验室管理规章制度。

仪器设备：现有仪器设备基本能满足实践（验）教学需求，利用充分。逐年新增教学仪器设备值达 15%以上或达《国标》要求。

图书资源：本专业的图书文献资料（包括学校图书馆藏书和专业资料室藏书）丰富，能满足教学、科研需要。本专业图书资源利用充分。

社会资源：有一定数量的校内外实践教学基地，建设完善，能满足实践教学需求，利用充分；有开展校企、校校、校地等合作。社会资源丰富，利用率高，能够在本科人才培养中充分发挥作用。

（四）培养过程及管理

课程建设：课程建设规划科学合理，落实良好，成果显著，有校级及以上精品课程；教学资源能满足本专业人才培养需求，有利于提高学生综合素质、专业能力和创新创业精神的培养；能根据教学计划开出本专业全部课程。构建思政课与专业课程同向同行的“大思政”教学体系；思政课程开课数量充足，教学形式多样，统一使用“马工程”教材；注重课程思政建设，把思想政治教育贯穿课程教学全过程。教材均使用国家规划的重点教材、教育部推荐的优秀教材或学科领域公认的优秀教材，有一定数量省部级及以上获奖教材，建设有符合学校特色发展需要的校本教材。

课堂教学：教学过程组织规范，教学秩序良好。教学内容符合教学大纲要求，同时能体现学科前沿和最新成果，能有效支撑课程目标实现；教学方法多样化，现代信息化教学手段及工具普及率高，能灵活运用案例教学、探究教学、翻转教学、互助教学等教学方法，体现以学生为中心，注重学生创新精神培养，效果良好。教学目标达成度高，课堂教学效果好，学生收获多、满意度高。

实践（验）教学：实践（验）教学体系设计科学合理，符合人才培养目标及要求，与专业标准相适应；实践（验）教学项目设计中验证性、综合设计性、探究创新性等层次的实验内容比例合理。根据培养方案、教学计划、教学大纲等，完整、有序开展实践（验）教学；实验开出率达100%，有一定数量的综合性、设计性实验，开展了创新实践活动；指导教师数量充足且结构合理，有一定数量的“双师型”教师。

第二课堂：第二课堂总体规划合理，目标明确，形式多样，能与第一课堂深度融合；实施过程组织规范有序，成效显著。管理科学，指导认真，能客观记录学生活动开展情况；有第二课堂学分认定制度，有多元化的学生评价体系。

教学管理与质量保障：教学管理队伍结构合理，素质高，能够按照学校教学管理制度组织教学活动，秩序良好；教学计划、教学大纲、课堂教学、各类教学实践、成绩考核、教材选用等教学组织符合《国标》要求。建立科学合理的全过程、多方位教学质量监控体系，运行有效，成效显著。有建立信息反馈机制，反馈及时；有教学质量持续改进机制和措施，能够有效改进教学质量，成效显著。

教学研究与改革：有教学研究与改革计划，积极围绕专业人才培养组织开展教研、教改活动；有激励和保障机制，配套措施有力，执行良好。近三年来，有申报、承担一定数量的校级及以上教改项目；有发表教改论文，有省市级及以上奖励，成果有应用。

（五）学生发展

生源结构：生源结构合理，生源质量整体较高，生源结构和特征与专业符合度高。

学生指导与服务：全方位开展贫困生资助、心理健康教育及咨询、创新创业教育等学生指导与服务。学生指导与服务运行保障体系健全，建立学生指导服务系统反馈机制，学生满意度高。

学风与学习效果：学风建设规划科学合理，体系建设完善，实施效果好，教风优良、考风严肃，学习氛围良好，经常举办学术讲座，注重文化环境建设，激励机制发挥有效。学生遵守校纪校规，学习态度端正，思想道德素质好，学习风气好；学生综合素质全面发展，重视自身成长，成绩较好，育人效果良好，满意度高。毕业设计（论文）整个环节有制度、有规范，执行严格；选题能紧密结合本专业实际或研究动态、热点问题，设计（论文）规范合理，基本符合培养目标要求，达到综合训练的目的；严格执行国家及学校毕业设计（论文）管理相关规定及要求；指导教师学术水平较高，指导任务分配合理，指导过程管理严格。学生各类课程和主要教学环节的考核成绩分布合理，达到教学基本要求；学生具备基本的专业素养，知识结构合理，专业知识面较宽，充分掌握专业基本理论与技能；具有良好的职业态度、行为和能力，具备从事本专业相关岗位的职业精神和职业能力。学生思想政治教育和文化素质教育得到保证，德智体美劳全面协调发展，效果明显；本专业的生源质量好，各种能反映学生综合素质的认可程度良好；学生身心健康，学科视野开阔，行业适应面宽，具有创新创业精神与实践能力。

就业与发展：有完备的学生就业发展机制；全过程、全方位开展学生就业指导。

案例 8-1

贵州省普通高等学校新增学士学位授权专业评估
食品科学与工程专业自评报告

一、专业建设概况

食品科学与工程专业 2019 年获教育部批准设立招生，全面贯彻党的教育方针，坚持立德树人，依托茅台企业优质平台和地方特色食品产业，探索“产教融合”课程体系和人才培养模式，实施差异化办学，逐步构建基于学习产出的现代工程教育模式核心的人才培养体系，培养适应酒产业和贵州特色食品产业经济发展需要的技术应用型人才。

主持的教科研项目 24 项，总经费 143 万元。发表学术论文 26 篇；专利 4 项。校内专业实验室面积 1552.95m^2，仪器设备价值 900 余万元；依“就近规模规范”原则，建立产教融合基地 15 个。

在建省级平台有“贵州省保健酒工程技术中心”“贵州特色食品技术创新平台建设”，地厅级有“遵义市特色食品资源”人才基地。

二、专业建设成效

（一）专业建设及人才培养

1. 专业设置及建设规划

（1）专业设置

多次对茅台酒厂、仁怀市、遵义地区乃至西南区域的食品行业人才需求进行市场调研，比较国内其他高校相同专业的人才培养模式与课程开设情况，结合社会需求进行专业定位，设置食品科学与工程专业。食品科学与工程专业立足酒业，服务贵州特色食品产业，围绕酒产业和地方特色食品经济发展的需求，开展教学科研工作、人才培养与服务社会。

学校秉承“德才兼备、承创并举、酿理通融、知行合一”的办学理念，坚持“小、精、高、特、开”的办学策略，以“厚德、博识、善酿、笃行”为校训，致力于培养服务酒行业和地方经济可持续发展的高素质、应用型人才。年轻而又朝气蓬勃的学校，正朝着与“茅台”品牌相适应、“行业一流、世界知名”应用型大学的办学目标阔步前进。

酒是食品科学与工程的重要组成部分，开设本专业符合地方经济发展，尤其是酿酒产业发展对掌握食品科学和工程技术人才的需要，符合学校办学定位和专业布局结构的需求。

（2）专业建设规划

《2021—2025年专业建设规划》提出了专业建设、课程建设、师资队伍建设、教学条件建设、科技创新及服务建设、制度建设等建设目标。到2025年，启动“卓越工程师教育培养计划”；招生年均90人；力争获批省级1—2门重点/特色课程，校级3—5门；创建产教融合基地10个以上；力争获批省部级重点实验室或实践教学平台1个；引博5—10名，建省级科技创新团队1个；学科带头人1—2人，骨干教师3—5人；重点围绕酒产业和贵州战略性新兴产业发展需要的关键核心技术领域，产出具有重要影响的科研成果，力争科研经费累计达800万元，三大检索（ISTP、EI、SCI）论文20—30篇，国家级项目再突破；发明专利8—15件，50万元以上横向项目零的突破；省级教改项目2—3项；加强规章制度建设。

2. 人才培养目标

(1) 思想政治目标

以习近平新时代中国特色社会主义思想为指导，全面贯彻党的教育方针，坚持立德树人根本任务，培养适应食品行业（特别是酒类相关食品行业）和社会经济发展需要的，着力培养具有良好的职业道德、强烈的爱国敬业精神、社会责任感和丰富的人文科学素养，具有良好的质量、环境、职业健康、安全和服务意识的食品科学与工程类高素质应用型人才。

思想政治目标全面贯彻了党的教育方针，落实立德树人根本任务，培养有信念、有纪律、有品行、有作为的能担起民族复兴重要使命的时代新人。

(2) 专业能力目标

具备化学、生物学、物理学、营养学和工程学等基础理论与知识，系统掌握食品科学与工程领域的基础知识、基础理论和专业技能，具有独立获取知识、提出问题、分析问题和解决问题及创新能力，能在食品生产、加工流通企业和食品科学与工程有关的研究、进出口、卫生监督、安全管理等部门从事食品或相关产品的科学研究、技术开发、工程设计、生产管理、设备管理、品质控制、产品销售、检验检疫、技术培训等方面的工作，具有宽广知识面、多领域适应能力的食品科学与工程专业相关领域应用型人才。

(3) 综合素质目标

培养能够适应食品行业（特别是酒类相关食品行业）和社会经济发展需要的，具备良好的人文、科学、职业素养以及语言文字规范意识和应用能力，具有一定的中国优秀传统文化及酒文化底蕴，具有较强的学习、表达、交流和协调能力，能创新、勇担当、可适应、会合作的德智体美劳全面发展的社会主义建设者和接班人。

3. 人才培养方案

(1) 培养方案制定

以教育部 2018 年公布《食品科学与工程类教学质量国家标准》和《高校思想政治工作质量提升工程实施纲要》（教党〔2017〕62 号）的要求为基本要求，结合地方发展规划、酒业和食品产业对人才需求，参考工程教育专业认证指标要求，在充分调研国内食品类企业对人才的需求及国内同类院校食品科学与工程专业的实际情况，结合学校办学特色和目标定位，制定了《2019级食品科学与工程专业本科人才培养方案》（通过专家评审），2020年再优化修订制定了《2020级食品科学与工程专业本科人才培养方案》，2021年再次进行调整完善制定了《2021级食品科学与工程专业本科人才培养方案》，2022年进一步完善制定了《2022级食品科学与工程专业本科人才培养方案》。培养方案以学生为本，以能力培养为导向，从培养要求、学制与学位、课程体系等多方面予以严格要求，在专业能力、方法能力和社会能力方面有明确的要求规定，能够保证人才培养效果。

（2）课程设置

课程设置分为公共基础类、通识教育类、学科平台类、专业平台类、实践教学环节及综合素质拓展等六个平台类。本方案总学分为172，其中实践学分占33.58%，学生修满172学分，成绩合格方可毕业；符合学位授予条件的授予工学学士学位。课程结构及学分、学时分配见表8-1。

表8-1　课程结构及学分、学时分配

<table>
<tr><th></th><th colspan="2">课程类别</th><th>课程性质</th><th>学分</th><th>总学时</th><th>其中实践学时</th><th>学分比例（%）</th><th>备注</th></tr>
<tr><td rowspan="11">通识教育课（77学分）</td><td rowspan="7">思想政治课及公共基础课（61学分）</td><td>思想政治（17学分）</td><td rowspan="6">必修</td><td rowspan="6">54</td><td rowspan="6">944</td><td rowspan="6">216</td><td rowspan="6">31.39</td><td rowspan="7"></td></tr>
<tr><td>外语（16学分）</td></tr>
<tr><td>数学（12学分）</td></tr>
<tr><td>体育（4学分）</td></tr>
<tr><td>物理（4学分）</td></tr>
<tr><td>计算机技术（1学分）</td></tr>
<tr><td>集中实践环节（7学分）</td><td>必修</td><td>7</td><td>192</td><td>192</td><td>4.07</td></tr>
<tr><td rowspan="4">通识选修课程（16学分）</td><td>限选课（8学分）</td><td>限选</td><td>8</td><td rowspan="4">260</td><td>0</td><td rowspan="4">9.30</td><td rowspan="4"></td></tr>
<tr><td>人文艺术类（4学分）</td><td rowspan="3">任选</td><td rowspan="3">8</td><td rowspan="3">0</td></tr>
<tr><td>社会科学类（2学分）</td></tr>
<tr><td>自然科学类（2学分）</td></tr>
</table>

续表

课程类别		课程性质	学分	总学时	其中实践学时	学分比例(%)	备注
学科平台课（35 学分）	平台课（33 学分）	必修	33	592	220	19.18	
	集中实践环节（2 学分）		2	48	48	1.16	
专业课程（60 学分）	专业主干课（26 学分）	必修	26	416	56	15.12	
	专业选修课（16 学分）	选修	16	256	-	9.30	
	集中实践环节（18 学分）	必修	18	320	320	10.47	
合　计			172	3028	1052	100	
综合素质拓展（8 学分）		自主	8	-	-		

注：本专业实践教学学分占总学分的 33.58%，学科平台课的实验及实践学分占该类总学分的 27.27%，专业课程（不含选修课）的实验及实践学分占该类总学分的 37.23%。

（3）方案执行与调整

本专业培养过程严格执行既定的人才培养方案，执行情况良好。2019 年首批学生招生，执行《2019 级食品科学与工程专业本科人才培养方案》，执行 1 年后，调整了培养方案，2020 级执行《2020 级食品科学与工程专业本科人才培养方案》后者调整了部分课程的开设，2021 级执行《2021 级食品科学与工程专业本科人才培养方案》，后者加大产教融合育人力度。根据前三届培养方案执行情况的总结，对 2021 级培养方案进行了修订，在 2021 级人才培养方案的基础上进一步完善形成《2022 级食品科学与工程专业本科人才培养方案》，2022 级人才培养方案更注重能力素质的培养。

（二）师资队伍

1. 数量与结构

（1）数量与结构

食品科学与工程专业现共有专任教师 21 人，目前食品科学与工程专业在读学生 419 人，生师比为 20 : 1，基本符合《国标》对师资队伍数量和结构生师比要求。具体师资队伍结构组成见表 8-2。

表 8-2 师资队伍结构组成

职称	合计	30 岁以下人数	31 至 45 岁人数	46 至 60 岁人数	60 岁以上人数	具有博士学位人数	具有硕士学位人数
正高	3	0	2	1	0	1	1
副高	16	5	8	2	1	8	7
中级	2	1	1	0	0	0	2
初级	0	0	0	0	0	0	0
合计	21	6	11	3	1	9	10

专任教师硕博学位占 90.5%；正高级占 14.3%、副高级占 76.2%、中级占 9.5%、初级占 0%。师资队伍的职称、学位和年龄结构比较合理。

(2) 主讲教师资格

专业课程主讲教师 100%具备主讲教师资格，90.5%具有硕士、博士学位，100%具有讲师、副教授、教授专业技术职称，并通过岗前培训。

(3) 高级职称教师承担课程情况

食品科学与工程专业共有高级职称教师 19 人，高级职称教师 100%承担本科课程；由高级职称教师授课的课程占课程总数的比例达到了 85%以上。

2. 师德师风水平

(1) 职业道德

学校及系部高度重视本专业师德师风工作，把师德师风工作建设纳入系部工作的重要议事日程。构建师德师风建设长效机制，把师德师风建设融入学校及系部日常教学、科研、管理和服务工作中，制定了教师师德师风考核制度，在师德师风考核中实行“一票否决”制度，实现师德师风考核制度化和规范化。系部先后多次召开师德师风水平建设工作专题会议，研究落实师德师风建设工作的各项任务，利用老师培训、教职工会议组织教师学习《新时代高校教师职业行为十项准则》《教育部关于高校教师师德失范行为处理的指导意见》《教育部关于深化本科教育教学改革全面提高人才培养质量的意见》《习近平在全国高校思想政治工作会议上发表重要讲话》等重要相关文件，加强教师的职业形象、职业责任、职业纪律和法制教育，提高师德修养，规范从业行为。通过学习，使爱岗敬业、团结协作、遵纪守法，乐于奉献的良好师德师风作为教师的自觉行为。同时，要求教师在平时的教学工作中时时严格要求自己，时时自我反省，做好学生的表率，提高教师的思想政治觉悟。在课堂教学中积极主动开展课程思政教育，做好教书育人使命与职责。

（2）治学态度

食品科学与工程专业教师都能够遵守学术道德规范，严谨治学，从严执教，为人师表。未出现教学事故，未出现学生及其他教师反馈有关治学态度方面的问题。

吴广辉获得2022年度仁怀市优秀教师，校级优秀教师，2020年贵州省高校非思政课教师“课程思政”教学大比武——校级选拔赛三等奖、校级第三届青年教师教学技能大赛优秀奖等。

3. 教学水平

（1）专业负责人

专业负责人：吴广辉，副教授，硕士研究生，中共党员，食品科学与工程教研室主任，2005年食品科学与工程专业本科毕业，2008年农产品加工及贮藏工程专业硕士研究生毕业，“河南省综合评标专家库评审专家”“河南省政府采购专家库评审专家”“河南省食盐定点批发企业审核专家”“河南省农产品加工技术专家”“漯河市工业和信息化专家库评审专家”等；获得“河南省教育厅学术技术带头人”“漯河市专业技术拔尖人才”“漯河市青年拔尖人才”“漯河市优秀教师”等荣誉称号。有食品企业和高校工作经历，“双师型”教师，主编教材《食品原料学》《食品质量与安全》，主持省部级项目1项、市厅级项目1项、校级项目2项，参与省部级项目1项；第一作者（通讯作者）发表论文10篇（其中核心4篇）；获得省市教科研成果奖6项；获授权专利5项（其中发明专利2项、实用新型专利3项）；在中国大学MOOC主讲精品在线开放课程《肉制品加工技术》等。目前主讲课程“食品分析”“食品分析检测”“食品保藏学”等。

（2）教师教学水平

建立教学管理制度近30项，组织常规教学检查，专项能力提升（教学技能大赛），教师试讲（100%教师具有主讲教师资格）、说课、听课、教学研究等活动。开展同行互评、学生评教（参评率100%）、师生座谈会等教学质量活动。高级职称教师100%给本科生授课，授课课程超过50%，学生评教满意度较高。

获得学校第一届青年教师教学技能大赛获二等奖1项，学校第三届青年教师教学技能大赛获优秀奖1项，“2020年贵州省高校非思政课教师‘课程思政’教学大比武——校级选拔赛”三等奖1项，学校第二届全国高校教师教学创新大赛校级选拔赛优秀奖1项。

4. 科研水平与社会服务

(1) 科研项目

近年来，食品科学与工程专业教师共取得科研项目总经费143万，20项各级项目，其中围绕酒产业链和酒文化8项，有项目教师占教师总人数的85.7%，参与项目教师占教师总人数的100%，符合师资科研标准。

(2) 科研成果及奖励

近年来，专业教师共发表代表性学术论文26篇，其中SCI 7篇，核心7篇，专利4项；获得省自然科学三等奖1项；暂无科研资源转化为教学资源的案例。

(3) 社会服务

食品科学与工程专业教师为茅台技术开发公司开展质量与安全培训，150多人次参加，吴广辉多次为贵州食品中小型企业进行技术、质量管理、项目申报等方面的咨询服务，3位老师为遵义市科技特派员，这些教师的社会服务都为企业及地方经济的发展做出了一定的贡献。

5. 师资队伍建设

(1) 规划与制度

到2025年师资队伍规模总量达到35人左右，专任教师队伍规模总量达到30人左右。培养或引进2名具有一定影响的学术带头人，5名左右的学术骨干。力争每年派送1—2名教师参加由本学院、其他高校、省教育厅等举办的中青年教师培训进修提高项目。严格执行《引进博士实施办法》及《教职工攻读学历学位、进修访学管理办法》等制度，鼓励青年教师读博提升学历和通过培训提高教学科研水平。力争培养或引进多名专家学者，拥有较高学术水平的中青年学科带头人，拥有一批优秀骨干教师，基本建成一支结构优化、素质优良、适应学校定位、推动学院科研和学科全面发展的高水平的师资队伍。

积极开展青年导师制、“老带新”、新教师试讲、青年教师参加教育教学培训等方面来提高青年教师教育教学水平。

（2）教师发展成效

近几年，根据系部《2017—2020 年专业建设规划》《2021—2025 年专业建设规划》，教师发展成效明显，本专业青年教师参加岗前培训 12 人，外出培训、进修和学习交流 10 人次，教师职称晋升 8 人次，其中晋升高级职称 6 人次，青年教师成功晋升讲师 2 人次。通过岗前培训、任课试讲、教学技能大赛和对外交流培训，青年教师教育教学和科研水平得到极大提升。

（三）教学资源及利用

1. 专业实验室

（1）规划与建设

到 2025 年在现有实验室基础上将完善食品物理化学、食品工艺、食品分析检测、食品微生物、食品毒理学、食品贮藏、食品物性、食品包装、食品机械、食品感官分析、食品功能评价等实验室，教学仪器设备总值达 1500 万元，生均仪器设备值达 3.5 万元。

完善和规划建设贵州省保健酒酿造工程研究中心、贵州特色食品开发及综合利用工程研究中心、CNAS 食品质量检测中心和贵州省科技厅“特色食品资源综合利用创新平台建设”四个科研中心及平台建设，以下简称为“三中心一平台”。

（2）现状及利用

实验室面积为 1552.95m^2，生均 3.7m^2。有食品工艺、食品微生物、食品分析、食品化学、生物化学、食品安全检测与分析、食品微生物和食品工程原理实验室等。目前实验室实验设备基本齐全，可完成生物学、生物化学、微生物学、食品微生物检验等专业基础课和专业课的实验内容。

2. 仪器设备

（1）现有设备及利用

现有教学仪器设备总值达 923.6 万元，生均 2.2 万元。常用设备包括多功能饮料生产线、灌装机、绞肉机、搅拌机、双螺杆挤压膨化机、高频脉冲强光杀菌设备、烤箱、粉碎机、冷冻干燥机、质构仪、氨基酸分析仪、微波超声波提取仪、自动旋光仪、紫外分光光度计、显微镜、气相色谱仪、液相色谱仪、气质联用色谱仪、冷冻离心机、白酒蒸馏设备、超低温保藏箱（卧式）、灭菌锅、卧式摇床（250mL 托盘和 500mL 托盘）、发酵罐、超净工作台、培养箱等先进设备等先进精密仪器，能基本满足食品科学与工程专业主干课程的实验教学。

（2）新增设备比例

2019 年拥有设备价值 576 万元，2020 年采购设备价值 176 万元，新增 30.5%。2021 年采购设备价值 117 万元，新增 15.6%。2022 年采购设备价值 54.6 万元，新增 6.3%。教学实验室主要设备见表 8-3。

表 8-3 教学实验室主要设备

序号	主要教学设备	型号规格	台(套)数	购入时间
1	可录像显微镜	奥林巴斯 CX21BIM-SET6	1	2019
2	气相色谱仪	Agilent 7890A	2	2017
3	液相色谱仪	安捷伦 1260	2	2017
4	气质联用色谱仪	Agilent 7890A/5975C	1	2017
5	冷冻离心机	Thermo IEC CL31 05-376-321	4	2017
6	白酒蒸馏设备	WZTW100L-10000L	10	2017
7	超低温保存箱（卧式）	MDF-C2156VAN	1	2017
8	灭菌锅	DYML-S100A-3（100L）	5	2017
9	卧式摇床（250mL 托盘和 500mL 托盘）	欧诺 HNY-211B	8	2017
10	发酵罐	Winpact FS-01-VC（5L）	10	2017
11	果汁生产线	上海顺义	1	2019
12	焙烤设备	套	2	2019
13	流化床干燥实验装置	DB-GZLHC	1	2019
14	筛板精馏塔装置	DB-JL	1	2019
15	多功能果酒生产线	SW20180910-A	1	2019
16	维普尔自动测脂仪	SQ416	1	2019

续表

序号	主要教学设备	型号规格	台(套)数	购入时间
17	紫外可见分光光度计	UV-8000ST	2	2019
18	高温反压杀菌锅	RT-700	1	2019
19	发酵罐	MC-JSF-X	1	2019
20	显微镜	CX33	1	2019
21	农药残留检测仪	HHX-SJ24NC	2	2019
22	远红外食品烤箱	FD33-B	2	2019
23	全自动锤式旋风磨	JXFM110	1	2019
24	雷诺实验仪	LKJ14	4	2020
25	自循环伯努利方程综合实验仪	LJK09	4	2020
26	水泵综合实验装置	LJK04-II/4	2	2020
27	传热实验装置	HJK14	2	2020
28	三温区管式炉	OTF-1200X-III-S	1	2020
29	台式乳脂离心机	RZ-50	2	2020
30	电动机械搅拌器	RW20	6	2020
31	全自动氨基酸分析仪	Chromaster CM5510		2020
32	全波长酶标仪	Multiskan Sky	1	2020
33	质构仪	Universal TA	1	2020
34	微波合成工作站	MD8H	1	2020
35	冰箱	MPC-2V1006	1	2020
36	高频脉冲强光杀菌设备	Pulsed Light FD2000	1	2021
37	高压纳米匀质机	GA-20H	1	2022
38	高压输液泵	LC-20ADXR	1	2022
39	组合式振荡培养箱	ZQPZ-228	1	2022
40	全自动电位滴定仪	ZDJ-4B	1	2022
41	二氧化碳培养箱	MCO-170	1	2022
42	低温冷却恒温槽	DLK-2010	1	2022

续表

序号	主要教学设备	型号规格	台(套)数	购入时间
43	高速分散器	XHF-DY	1	2022
44	荧光计	Fluo-100	1	2022
45	阿贝折射仪	WYA-3S	1	2022
46	万分之一天平	PX224ZH-E	1	2022
47	匀浆机	T18	1	2022
48	浊度计	WZS-188	1	2022
49	超声波清洗机	SB25-12DT	1	2022
50	超净工作台	SW-CJ-1CU	1	2022
51	细胞存储液氮罐	YDS-35-125	1	2022
52	紫外消毒柜	BJPX-SV200	1	2022
53	移液枪	Research plus	1	2022
54	电导率仪	DDS-307A	1	2022
55	手持糖量计	WZS50	1	2022
56	电热套	98-I-CN	1	2022

3. 图书资源

(1) 现有图书资源

截止到2023年2月，图书馆共有食品类专业相关中文图书共22866种，84158册，电子图书345882种；外文图书20种，182册，外文图书29种（含电子）23种，596册；图书信息中心现有专业数据库：中国知网、万方数据、维普资讯等。

(2) 图书资源利用

2019年全年借阅量1828册，2020年至今借阅量为1600册，2021年至今借阅量为1700册，2022年至今借阅量为1400册，中国知网使用量2199732次，下载量20516次，万方数据使用量9941次。

4. 社会资源

(1) 实践教学基地建设及利用

食品科学与工程专业已建成校外实训基地15个，良好的产教融合模式为学生认知实习，专业实习，实践课程的开设、应用型技术人才的培养提供有力保障。校内实训基地：食品工艺实验室、食品分析检测实验室可以进行相关项目的实践教学。校外实习实训基地见表 8-4。

表 8-4　校外实习实训基地

序号	基地名称	建立时间	接收学生规模	是否有协议	承担课程名称
1	茅台集团制酒各车间	2019. 08	150	有	食品工艺学 白酒工艺学 茅台生产认知实习 专业实习
2	茅台集团制曲各车间	2019. 08	150	有	茅台生产认知实习 专业实习
3	茅台集团包装车间	2019. 08	150	有	白酒工艺学
4	茅台集团质量部、酒库	2019. 08	150	有	专业认知实习、专业实习
5	茅台集团技术中心	2019. 08	150	有	专业认知实习、专业实习
6	贵州茅台（白酒）检测实验室	2019. 08	150	有	白酒工艺学
7	贵州茅台酒股份有限公司和义兴分公司	2019. 08	150	有	专业实习
8	贵州习酒投资控股集团	2019. 08	150	有	白酒生产技术
9	茅台集团保健酒业公司	2019. 08	150	有	专业认知实习
10	贵州遵义市天阳食品有限公司	2019. 7	150	有	专业认知实习
11	贵州山珍宝科技开发有限公司	2019. 7	150	有	专业认知实习
12	贵州省产品质量监督检验院	2019. 7	150	有	专业认知实习
13	贵州湄潭兰馨茶业有限公司	2019. 7	150	有	专业认知实习
14	娃哈哈贵阳分公司	2020. 7	150	有	专业认知实习
15	贵州恒力源天然生物科技有限公司	2020. 5	150	有	专业认知实习

(2) 社会资源引进及利用

与贵州茅台集团保健酒业有限公司共建“保健酒工程中心”，保健酒业公司提供资金，场地，技术人员，满足了“白酒工艺学”学生实践教学的需求，中心为教师学生进行应用型科学研究提供优良平台，中心开展了大鲵保健酒系列研究、枸杞桂圆保健酒工艺及保质期等系列研究，取得了显著的成果。

(四) 培养过程及管理

1. 课程建设

(1) 课程建设规划与资源

本专业课程建设在已有课程建设的基础上，启动金课、精品课程建设工程，其中“食品营养学”“食品分析”课程已获校级“金课”课程建设项目，“食品营养学”“食品工程原理”获得省级金课建设项目，“食品分析检测”“食品感官评定”课程为产教融合课程邀请企业行业人员参与教学，教学模式上采用教学过程对接生产过程课程体系；设置多种选修课程和素质提升模块，注重课程、实践考核与职业人才评价标准有机衔接，学位授予与相应职业资格证书的有效衔接，要求学生至少考取 1 项国家职业资格证书，确保学生实现毕业具有双证书的目标。

(2) 思政课程与课程思政

按国家和教育部要求开足、开满“思想道德修养与法律基础”“中国近现代史纲要”“马克思主义基本原理概论”“毛泽东思想和中国特色社会主义理论体系概论”“形势与政策”课 5 门大学生必修国家思想政治理论课程，教材均选用 2018 版“马工程”教材。

在开展的专业课程教学过程中强化课程思政和专业思政，强化教师的立德树人意识，推动高校全面加强课程思政建设的方针，打造一批课程思政模范课堂，形成专业课程教学与思想政治理论课程教学紧密结合、同向同行的育人格局。

(3) 教材建设

在教材选用上，各门课程参照教学大纲要求和规定，优先选用近 3 年出版的“国家规划重点教材”“面向二十一世纪课程教材”或各级优秀教材，以保证教材的先进性和前瞻性，其内容能够代表本课程的最新发展。

本专业采用“产教融合、校企协同育人”的人才培养模式，校企共同设计课程体系和开发课程资源，资源共享（人力、设备、基地等），针对专业课程规划以及办学特点，以下课程采用了专业教师自编讲义教学：“食品分析与检测”“饮酒与健康”等教学效果较好。

2. 课堂教学

（1）教学组织

严格按照培养方案开设课程，教学计划、教学进度严格按照教学大纲执行。开学前教研室制订工作计划，提出学期的工作任务安排、教学工作要求，对教师的教学工作准备情况进行检查，审核教学大纲、教学日历和教案等教学文件。本专业课堂教学组织情况较好，调停课次数少，按照学院要求进行试讲、检查教学要件、系部领导抽查听课。系部领导定时召开教学工作例会，教学工作会议，任课教师座谈会，学生学习情况座谈会，开展师德师风教育会，学生诚信考试教育培训组织系部老师开会讨论教学，经验丰富的老师向新老师传授经验，组织青年教师进行试讲，做到课堂教学人人过关。开展开学初期、期中、期末“三检查”。

（2）教学内容与方法

教学内容严格按照人才培养方案，制定教学大纲，教学计划及教案。

在教学过程中，教师积极运用以学生为中心的启发式教学、案例教学、讨论式教学、探究教学、翻转教学、互助教学等教学方法，积极运用PPT、慕课视频（MOOC）、雨课堂、超星学习通等现代信息化教学手段和工具，积极践行翻转课堂、混合式教学等模式，效果良好；在教学过程中也注重学生创新精神的培养，注重学生与老师线上线下的交流与互动，教学质量稳步提升，学生满意度逐年提高。

（3）教学质量

食品科学与工程专业教学质量良好，任课教师没有出现教学事故，没有出现被学生或教师反馈教学质量负面清单，没有本专业学生出现学业预警，学校督导及系督导听课反馈食品科学与工程专业教师教学效果良好，学生评教结果显示，学生对教师满意度达到95%以上。对于学生反馈的教学问题，教师进行了整改及调整教学方法，通过以上措施，教学质量稳步提升，学生满意度逐年提高。

3. 实践（验）教学

（1）体系设计

食品科学与工程专业培养方案是在《国标》的指导下结合学校办学特色而制定，主要特点是增加了理实一体化课程在培养方案中的比重，提高了实践（验）教学在人才培养中的比重。实践（验）教学环节包含基础性实验、专业性实验、实习实训、认知实习、综合性实验、创新性实验，如："生产认知实习""综合化学实验Ⅰ""综合化学实验Ⅱ""生物化学实验""食品微生物""食品工艺学"等。围绕学校办学理念，着力培养高素质应用型本科人才。

（2）教学组织

当前本专业的实践（验）教学环节严格按照培养方案实施，各实践（验）教学环节严格按照课程要求开设，达到了相应的教学目的和要求。教学大纲、课件等齐全，学生实验报告等均按照要求完成。本专业具有多名双师双能型，具有工程背景、行业背景的教师，并且和食品相关企业联系、合作，建立了稳定的校外实习、实训基地，带领学生熟悉和了解食品业，开展实际工程训练。

实践（验）教学具备基础实验教学基本设备仪器、专业实验设备仪器、综合实验设备仪器和分析检测仪器如气相色谱、气质联用仪、液相色谱和原子吸收仪器。校企实习实训教学设施具备饮料生产线，烘焙生产设备和肉类生产设备等。实验开出率达98%以上，并有一定数量的综合性、设计性实验，开展了创新实践活动。

4. 第二课堂

（1）规划与实施

在抓紧学科建设的同时，坚持实施素质教育工程，开展丰富多彩、生动活泼、内容健康、适合食品科学与工程专业学生特点的第二课堂，我系积极从以下多个方面着手，开展与第二课堂相关的各项活动，全面提高学生能力与素质，树立正确的人生观、世界观和价值观，为学生的德、智、体、美、劳全面发展进步创造一个科学的平台。活动类型如下：

① 思想素质教育活动

主要包括学生参加思想政治教育、形势政策教育活动，党、团组织的重大政治活动等主题教育活动。例如：团支部主题团日活动、主题黑板报设计活动、爱国主义教育活动等。

② 专业类活动

主要包括学生参加食品专业方面的实践参观、水果拼盘大赛等活动。

③ 科技文体活动

主要包括学生参加各种文化、体育、艺术、社团、志愿者活动等。例如：主持人大赛、演讲比赛、辩论赛、素质拓展、校运动会、篮球赛、足球赛、英语演讲比赛等。

④ 社会实践活动

主要包括学生学校、班级组织或认可的各种社会实践、社会调查活动等。例如：暑期“三下乡”“双创”大赛等。

⑤ 技能培训活动

主要包括学生参加各级各类专业技能培训、职业资格证书考试、等级考试等。

(2) 管理与指导

第二课堂活动采取及时验收考核的方式，每学期初对学生参与的活动及时进行汇总验收，成立第二课堂建设与管理小组，下设办公室，负责牵头组织开展第二课堂活动，由分管学生工作和教学工作的系领导任组长，教研室主任、辅导员、教学秘书、行政秘书为委员。主要负责“第二课堂成绩单”制度实施方案的制订，规划本系“第二课堂成绩单”课程项目设置，统筹教育教学资源、部门协同监督“第二课堂成绩单”制度实施，审核团支部“第二课堂成绩单”认定结果并统一公示等工作。裁决学生对第二课堂活动结果的申诉。各班团支部成立由团支书、学生干部和学生代表组成的“第二课堂成绩单”认定小组，由团支书任组长，负责班级学生“第二课堂成绩单”成绩的认定、公示和上报等工作。

5. 教学管理与质量保障

(1) 教学管理

重视教学管理制度和质量监控建设，由教学督导小组监督，初步形成了教学督导巡视检查、督导全面督查、同行互评互促、学生评教、师生共同评学的质量监控体系。学院和系部还制定了一系列的管理办法，如《教

师工作条例》《教师教学工作规范》《本科教学管理制度》《课程建设管理办法》《食品科学与工程系本科生导师制实施方案》《食品科学系管理制度》等教学建设与教学管理文件。

(2) 教学质量监控

重视教学管理制度和质量监控建设，由教学督导小组监督，初步形成了教学督导巡视检查、督导全面督查、同行互评互促、学生评教、师生共同评学的质量监控体系；围绕教学计划、课程建设、课堂教学、课程考核等关键教学环节，逐步规定和完善有关规定和标准。在开学初对教学准备工作、教学设备到位情况和教师备课情况进行检查；在期中对课堂教学、教学进度、教案、辅导和作业等教学环节进行普查和抽查；期末对考试环节重点检查，对全体教师进行师生互评、同行互评的教学评价等。

系部组织教研室成立教学检查小组集中检查和听课，对课程教学大纲与听课制度的执行进行检查，督促老师听课、填写听课记录表并存档。

(3) 信息反馈与持续改进

学院严格监控教学质量，设立有院级教学督导工作小组严格按照要求不定时查课，对学院教学工作进行监督检查，及时向学院反馈教学情况。每学期分别召开学生座谈会和教师座谈会，在学生座谈会上，各学生代表分别从课堂情况、教师的上课情况、学院教学管理情况等方面提出了存在的问题和意见建议，学院领导现场解答，提出解决办法的意见和建议，通过评教系统对教师的师德师风、教学态度、教学能力、教学效果、教书育人、各教学环节完成情况进行全面考核和质量测评。

6. 教学研究与改革

(1) 规划与激励

食品科学与工程系严格按照《科研奖励管理办法》对我系教师进行年终考核加分激励，每学期初制定《食品科学与工程教研室工作计划》，就教研、教改、科研等工作作出具体的部署和安排，各项工作要明确时间节点、落实到人。每两周开展一次有主题的教研活动，有计划地开展教育教学理论、教学内容与方法改革等方面研究，交流教学经验，开展相关学术课题讨论，活动时间应不少于60分钟。通过教学研究与改革，提升了人才培养质量；组织开展教研、科研活动，促进教师专业成长，促进教师积极申报教改课题和撰写教改论文。

（2）项目及成果

近年来食品科学与工程专业教师获批省级教改项目 2 项，省级金课建设项目 2 项，厅级教改项目 1 项，校级教改项目 5 项，参与教改的教师比例达到了 65%，公开发表教改论文 5 篇，项目研究成果在专业教学中进行实践。

（五）学生发展

1. 生源结构

生源数量与结构情况见表 8–4、图 8–1。

表 8–4　各生源地域计划统计表

生源分布	2019 级	2020 级	2021 级	2022 级
贵州	114	76	91	53
广西	1			
河北	3	2	2	2
河南	4	2	2	2
湖北	1			
湖南			2	2
山东	3	1	2	2
陕西	2			
四川	3	2	2	2
重庆	4	2		2
云南		2		
吉林	2			
广东		1		2
安徽	3	2	2	
辽宁	1	2	2	1
合计	141	94	105	68

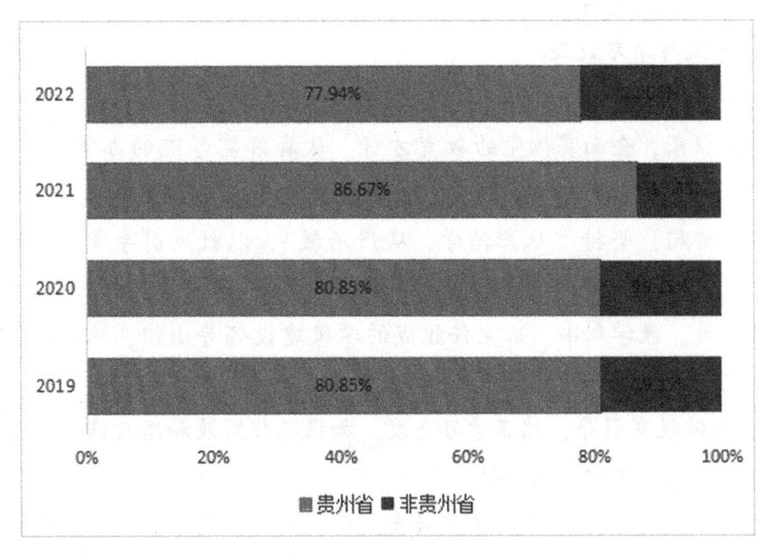

图 8-1　贵州省和非贵州省生源分布

2019 级食品科学与工程专业生源分布包括十二个省（自治区、直辖市），其中主要以贵州省为主，2020 级食品科学与工程专业缩减招生，但生源仍分布于十个省（自治区、直辖市），且相较于 2019 级生源新增云南省和广东省；2021 级食品科学与工程专业贵州省生源相较前两年占比增多；2022 级食品科学与工程专业贵州省生源占比 77.94%，省外生源占比是近三年最高，为 22.06%。因此，我校食品科学与工程生源分布大致呈现区域不断扩大，生源质量不断提高的趋势。

2. 学生指导与服务

（1）指导服务体系

建立“奖、贷、助、勤、补、减”六位一体、相互补充的学生奖助体系；构建“学校一系部—班级—宿舍”四级心理健康教育工作体系；注重助学实践育人，合理设置勤工俭学岗位；学生自主选择导师，并参与其科研，提升创新能力；加强辅导员、班主任、学生干部队伍建设，推动学生指导与服务工作有序开展。

（2）保障体系

目前学生指导与服务运行保障体系健全，建立学生指导服务系统反馈机制，学生满意度高。

3. 学风与学习效果

(1) 学风建设

建系以来，全面贯彻党的教育方针，认真落实学院的办学指导思想，坚持“以学生为本”的工作理念，形成全员育人、全方位育人和全过程育人的良好格局，坚持“从严治学、从严治教”，以教风引导学风，以服务促进学风，以管理保障学风，有效推动了学风建设水平。成立由系主任、学生辅导员、教学秘书、班主任组成的学风建设领导小组，统筹推进系部学风建设工作。

① 加强教育引导，端正学习态度。加强课程思政和思政课程，营造正面舆论氛围，激发学习主动性。

② 广泛开展活动，激发学习兴趣。结合第二课堂平台，有针对性地开展讲座、竞赛、比赛等活动，调动学生学习主动性。

③ 严抓日常管理，养成学习习惯。健全完善日常管理规定，加强日常巡查，督促学生提高学习自觉性、自觉性。

④ 完善制度机制，突出学习导向。细化完善学风建设制度文件，形成分工合作、齐抓共管的工作格局，强化学习结果运用，探索激励约束机制。

通过多措并举，有力推动了学习风气的好转，提升了评教满意度。

(2) 学习效果

食品科学与工程专业学生都能够遵守校纪校规，没有被学校、系部通报批评的现象，学生学习态度端正，思想道德素质好，学习风气好；学生综合素质全面发展，重视自身成长，成绩较好，本专业无考试作弊等情况，无学业警示情况出现；85 人次获各类奖学金，63 人次获各级表彰。

(3) 毕业设计（论文）

2019 级是毕业年级，毕业设计（论文）选题的性质、难度要符合专业培养目标要求。题目来源于教师的教、科研项目、社会生产实践（如实验、实习、实训等）等方面，一生一题；指导教师原则上职称应为讲师及以上、具有硕士学位教师担任，原则上每位教师指导不超过 8 名学生。目前毕业设计（论文）进展到中期检查阶段。

(4) 专业素养与专业能力

学生思政课成绩合格率95.5%，积极开展学生思想道德、文化素质、心理素质教育，开展心理健康普查活动、心理危机筛查；2019级食品科学与工程专业学生综合测评成绩70分以上达到98%，2020级食品科学与工程专业学生综合测评成绩70分以上达到96.8%，2021级食品科学与工程专业学生综合测评成绩70分以上达到98%；学生积极参与开展奥运主题班会、爱国主题班会、统战知识进校园主题班会、大学生讲思政课、贵州教育大讲堂、党课开讲了、党史答题、红色文物青年说、四史学习、微课堂等思想政治活动；学生积极参与篮球赛、健身操、劳动最光荣等活动；学生积极参与大学生职业生涯规划、大学生创业培训，积极参加各类创新创业比赛，获得奖项63项。

(5) 综合素质

高度重视学生的心理健康情况，开展“大学生心理健康”课程教育，形成以辅导员为主，班主任为辅，在班级成立心理辅导委员的机制，从各方面提高学生的心理素质，关注学生心理健康，对有困难的同学进行积极的沟通和引导，创建良好的大学学习和生活氛围。

开展了如晨跑、夜跑和长跑、运动会、篮球赛、足球赛等体育运动；板报、合唱、迎新晚会等文艺活动；勤工俭学等，督促学生积极参加学校举办的各种讲座，提高学生团队合作精神和集体荣誉感，培养学生良好的生活习惯和人文素养。通过这些文体活动，极大地改善了学生的精神风貌，形成了健康向上的良好局面。

4. 就业与发展

(1) 就业与发展

根据食品科学与工程专业学生主要就业岗位和企业反馈的岗位需求，不断深化课程体系改革，优化课程设置，根据需要适时更新课程内容，不断夯实学生的专业基础，以提升食品质量与安全专业学生的就业竞争力。秉持知行合一的原则，重视实践教学，不断探索提升食品科学与工程专业学生的动手操作能力的实践教学体系，形成一整套完善的实践教学体系。重视产学研结合，在不断的合作中发展出一批成熟的实习基地，让学生在实践中不断提升自己的专业技术水平和实践创新能力。

科学的职业生涯规划和就业技巧是学生找到满意工作的重要前提。我系重视食品科学与工程专业学生的职业生涯规划教育和就业指导，每年新生入学教育，就业经验交流会，求职相关培训、邀请食品行业权威专家学者为食品专业学生做讲座，介绍专业发展历程和前景，增强学生的专业认同和就业信心。我系充分利用第二课堂开展“职业生涯规划大赛”等活动帮助学生增强就业能力。

三、存在的主要问题与整改措施

1. 主要问题

（1）学校实验室完善进度较慢，在一定程度上影响专业实验课程的开设以及教师科研项目的进行。

（2）教师队伍中学术带头人和行业专家稀缺。

（3）部分管理制度有待完善。

（4）科研转化能力有待提升。

2. 整改措施

（1）依托茅台集团优势资源，加快实验平台的建设；积极与相关企业取得合作关系，进一步提升产、学、研一体化格局，加强与其他科研院校的合作，提高教学科研水平。

（2）加强师资队伍建设，鼓励和帮助青年教师提升学历学位，培养和引进高层次人才。

（3）在教学、科研、管理等过程中不断探索最适模式。

（4）围绕地方经济发展和特色资源，积极开展学术交流与合作，加强科技成果转化，服务地方经济。

四、自评结论

食品科学与工程专业围绕学校办学特色和原则，办学目标明确，思路清晰，培养方案科学合理。已形成一支职称、学历、年龄、学缘结构较为合理，能满足本专业教学、科研需要的教师队伍；教育资源充分，实践教学相关的实验室、实习实训基地建设较完备；教学管理严格，教学质量监督体系完善，教学、教改成果凸显，教风、学风优良。因此，食品科学与工程专业办学水平已达到《国标》要求和贵州省普通高等学校新增学士学位授权相关。

第二节　新设专业合格评估

一、贵州省普通高等学校本科新设专业合格评估工作方案

为进一步规范高校本科新设专业（以下简称“新设专业”）的建设与管理，提升新设专业的人才培养质量，根据《教育部关于印发〈普通高等学校本科专业目录（2012 年）〉〈普通高等学校本科专业设置管理规定〉等文件的通知》精神，在新设专业首届学生进入毕业当年时，高校主管部门应组织实施专业评估。按照《普通高等学校本科专业类教学质量国家标准》内涵，结合《教育部关于普通高等学校本科教育教学审核评估实施方案》和《本科教学基本状态数据库》建设要求，特制定本方案。

（一）指导思想

新设专业合格评估坚持以习近平新时代中国特色社会主义思想为指导，认真贯彻落实国家和省教育规划纲要、全国和全省教育大会、《教育部关于加快建设高水平本科教育全面提高人才培养能力的意见》《教育部关于深化本科教育教学改革全面提高人才培养质量的意见》精神，落实“立德树人”根本任务，坚持“以本为本”，推进“四个回归”，强化对新设专业的管理与指导，推动新设专业内涵建设，健全教学质量保障体系，提高专业办学水平和人才培养质量，为区域经济社会发展需要培养高素质人才。

（二）工作目标

新设专业合格评估坚持“以评促建、以评促改，以评促管，评建结合，以评促强”的方针，加强对新设专业的监管与指导，确保新设专业办学水平、培养质量达到合格标准。督促学校做好新设专业的建设与规划，

完善人才培养方案，加强师资队伍建设，加大教学投入，改善教学条件，推动新设专业高质量内涵式发展。

（三）评估组织

为加强对新设专业合格评估工作的领导与指导，省教育厅成立新设专业合格评估工作领导小组（以下简称“领导小组”）和专家指导委员会。

领导小组负责全省普通高等学校新设专业合格评估工作的监管与指导、评估结论审议等。领导小组工作由省教育厅高教处统筹协调。领导小组下设办公室，负责组织、开展新设专业合格评估的具体事务。办公室设在贵州师范大学教学质量监测与评估中心。

专家指导委员会以省厅各专业教学指导委员会为基础组建，负责新设专业合格评估工作的研究、咨询、指导工作。

专家指导委员会秘书处设在贵州师范大学。

（四）评估范围

全省普通高等本科高校（含独立学院），当年首次有毕业生的新设专业。

（五）评估内容

新设专业合格评估标准包括：建设目标与培养方案、教学资源及利用、教学过程与管理、课外培养及培养效果等 5 个一级指标，15 个二级指标，29 个观测点。

（六）评估程序

新设专业合格评估程序包括：专业自评、专家评估、结论审议与发布及整改与复评等环节。

1. 专业自评。由各高校自行组织，按照评估标准对参评专业进行全面自查、自检，形成新设专业合格评估自评报告。

2. 专家评估。由省教育厅负责组织，采取网上和现场相结合方式进行评审。现场评审主要听取学校新设专业建设情况汇报、查阅专业教学档案及相关资料、考察教学设施、观摩课堂教学、走访在校师生等。专家组根据受评专业的自评报告和现场评审情况，作出评估结论。

3. 结论发布。专家指导委员会对评估结论进行集体审议，报领导小组审定后予以公布。

4. 整改与复评。参评学校根据专家指导委员会的评估结论与意见，制订整改措施并积极参加复评。整改结果书面报送专家指导委员会。

（七）评估时间

新设专业合格评估时间原则上安排在每年 10—11 月进行。

（八）评估结论

评估结论采用等级评定与写实性评价相结合的办法给出评估结论。

1. 评估结论按“合格”“基本合格”“不合格”三个等级进行认定。

2. 评估结论认定采用观测点逐项认定与综合评判相结合，每项指标评判分为 A、B、C 三等。

A 表示合格，B 表示基本合格，C 表示不合格。A≥16 个且 C 等于 0 为合格；A≥12 个且 C≤5 条为基本合格。若指标中带 * 项超过 3 项不合格，评估总成绩认定为不合格。

3. 写实性评价主要从值得肯定、需要改进、必须整改三个方面进行描述。

（九）结论发布与运用

专家指导委员会对新设专业合格评估结论进行集体审议，审议结果无异议，报省教育厅领导小组审定后公开发布评估结论。

1. 新设专业合格评估结论分为“合格”“基本合格”和“不合格”三个等级。“合格”视为通过，认定为达到新设专业办学水平。“基本合格”和“不合格”专业，必须进行整改，整改满 1 年后，参加第二年新设专业合格评估。整改方式如下：

（1）“基本合格”专业第二年可继续招生，但应相应减少招生名额，同时参加第二年复评。复评成绩若为“合格”，视为通过；若为“不合格”，第三年停止专业招生，待已有学生毕业后，撤销专业设置；若为“基本合格”，第三年暂停专业招生，继续整改1年，参加第三年复评，若复评成绩仍为“基本合格”或不合格，撤销专业设置。

（2）“不合格”专业第二年暂停招生，继续整改，参加第二年复评。复评成绩若为“合格”，视为通过；若为“不合格”，待已有学生毕业后，撤销专业设置；若为“基本合格”，继续暂停该专业第三年招生，继续加强整改1年。第三年参加复评，若复评成绩仍为“不合格”或“基本合格”，撤销专业设置。若该专业第三年不参加评估，直接认定为“不合格”，待已有学生毕业后撤销专业设置。

2. 学校在新设专业合格评估中，若当年累计出现3个以上“基本合格”或1个以上“不合格”，或连续3年累计出现3个以上“基本合格”，教育厅暂停该校新专业申报。

二、贵州省普通高校本科新设专业合格评估指标

（一）建设目标与培养方案

1. 建设目标

符合学校人才培养目标定位。

符合区域经济和社会行业需求。有详细的专业建设规划（含师资队伍、实验室建设规划）。对负责人有具体的发展目标与要求。

2. 培养方案

（1）方案制订

制订过程科学规范，有切实的社会需求调查与分析。有行业或企业专家参与论证。

（2）目标与规格

符合专业建设目标和毕业要求。培养规格与人才类型定位准确，描述清楚

（3）课程体系

按国家要求开足思政类和体育、美育和劳动教育课程。按《标准》开

设70%以上的课程。实验课开设比例达80%以上，选修课开出率达90%以上。实践教学学分占总学分比例达到国家规定要求。

（4）课程实施

大纲制订、教案撰写、试卷命题等环节严格按标准执行。教学计划执行情况较好，调整有依据，课程有衔接。

（5）专业评价

有学生学期评教、教师评学、专业满意度年度调查。

（二）教学资源及利用

1. 教师情况

（1）专业负责人

负责人具有高级职称，在本专业领域内具有一定的学术地位和影响力。

（2）专业课程教师

承担专业课程的本院（系）教师占70%以上。

专业外聘教师在岗（有聘用协议）时间达半年以上。高级职称比例达30%，硕博比例大于等于50%。

主讲教师90%以上具有讲师职称。

有独立胜任实验课程的师资。

至少有1人具有行业从业经历。

（3）专业教学改革

有60%以上的任课教师参与教学改革研究，有论文发表；有3项校级及以上教改项目。

2. 教学设施

（1）实验教学条件

有实验实训条件，基本满足专业必修课程要求。有规范的实验实训使用及管理制度。

（2）实践基地建设

有稳定教学实践基地，满足学生教学实习。

有30%以上的学生在相应的实践基地完成实习。

3. 教学经费

实践教学经费达到国家办学基本条件要求。

4. 教材选用

按规定选用国家指定教材；优先选用优秀教材。

（三）教学过程与管理

1. 理论教学

（1）课程教学

按培养方案制定学期开课计划，有开课任课通知。严格按大纲和教学进度开展教学。

（2）课程考核

严格按大纲命题，规范公正地评分、计分。考试有记录，试卷质量分析看针对性、科学性。

（3）课程归档

严格教学材料管理，文档资料归档规范。

2. 实践教学

（1）实验实训

按大纲开展实验实训教学，学生按要求完成实验实训报告。

（2）实习情况

按大纲安排教学实习，学生按要求完成实习任务，

（3）毕业论文/设计

选题与本专业直接相关，指导过程记录完整，论文答辩规范，成绩评定合理；毕业考试或考核基本反映学生总体水平。

3. 质量管理

（1）质量监控与改进

开展学生学期评教、专业满意度年度调查等；注重问题导向，能够持续改进，并取得一定成效。

（四）课外培养

1. 创新创业活动

有30%以上的学生参加创新创业活动、科研训练项目、学科竞赛等活

动；该专业毕业班近三年有学生获得省级以上奖项。

2. 社会实践活动

有60%以上的学生参加社会实践活动。

（五）培养效果

1. 报到情况

近三年新生报到率达85%以上。

2. 就业率

毕业去向落实率达80%以上。

3. 学生发展

（1）学生党员

毕业生有一定数量的党员。

（2）职业证书

毕业生获得一定数量的职业资格证书。

（3）学位授予率

学位授予率不低于90%。

4. 满意度

（1）课程满意度

专业课程学生评教优良率达85%以上。

（2）专业满意度

在校生对所学专业满意度达80%以上。

三、新设专业合格评估支撑材料清单

表8-5　新设专业合格评估支撑材料清单表

材料名称	具体要求	数量	备注
1. 专业自评报告	1.1参照指标体系撰写	1份	不能缺项，字数1.5~3万字
2. 专业建设规划	2.1专业建设思路及目标	1份	2019年以前制订

续表

材料名称	具体要求	数量	备注
3. 专业培养方案	3.1 有论证依据与需求调查	1套	2019年版（招生年份）
4. 课程大纲	4.1 主干课程大纲	3—5门	每门大纲内容不少于三分之一
5. 教案	5.1 主干课程教案	3—5份	每份教案内容不少于三分之一
6. 教学进度表	6.1 主干课程教学进度表	3—5份	提供课程相应的教学日志
7. 教材	7.1 主干课程使用教材统计表	1份	包括名称、出版社、类别等
8. 学生评教	8.1 主干课程学生评教统计表	5—7门	原则上需由教务系统导出（盖章）
9. 实习	9.1 实习实训相关制度文件	1套	包括学院层面和专业层面
	9.2 实习安排或审批表	1套	按集中实习与分散实习统计
	9.3 学生实习手册	9套	按好、中、差抽取实习手册各3份，共9份，内容不少于1/3
	9.4 实习成绩登记表	1套	含专业全体学生
	9.5 实习计划与总结	1套	学院或专业层面
10. 试卷	10.1 学生试卷	9套	按好、中、差抽取主干课程学生试卷各3份，共9份。所抽试卷须涵盖四个学年，并附所抽取试卷学生成绩记分册（含平时、末考成绩）
	10.2 命题审批表		
	10.3 A/B样卷		
	10.4 参考答案和评分标准		
	10.5 质量分析表		

续表

材料名称	具体要求	数量	备注
11. 毕业论文（设计）/毕业考试（考核）	11.1 开题报告	9套	按好、中、差抽取毕业论文（设计）各3份，共9份 开展毕业论文（设计）文字重复率对比检测的学校，请提供检测报告
	11.2 指导教师指导记录表		
	11.3 教师成绩评定表		
	11.4 同行教师评审表		
	11.5 答辩记录表		
	11.6 答辩委员会评定意见		
	11.7 论文（设计）文本（设计说明书）		可提供论文（设计）的主体部分
	11.8 指导教师分组备案表	1套	不少于指导教师的1/3
	11.9 论文（设计）指导中期检查表	1套	不少于指导教师的1/3
	11.10 论文（设计）成绩统计表	1套	成绩统计表盖章签字
12. 就业质量	12.1 学校各专业就业去向落实率统计表	1套	按毕业去向落实率统计
	12.2 本专业就业去向落实率统计表	1套	提供1—3份用人单位证明
13. 教学管理	13.1 本科教学管理文件汇编	1套	含质量标准、保障体系、日常监测，质量评价、督导工作等
	13.2 教学管理人员信息一览表	1套	按学院或专业统计
14. 教师情况	14.1 专业教师信息一览表	1套	与教学基本状态数据库一致

案例 8-2

贵州省普通高等学校本科新设专业合格评估
食品科学与工程专业自评报告

一、专业建设目标与培养方案

（一）专业建设目标

食品科学与工程专业立足酒产业，服务地方经济发展；全面贯彻党的教育方针，坚持立德树人，依托茅台企业资源和地方特色食品产业，实施差异化办学，探索“产教融合、校企一体”培养新模式，将素质教育和专业教育、知识传授和实践能力培养、教学改革和科学研究有机结合，全面提高教育教学质量和办学水平，构建基于学习产出的现代工程教育模式为核心的人才培养体系，将食品科学与工程专业建设成为特色鲜明和优势突出的特色专业，培养酒产业和贵州特色食品产业经济发展需要的高素质应用技术型人才。

1. 目标总要求及发展定位

根据学校办学定位和专业布局结构要求，经调研论证制定《食品科学与工程专业建设规划》，提出了建设总体目标和具体目标，主要内容包括专业建设、课程建设、师资队伍建设、教学条件建设、科技创新及服务建设、制度建设等目标，主要内容如下：

（1）专业建设

以酒行业、区域经济发展和学生就业为导向，立足茅台，服务酒业和地方经济发展，培养高素质应用型人才，建成酒行业一流和具有一定影响力的省级特色专业为目标。大力推动专业内涵建设，有计划、有步骤、分层次、有重点地打造高水平、特色鲜明、有示范作用的特色专业，并带动相关专业的建设。力争到 2025 年，启动“卓越工程师教育培养计划”；2029 年，启动工程教育专业认证；招生年均 100 人左右；建成在酒行业内具有一定影响力的本科专业。

（2）课程建设

课程建设的重点主要是抓好专业基础课、专业主干课和专业选修课程的建设。确定多层次重点建设的课程（校级、省级、国家级）。完善各门课程教学大纲，加强课程资源建设，使各门课程的教学资源丰富。加强教学方法、教学手段和课程考核改革，完善实践教学体系，突出实践能力培养。完善与人才培养相适应的课程体系结构和内容。到2025年，力争获批省级一流课程1—2门，校级3—5门。

（3）科技创新和社会服务能力建设

重点围绕贵州特色食品产业及传统酒产业发展需要的核心技术领域，切实做出成效，产出具有重要影响的科研成果。通过强化基础研究、抓好协同攻关、推动成果转化等方式，不断提高科研成果的质量，提升社会服务能力和社会影响力。到2025年，力争在相关核心技术领域取得重大进展，并推动部分研究成果转化应用。力争科研经费累计达800万元，发表ISTP、EI、SCI收录论文20—30篇；申请发明专利8—15件；获得50万元以上横向项目零的突破；获批省级教改项目2—3项。

（4）制度建设

加强专业、学科相关规章制度的完善和建设。力争2025年，启动我系教授委员会建设，充分发挥教授委员会在推动“学科-专业-平台-团队一体化”建设中的重要作用。根据学校相关文件及规定，结合我系实际，新建或修订学科建设、团队建设、专业建设、平台建设管理办法，负责人/带头人工作职责，教师绩效评价等文件，确保制度建设与时俱进。

（5）专业特色建设

① 课程设置适应多种就业方向

调研贵州省食品产业发展现状，以及部分高校食品科学与工程专业的培养建设方案，在2020年修订方案时，主干专业课程不再细分方向课，只分必修和选修，把个性化方向性强的课程列为选修，学生自己根据企业需求、兴趣和可能就业方向进行选修。

② 以服务一线生产为导向，产教融合协同育人

推行“产教融合、协同育人”人才培养模式，积极鼓励学生参加各类专业技能准入和社会实践能力的培训，培养学生实践技能；与省产品质量监督检验院、茅台集团质量管理部、生产管理部和技术中心等校外产教融合教学基地密切合作，并聘请行业高级工程师担任本专业的实践课程指导

教师，负责指导实践课程教学大纲、内容设置和实践技能、专业实习、课程设计、毕业论文（设计）等教学环节。立足茅台，青年教师到企业顶岗锻炼，培养“双师型”教师；积极探索校内工程实训模式，以仿真实训和实体实训为载体，提升学生设计能力和操作能力。高年级学生通过在茅台集团质量管理部、生产管理部和技术中心、贵州省产品质量监督检验院、遵义质检院、贵州酒检中心等产教融合基地顶岗，加深对理论知识的理解和应用实践能力；组织学生积极参与教师科研、创新创业、社会实践等活动，培养学生在科研、创新创业和社会实践中素养与能力。

③专业与学科协同建设

立足茅台和酒产业，结合贵州特色食品资源，在白酒、果酒、功能酒、辣椒、天麻、灵芝、白芨和石斛等优势特色资源方面开展科研项目与平台建设，加强师资力量、实验设备等软硬件基础建设，对食品科学与工程专业形成了有力支撑。

2. 专业负责人的培养

吴广辉，研究生学历，硕士学位，副教授，中共党员，“双师型”教师。2019 年入职从事教学科研和管理工作至今。在 2023—2027 期间，争取主持国家自然科学基金项目，发表 3 篇以上 SCI 收录期刊论文，5 篇以上核心期刊论文，获得省级人才称号。

3. 师资队伍建设

坚持培养与引进并重原则，加大拔尖人才的引进与培养，重点抓好学科带头人、专业负责人、中青年学术骨干的引进与培养；主抓“双师型教师工程”，推进“名师工程”、狠抓教风建设、注重教师科研反哺教学引导、加强师德师风建设等师资队伍建设。加大科研团队和教学团队培育力度，尤其加强有影响力的学科团队建设。食品科学与工程专业教师队伍建设上采取“人才引进，在职提高、外聘兼职”的人才策略，通过引进、外派学习和交流，不断提高教师队伍学位、专业素养、教学能力，优化教师队伍结构。到 2025 年，引进博士 10—15 名，建省级科技创新团队 1 个；培养学科带头人 1—2 人，骨干教师 5—8 人。

4. 实验室建设

根据学科专业建设需要，加快推进已有省部级、校级等各类教学科研平台的建设，并积极申报省部级、市级教学科研创新平台。通过规范化管理、加强能力建设和扩大开放程度，发挥教学科研平台在集成优势、学科交叉、原始创新、人才培养方面的组织作用，服务我省经济社会，培养一线优秀技术人才。

（1）规划与建设

当前，有食品工艺、食品微生物学、食品分析、食品化学、生物化学、食品安全检测与分析、食品感官评定、食品工程和食品工程原理实验室。到 2025 年，在现有专业基础和专业实验室基础上，细化食品工艺实验室（分为粮油食品、果蔬加工、畜产品加工），充实食品分析检测实验室、食品工程实验室、食品化学实验室、食品微生物实验室，逐步新建食品贮藏实验室、食品物性实验室、食品包装实验室、食品功能评价实验室。到 2025 年，专业实验教学仪器设备总值达到 1200 万元以上，生均仪器设备达 2 万元。

（2）现状及利用

食品科学与工程专业拥有实验室 15 间，建筑面积为 1552.95m^2，现有专任教师 27 人，其中专职教师 19 人，兼职教师 8 人。截至 2023 年 10 月已建成食品工艺实训中心、食品分析实验室、食品化学实验室、生物化学实验室、食品安全检测与分析实验室、工程技术中心、食品微生物实验室、食品工程原理实验室等 10 个专业实验室。食品科学与工程专业现有学生 356 人，实验室总面积为 1552.95m^2，生均面积达 4.36m^2；各实验室教学仪器设备总值 923.6 万元，生均仪器设备值达 2.59 万元。

截至 2023 年 6 月已经完成食品科学与工程专业 2019 级的“生物学”“生物化学”“食品微生物学”“食品化学”“食品工艺学”“食品感官评定”“白酒工艺学”等专业基础课和专业课的实验内容；各实验室已制定较为完善的实验室管理制度。

此外，食品科学与工程专业各实验室在满足专业实验教学需求同时，还承担着学生创新创业类相关的比赛项目培育和教师科学研究任务。

（3）现有设备及利用

我系现有常用设备包括自动旋光仪、紫外分光光度计、显微镜、气相色谱仪、液相色谱仪、气质联用色谱仪、冷冻离心机、白酒蒸馏设备、多功能果酒（汁）生产线1条、超低温保藏箱（卧式）、灭菌锅、卧式摇床、发酵罐、超净工作台、培养箱、电泳槽等教学实验仪器与设备，能满足食品科学与工程专业主干课程的实验教学。

（4）新增设备比例

2019年拥有设备价值576万元，新增92%；2020年采购价值176万元，新增30.5%；2021年采购设备价值117万元，新增15.6%。2022年采购设备价值54.6万元，新增6.3%，2023年采购设备价值595万元，新增64.4%，专业及专业基础实验室实验设备较齐全，能满足教学需求，详见表8-6。

表8-6 教学实验室主要设备

序号	主要教学设备	型号规格	台(套)数	购入时间
1	可录像显微镜	奥林巴斯 CX21BIM-SET6	1	2019
2	气相色谱仪	Agilent 7890A	2	2017
3	液相色谱仪	安捷伦 1260	2	2017
4	气质联用色谱仪	Agilent 7890A/5975C	1	2017
5	冷冻离心机	Thermo IEC CL31 05-376-321	4	2017
6	白酒蒸馏设备	WZTW100L-10000L	10	2017
7	超低温保存箱（卧式）	MDF-C2156VAN	1	2017
8	灭菌锅	DYML-S100A-3（100L）	5	2017
9	卧式摇床（250mL托盘和500mL托盘）	欧诺 HNY-211B	8	2017
10	发酵罐	Winpact FS-01-VC（5L）	10	2017
11	果汁生产线	上海顺义	1	2019
12	焙烤设备	套	2	2019
13	流化床干燥实验装置	DB-GZLHC	1	2019
14	筛板精馏塔装置	DB-JL	1	2019
15	多功能果酒生产线	SW20180910-A	1	2019
16	维普尔自动测脂仪	SQ416	1	2019

续表

序号	主要教学设备	型号规格	台(套)数	购入时间
17	紫外可见分光光度计	UV-8000ST	2	2019
18	高温反压杀菌锅	RT-700	1	2019
19	发酵罐	MC-JSF-X	1	2019
20	显微镜	CX33	1	2019
21	农药残留检测仪	HHX-SJ24NC	2	2019
22	远红外食品烤箱	FD33-B	2	2019
23	全自动锤式旋风磨	JXFM110	1	2019
24	雷诺实验仪	LKJ14	4	2020
25	自循环伯努利方程综合实验仪	LJK09	4	2020
26	水泵综合实验装置	LJK04-II/4	2	2020
27	传热实验装置	HJK14	2	2020
28	三温区管式炉	OTF-1200X-III-S	1	2020
29	台式乳脂离心机	RZ-50	2	2020
30	电动机械搅拌器	RW20	6	2020
31	全自动氨基酸分析仪	Chromaster CM5510		2020
32	全波长酶标仪	Multiskan Sky	1	2020
33	质构仪	Universal TA	1	2020
34	微波合成工作站	MD8H	1	2020
35	冰箱	MPC-2V1006	1	2020
36	高频脉冲强光杀菌设备	Pulsed Light FD2000	1	2021
37	高压纳米匀质机	GA-20H	1	2022
38	高压输液泵	LC-20ADXR	1	2022
39	组合式振荡培养箱	ZQPZ-228	1	2022
40	全自动电位滴定仪	ZDJ-4B	1	2022
41	二氧化碳培养箱	MCO-170	1	2022
42	低温冷却恒温槽	DLK-2010	1	2022

续表

序号	主要教学设备	型号规格	台(套)数	购入时间
43	高速分散器	XHF-DY	1	2022
44	荧光计	Fluo-100	1	2022
45	阿贝折射仪	WYA-3S	1	2022
46	万分之一天平	PX224ZH-E	1	2022
47	匀浆机	T18	1	2022
48	浊度计	WZS-188	1	2022
49	超净工作台	SW-CJ-1CU	1	2022
50	细胞存储液氮罐	YDS-35-125	1	2022
51	紫外消毒柜	BJPX-SV200	1	2022
52	移液枪	Research plus	1	2022
53	电导率仪	DDS-307A	1	2022
54	手持糖量计	WZS50	1	2022
55	电热套	98-I-CN	1	2022

（二）培养方案

1. 人才培养方案制定

食品科学与工程专业人才培养方案的制定过程严格按照国家相关标准及要求，并研究和参考了省内外高等院校的人才培养方案。在总结相关调研报告的基础上，制定了符合学校发展定位、具有特色的《食品科学与工程专业人才培养方案（2019版）》。为进一步深入了解社会、行业和企业需求，食品科学与工程专业邀请了相关企业行业的专家对该版本的人才培养方案进行了论证评审。本方案课程设置分为通识教育类、学科基础类、专业主干类、专业选修类、实践教学类及综合素质拓展等六种类型。

2. 目标与规格

（1）培养目标

全面贯彻党的教育方针，坚持立德树人，培养适应食品行业（特别是酒类相关食品行业）和社会经济发展需要的，具备良好的人文、科学、职业素养以及语言文字规范意识和应用能力，具有一定的中国优秀传统文化及酒文化底蕴，具备化学、生物学、物理学、营养学和工程学等基础理论与知识，系统掌握食品科学与工程领域的基础知识、基础理论和专业技能，具有独立获取知识、提出问题、分析问题和解决问题及创新能力，能在食品生产、加工流通企业和食品科学与工程有关的研究、进出口、卫生监督、安全管理等部门从事食品或相关产品的科学研究、技术开发、工程设计、生产管理、设备管理、品质控制、产品销售、检验检疫、技术培训等方面的工作，具有宽广知识面、多领域适应能力的食品科学与工程专业相关领域应用型人才。

(2) 培养要求

毕业生应具备以下几方面的素质、知识和能力：

① 具有良好的职业道德、强烈的爱国敬业精神、社会责任感和丰富的人文科学素养；具有良好的质量、环境、职业健康、安全和服务意识；具有较强的学习、表达、交流和协调能力及团队协作精神。

② 熟悉食品工业发展的方针、政策和法规，具有在食品企业、市场和质检机构从事分析检验和质量评价的能力；掌握化学、微生物学、食品工艺学、食品保藏学、食品分析与检测、食品机械与设备、食品营养学与食品安全学等学科的基本理论、基本知识和基本实验技能；了解食品储运、加工、保藏及资源综合利用的理论前沿和发展动态。

③ 具有工艺设计、设备选用、加工技术、食品生产与管理和技术经济分析的能力；具有良好的专业素养和职业发展学习的能力，掌握信息化社会交流表达的方式与信息获取方法，能够阅读英语专业文献，具有一定的科学研究和较强的实际工作能力；具有综合运用所学科学理论提出和分析解决食品科学与工程领域实际问题的能力；具有较好的组织管理能力，较强的交流沟通能力、环境适应和团队合作能力；具备人类健康与资源环境和谐发展的理念、自觉将自然生态的一般原则应用于食品资源开发、食品加工与流通等环节。

(3) 学制与学位

本专业实行 4 学年的基本学制；按学年学分制管理，实行弹性学习年限 3—6 年，在此期间学生可以重修课程以达到成绩合格。学生完成本科人才培养方案规定课程，修满 172 学分（不含综合素质拓展 8 学分），成绩合格，毕业论文（设计）达到要求，方可毕业。符合学校学士学位授予工作细则规定条件的毕业生，授予工学学士学位。

(4) 培养特色

本专业采用“产教融合”人才培养模式。具体阐述如下：

① 采用“产教融合”人才培养模式，注重培养学生的实践能力和创新意识。

② 校企共同设计课程体系和开发课程资源。

③ 校企共同开展专业技能训练和模块化实训环节。

④ 校企共同指导学生毕业设计和毕业论文。

3. 课程体系

《食品科学与工程专业人才培养方案》中设置的思政类课程共计7门，完全符合《普通高等学校本科专业类教学质量国家标准》的相关要求。本专业基础课程结构完整，资源丰富，涉及思想政治理论、外语、数学、体育、物理、计算机技术多个方向15门课程，并设有人文艺术类、社会科学类、自然科学类等通识教育课程，学时学分设置符合国家本科教育要求。总学分为172分，实验及实践教学64学分，占总学分的37.23%。主要实践课程及环节包括：军训、入学教育、茅台生产认识实习、食品专业社会调查、思政课实践（含心理健康教育）、食品微生物、食品分析检测（产教融合课程）、食品工艺学综合实验、专业实习、创新创业训练、毕业实习、毕业实习设计（论文）等。食品科学与工程专业的专业核心课程（专业基础课和专业主干课）为15门，100%的覆盖普通高等学校食品科学与工程专业教学质量国家标准理工类高校的核心课程，实验课开设比例也是100%。此外，根据本科专业特色开设的专业选修课程，其开课率达95%。

4. 课程实施

本专业课程实施严格依据学校《教学管理规程》《教学检查制度》《排课管理办法（暂行)》等相关规章制度要求，严格把控课程实施过程。

课程教学大纲是课程的教学各环节指导性文件，食品科学与工程专业在制定课程教学大纲、编写教案时组织本专业教师理清课程之间的关系，根据各专任教师的专业特长及教学任务安排，按照《食品科学与工程专业人才培养方案》《食品科学与工程系课程大纲管理办法（试行)》和《食

品科学与工程系教案编写指导性意见（试行）》等文件进行编写，大纲和教案经过教研室组织研讨，审核通过后严格执行。随着教学内容的不断更新，不断完善和更新教学大纲，使大纲具有普遍性、先进性和相对稳定性，结合本专业培养目标，邀请系教学督导小组进行指导，对现有教学大纲进行完善修订。期末考试命题严格按照《考试工作管理办法（试行）》进行，有一套较为完善的试卷出题、考试、改卷、分析等的规定，在检测教学质量关键环节的期末考试上严格把关，任课教师以课程教学大纲规定的知识内容、能力培养及相关的教学目标层次要求为依据，认真编制命题计划，并要求做到考试内容的权重分布与教学大纲的学时分布基本一致，考试科目需要编写 A、B 两套试卷，并要求试卷重复率小于 20%，试题参考答案和样卷必须分步骤给出标准答案，所有考试课程试卷命题必须经过教研室主任、系里负责人二级审核，严把命题质量关。本专业在教学运行和人才培养过程中，严格按照教学进程安排落实教学任务，教学计划执行情况较好，专业基础课和专业课程衔接良好。

本专业制定有课程建设发展规划，能够根据教学计划开出本专业全部课程。教研室多次就课程思政开展教研活动，注重把思想政治教育贯穿课程教学全过程。全体教师自觉遵守学校课堂教学管理规定，认真组织教学活动，教学过程组织规范，教学秩序良好，无任何教学事故发生。在教学内容设计上，突出新知识与新技术的结合，培养学生的创新思维和分析解决问题的能力；在教学方法上，100%采用信息化教学手段授课，利用学习通、雨课堂等教学工具，充分体现以学生为中心的教学活动；学生对专业基础知识的掌握较好，分析问题、解决问题的能力有一定的提升，课堂教学效果较好，学生满意度较高。

5. 专业评价

为更好地适应学校建设和改革需要，进一步加强教学过程监控，全面提高专业人才培养水平，依据学校《关于完善本科质量保障与监控体系的实施意见（试行）》《教学检查制度》和《学生网上评教管理办法》等有关规定，每学期期末，学校均组织学生对本学期所学课程及任课教师进行评价。学校对网上评教参与情况进行实时监控。网上评教结果是教师年度教学质量考核的重要构成之一，并为教师评优、评奖、评定职称等提供重要的数据参考。

系定期组织针对学生的专业满意度调查，主要围绕开设课程、学习氛围、专业教师的专业水平、人才培养目标和效果是否适应社会需要和企业需要等方面展开，全面了解学生对所学专业的满意程度，专业满意度高达90.3%。

本专业严格按照学校《关于完善本科质量保障与监控体系（试行）》《教学检查制度》《学生网上评教管理办法》和《学生教学信息员工作办法（试行）》等相关文件制度开展教学质量监控，在教务处、校督导和系督导的指导帮助下，定期开展常规检查、阶段检查与专项检查，并将检查结果及时反馈到相关教师以及时改进，教学计划、教学大纲、课堂教学、各类教学实践、成绩考核、教材选用等符合国标要求，教学质量得以稳步提升。学生网上评教系统从教师的教学效果、教学态度、教学方法与教学手段，教学内容与教学水平以及教师的教学执行过程等方面对教师们进行全方位的综合性评价。本专业开展同行互评、学生评教（参评率100%）、师生座谈会等教学质量活动。高级职称教师100%给本科生授课，授课课程超过70%，学生评教满意度较高。2019年至今，本系制定实施了《教学管理制度汇编》（29项制度），开展听评课累计超过800次，教学督导常态化，教学评价优良率达100%，学生评教平均90分以上。

二、教学资源及利用

（一）教师情况

1. 专业负责人

吴广辉，副教授，硕士研究生，中共党员，食品科学与工程教研室主任，2005年食品科学与工程专业本科毕业，2008年农产品加工及贮藏工程专业硕士研究生毕业，“河南省综合评标专家库评审专家”“河南省政府采购专家库评审专家”“河南省食盐定点批发企业审核专家”“河南省农产品加工技术专家”“漯河市工业和信息化专家库评审专家”等；获得“河南省教育厅学术技术带头人”“漯河市专业技术拔尖人才”“漯河市青年拔尖人才”“漯河市优秀教师”“校级优秀教师”“仁怀市优秀教师”“校级优秀班主任”等荣誉称号。有食品企业和高校工作经历，“双师型”教师，主编教材《食品原料学》《食品质量与安全》，主持省部级项目1项、市厅级项目1项、校级项目2项，参与省部级项目1项；第一作者（通讯作者）发表论文10篇（其中核心4篇）；获得省市教科研成果奖6项；获授权专利5项（其中发明专利2项、实用新型专利3项）；在中国大学MOOC主讲精品在线开放课程“肉制品加工技术”等。目前主讲课程“食品分析”“食品分析检测”“食品保藏学”等。

2. 专业课程教师

（1）数量与结构

食品科学与工程专业现共有专任教师27人，其中本系自有教师为19人，占比为70.37%，有14位老师具有食品相关的行业从业经历。食品科学与工程专业现基本形成了一支高校与行业相融合的专兼职教师队伍，为产教融合准备了师资条件。其中，硕博比例为92.59%；高级职称85.18%；生师比15.5∶1，满足国标要求。

（2）主讲教师资格

食品科学与工程专业自有教师都经过岗前培训合格，并取得了高校教师资格证书；专业课主讲教师27人，其中具有讲师及以上专业技术职务100%。

（3）高级职称教师承担课程情况

食品科学与工程专业共有高级职称教师23人，其中正教授（含正高级工程师）7人，100%承担本科生教学任务。高级职称教师承担课程占课程总数的83%，大于教学评审指标中的50%的要求。

（4）师德师风水平

① 职业道德

食品科学与工程专业教师重视师德师风工作，多次召开师德师风工作专题会议，利用老师培训、教职工会议、教研室研讨会和教学例会等组织教师学习相关文件，加强教师的职业形象，职业责任、职业纪律和法制教育，提高师德修养，规范从业行为。建立了规范教师行为的若干意见，要求教师在日常的教学工作中严格要求自己，加强课程思政，言传身教，提高教师的师德修养和敬业精神，尽职履责，完成教书育人的崇高使命。

② 治学态度

教师严格遵守学术道德规范，实行“学术道德一票否决制”，严谨治学，培养学生良好的学习习惯，在课堂上要求学生必须做到眼盯、耳听、心想、口说、手动。从严执教，确保课堂气氛紧张和谐，教学语言准确生动，课堂效率高，课后及时作出总结，写好反思。为人师表，建立良好师生关系，切实做好困难学生补差工作；加强学习，不断提升教师自身综合素质。吴广辉获得2022年度仁怀市优秀教师，校级优秀教师，2020年贵州省高校非思政课教师“课程思政”教学大比武——校级选拔赛三等奖、学校第三届青年教师教学技能大赛优秀奖等。

3. 专业教学改革

食品科学与工程教研室每个学期均在期初制定教研室工作计划和教研活动计划，围绕专业人才培养开展教研、教改、课程建设活动。教学团队教师均注重教学研究对教学改革的先导作用，从系级金课抓起，逐步上升到校级金课，目标是省级、国家级。

四年来专业教学团队积极探索教改项目、开展各种教学研究与实践活动，明确了高素质应用型人才培养的专业定位，优化课程体系、更新课程内容、改革教学模式、应用新的教学技术手段，实现了教学效果的明显提升。

针对课程体系，在学校人才培养方案指导性意见的引领下不断完善课程结构，优化专业基础课程、专业主干课程和专业选修课程结构，努力实现人才培养方案课程设置体现新工科特征。同时要求每一门专业课均制定了课程建设方案，明确了每一门专业课程的教学团队，不断完善实践教学体系。教师积极采用新的教学手段和教学方法，积极探索网络课程平台开发与使用，以项目驱动、问题解决激发学生自主学习的积极性，培养学生自主学习、合作学习的能力。

在教学改革与课程建设上，大力推进基于学习成果为导向的现代工程教育为主的“产教融合”模式，以提高素质为核心，传授知识为基础，实际动手能力培养为重点，在教学中充分利用优质的慕课教学资源，推行以学生为中心的线上线下混合教学模式改革。到目前为止，本专业教师共承担各级教改项目10项，其中省部级4项，厅级1项，校级5项，教师的参与率达 80.23%，发表教育改革论文 12 篇。

（二）教学设施

1. 实验教学条件

食品科学与工程专业建有 15 个教学实验室，并获批建设 2 个省级科技创新科研平台（省发改委“贵州省级保健酒酿造工程研究中心”、省科技厅“特色食品资源综合利用创新平台建设”）；1 个厅级工程研究中心（省教育厅“贵州特色食品资源开发及综合利用工程研究中心”）；与企业共建 1 个校级工程技术中心；获批遵义市人才基地 1 个（特色食品资源利用人才基地）；此外，与食品企事业单位合作建立了 8 个产教融合基地。

食品科学与工程专业拥有实验室 15 间，建筑面积为 1552.95m^2。截至 2023 年 10 月已建成食品工艺实训中心、食品分析实验室、食品化学实验室、生物化学实验室、食品安全检测与分析实验室、工程技术中心、微生物实验室、食品工程原理实验室等 10 个专业实验室。实验室生均面积达 4.36m^2；各实验室教学仪器设备总值 923.6 万元，生均仪器设备值达 2.59 万元。

截至 2023 年 6 月完成食品科学与工程专业 2019 的“生物学”“生物化学”“食品微生物学”“食品化学”“食品工艺学”“食品感官评定”“白酒工艺学”等专业基础课和专业课的实验内容；各实验室已制定较为完善的实验室管理制度。

2. 实践基地建设

根据人才培养目标和课程设置，食品科学与工程专业已建成产教融合教学科研基地 8 个，面向生产一线教学，为学生认知实习、生产实习和毕业实习等实践教学提供指导教师和培训基地，为实践课程的开设、应用型技术人才的培养提供有力保障。食品科学与工程专业 2019 级有 95%以上的学生在实践教学基地完成了相应的实习工作。

表 8-7　食品科学与工程专业校外产教融合基地

序号	基地名称	建立时间	接收学生规模	是否有协议	承担课程名称
1	茅台集团质量管理部	2017.09	100	有	专业实习、毕业实习
2	贵州省产品质量监督检验院	2019.11	100	有	专业实习、毕业实习
3	茅台保健酒业公司	2018. 5	100	有	专业实习
4	贵州遵义产品监督检验院	2019.7	100	有	认知实习、专业实习
5	贵州山珍宝科技开发有限公司	2019.7	100	有	专业实习
6	贵州酒类产品监督检验院	2019.7	100	有	认知实习、专业实习
7	贵州湄潭兰馨茶业有限公司	2019.7	100	有	专业实习
8	贵州湄潭茯莹食品开发有限公司	2019.7	100	有	专业实习

（三）教学经费

食品科学与工程专业实验室现有的仪器设备总值达 923.6 万元，生均教学科研仪器设备值 2.59 万元，2023 年度新增仪器设备 595 万元，仪器设备能满足实验教学的需要，实验室利用率高。食品科学与工程专业本科实习经费生均为2000元，实验经费每年度生均为800元。系里本着“合理开支、严格审查、专款专用、厉行节约”的原则，对实践教学经费的管理和使用效能负责。总之，本专业的实践教学经费达到国家办学基本条件要求。

（四）教材建设

教材建设也是高校教学工作的重要组成部分，是衡量一所高校办学水平高低的重要标志之一，是进一步深化教学改革、巩固教学改革成果、提高教学质量、造就高素质人才的重要环节。根据教育部《国家中长期教育

改革和发展规划纲要（2010—2020年）》的精神，结合食品科学与工程专业课程的教材建设规划要求选用教材，优先选用马工程教材、积极选用国家规划教材、面向21世纪系列教材、省优、部优教材和卓越工程师系列教材，整体教材选用、建设和使用情况良好。本专业教材主要来源于高等教育出版社、科学出版社、轻工业出版社和化学工业出版社等，优先选用近3年出版的“国家规划重点教材”“面向二十一世纪课程教材”、卓越工程师系列教材或省部优秀教材，以保证教材的先进性和前瞻性，其内容能够代表本课程的最新发展。

本专业采用5+3的“产教融合、校企协同育人”的人才培养模式，校企共同设计课程体系和开发课程资源，资源共享（人力、设备、场地等），针对专业课程规划以及办学特点，目前“食品分析检测”产教融合课程正在撰写校本教材。

三、教学过程与管理

（一）理论教学

1. 课程教学

（1）教学组织

严格按照培养方案开设课程，教学计划、教学进度严格按照教学大纲执行。开学前教研室制订工作计划，提出学期的工作任务安排、教学工作要求，对教师的教学工作准备情况进行检查，审核教学大纲、教学进度计划、教学PPT和教案等教学文件。最后由学校教务处统一下达教学任务书后，组织实施该课程的教学。

本专业课堂教学组织秩序良好，严格控制调停课，强调课堂教书育人，实施课程思政；新开课程与新教师都要进行试讲、做到课堂教学人人过关；开学前检查教学要件、教学期间系领导和教师不定时听课；系里开展开学初期、期中、期末“三检查”；系里定期召开教学工作会议（定在学院教学工作例会的次日）；每学年至少一次教师座谈会、学生（学生代表）座谈会；开展师德师风教育会、学生诚信考试宣讲会；组织教学讨论会和青年教师参与教学技能大赛等活动。

（2）思政课程与课程思政

严格按国家和教育部要求开足、开满“思想道德修养与法律基础”

“中国近现代史纲要”“马克思主义基本原理概论”“毛泽东思想和中国特色社会主义理论体系概论”“形势与政策”课5门大学生必修国家思想政治理论课程，教材均选用最新版马工程教材；按省教育工委要求，开设“贵州省情”，教材选用贵州省教工委指定教材。

开展专业课程思政主题培训，向同行学习，在开展的专业课程教学过程中强化课程思政和专业思政，强化教师的“立德树人”意识，推动我系各专业和各门课程加强课程思政建设，打造一批课程思政模范课堂，把思想政治教育贯穿教学全过程，构建与大思政教育体系同向同行的育人格局。

(3) 教学内容与方法

教学内容建设和课程体系建设是课程建设的核心。本专业精选经典教学内容，删除陈旧过时的教学内容，去掉课程内容之间不必要的重复。注重知识的科学性、先进性和实用性，将当今科技发展和本学科最新科技成果引入课堂教学，更新和完善课程教学内容。在教学过程中注重对学生学习能力、思维能力、动手能力和创新能力的培养。要正确处理单门课程与系列课程建设的关系，单门课程教学内容和结构优化应服从于课程体系的整体优化，建立相对稳定与动态更新相结合的新型课程体系。

在教学过程中，教师以现代教育思想为指导，确立学生在教学活动中的主体地位，强调师生互动，充分调动学生的积极性、主动性和创造性。根据不同的教学目标、教学内容、教学对象，因材施教，改革“满堂灌”“填鸭式”的传统教学方式，采用启发式、讨论式、案例分析等生动活泼的教学方法，为学生自主学习创造良好条件。积极运用多种PPT呈现形式、慕课视频（MOOC）、雨课堂、超星学习通等现代信息化教学手段和工具，积极践行翻转课堂、混合式教学等模式，效果良好；在教学过程中也注重学生创新精神的培养，注重学生与老师线上线下的交流与互动，教学质量稳步提升。

2. 课程考核

本专业高度重视课程考核工作，严格要求任课教师必须根据课程特点，按照大纲命题，考试试卷的参考答案和样卷必须分步骤给出标准答案，过程化考试或作品考试必须明确考试要求和评分标准和得分点。所有考试课程试卷必须提交期末考试命题计划，并经过教研室主任、系主任的二级审核，严把命题质量关。考试过程严格执行《食品科学与工程系监考工作管理办法（试行）》的要求，监考老师认真填写考场记录表，对于考场环境、考场秩序必须认真、完整地填写记录，并最后随试卷装订后放入试卷袋。

试卷批改要求任课教师依据评分标准进行评阅。由两名或两名以上教师担任的课程，试卷批改采用流水作业方式，阅卷教师在所阅题目前签名。试题中的每一题重新改分的地方都要签名备查。任课教师对所讲授课程的考试结果进行分析，撰写成绩分析报告。主要包括：从对试卷内容的深度、广度、区分度、难易度等方面对考试内容考试成绩进行分析；从教学内容、方法、手段的改进，按照相关课程要求，对试卷内容、题型、题量的修订等方面，提出对改进教学、修订试卷的意见和建议。若成绩不符合正态分布，譬如，优秀率或不及格率偏高等，任课教师应对此进行分析和总结，提交说明报告，制定改进措施。第二学期开学后，学校督导和系里督导、教研室均会对试卷进行详细检查。

3. 课程归档

本专业严格按照学校《教学档案管理办法》开展教学资料归档工作。实行教学工作与教学档案建档工作同步管理，布置、检查、总结、评估教学工作的同时，保证了材料的完整、准确、系统和安全。

本专业课程资料全部按要求在学期末进行课程归档。归档材料包括：教学大纲、教案、讲义、课件 PPT、试卷、部分作业、实践教学材料、毕业论文等相关教学文件。归档材料由教研室组织任课教师负责收集完成，交由教研室主任检查确认，最后统一交系里档案室进行存档，由系里教学秘书对教学文档资料科学分类、规范管理。

（二）实践教学

1. 实验实训

为了符合应用型专业人才的培养目标要求，食品科学与工程专业实验实训教学学分为 64 分，占总学分 172 的 37.23%。此外，本专业科学合理地设计实验实训教学内容，把实验实训教学分为：

(1) 实验教学环节

主要包括：综合化学实验（一）、综合化学实验（二）、大学物理实验、物理化学实验、食品工程原理实验、食品微生物学实验、生物化学实验、食品化学实验、白酒工艺学实验、食品工艺学食品、食品分析实验等，实验内容从基础逐渐向专业过渡。

(2) 独立实践环节

食品科学与工程专业严格按照教学计划与教学大纲开设实践环节。主要包括：军训、各种实习环节、技能训练环节（课程设计）、毕业设计（论文）、第二课堂（创新创业训练），具体阐述如下：

① 从时间上保证实践教学的开展。本专业学生用于军训 2 周、各种实习环节 21 周、技能训练环节（课程设计）4 周、毕业设计（论文）12 周、第二课堂（创新创业训练）贯穿大学四年，思政课程 4 周，共计 57 周，主要实践课程见表 8-8。

表 8-8 食品科学与工程专业校外产教融合基地

名称	课程号	学分	学期	周数	实践时间	实践地点
军事技能训练	36001479	2	1	2	第 1~2 周	学校
茅台生产认知实习	28001160	1	2	1	第 9 周	酒厂
思政课实践	07000718	2	1-4	4		
社会调查	28001097	2	2-4	4		食品企业、生活所在地
食品工程原理课程设计	03001573	1	4	2	第 17~18 周	学校
专业实习	28000631	4	7	8	第 11~18 周	食品企业
创新创业训练	03001572	2	7	2	第 9~10 周	食品企业、学校
毕业实习	28000639	4	8	8	第 1~8 周	省内外食品企业
毕业设计（论文）	28000632	6	8	12	第 9~20 周	省内外食品企业、学校
专业认知实习	28001094	1	4	2	第 17~18 周	贵州省食品企业

续表

名称	课程号	学分	学期	周数	实践时间	实践地点
食品工艺学综合实验	38001570	1	5	2		食品企业、学校
食品分析检测（产教融合）	38001569	1	6	2	第17~18周	食品企业、学校
合　计		27		49		

② 规范制定专业实践教学大纲和指导书。实践教学大纲应根据人才培养的能力、素质目标，合理设置实践项目，开设验证性、综合性、设计性实验。

③ 针对实验教学，制定了完整的实验室管理制度，规范实验教学流程；拟建实验室开放计划，向学生开放实验室。开放实验室实行预约开放，实验室工作人员按预约时间为学生服务，培养学生的实践动手能力。食品科学与工程专业严格按照教学计划和教学大纲开设实验课程，实验开出率达到100%。

④ 不断完善实验内容，增加综合性、设计性实验，促进了学生知识的综合运用能力和创新能力的提高。

⑤ 建立完善的实习教学管理办法。

⑥ 除在茅台集团内建立2个产教融合基地外，与地方特色食品企业合作建立了6个稳定的集团外产教融合基地，每年可保证400—500名学生参加。

⑦ 积极组织开展第二课堂创新创业实践活动，通过学生申报“双创”项目或参与教师科研项目，培养学生创新创业能力。

2. 实习情况

本专业的实习教学严格按照培养方案实施，应开尽开，达到了相应的教学目的和要求。实习教学大纲和指导书齐全，学生实习报告等均按照要求完成。食品科学与工程具有10名双师型、具有工程背景、行业背景的教师，并且和食品相关企业联系合作，成立稳定的校外实习实训及产教融合教学科研基地。

根据学校的办学定位和本专业的培养特色，食品科学与工程专业按照以下顺序进行实习。学生在大一有为期一周的茅台认识实习，茅台生产认知实习是课堂教学的有效延伸和必要扩展，通过认知实习使学生更好地完成学校规定的教学内容。此外，通过茅台生产认知实习，使学生了解行业企业发展现状，培养学生的专业认同感，为学生的职业生涯发展打下良好的基础。

在大二阶段有为期两周的专业认知实习，专业认知实习是本专业人才培养方案中的重要实践环节，是初步建立食品质量工艺等专业知识认知的过程。其教学任务：一是学生通过对食品生产、检验、分析、品评等环节的现场观察，建立质量安全控制方面感性认识；二是在企业教师指导下了解企业发展现状、厂区规划、车间布局、生产工艺、质量检测等情况，建立管理经营方面感性认识。为学习专业课程，如食品工艺学、食品分析等打好基础。学生在对本专业的专业课程熟悉掌握和运用前，必须对本专业的课程设置及内容有一定的了解，并能针对生产实践对理论的要求，对于生产与课程的联系有一定的认识，从中找到实习的重点，从而明确实习目的，理解实习内容与实习要求，通过多看多问，通过技术人员与指导教师的讲解，建立起本专业与生产实践相联系的感性认识。

大三开展专业实习，通过专业实习，学生可以学习食品工艺质量标准、控制体系和控制指标。学习食品生产过程中的原辅材料、半成品和成品的控制指标及检测标准、方法和操作技能。学习食品包装材料的控制指标、检测方法和操作技能。学习成品出厂前检测标准及方法。学习抽样方法、样品处理、检测方法和报告格式等。学习各种检测方法中用到的仪器设备、工具和试剂等规格、性能和技术指标要求。

大四开展毕业实习，通过毕业实习，可以使学生将所学的理论知识和基本技能综合应用于实践环节，培养学生具备从事专业相关工作的独立操作技能，初步具备在食品科学与工程领域从事生产、研究、经营及管理工作的基本能力。

3. 毕业论文/设计

本专业高度重视本科毕业设计（论文）的相关工作，制定了《食品科学与工程系学士学位论文（设计）工作管理办法》和《食品科学与工程系本科毕业设计（论文）分类评分标准》。食品科学与工程2019级毕业学生共有151人，根据教学计划的规定，按照学校和系的统一部署，在食品科学与工程教研室的精心组织和全体指导老师、学生的共同努力下，做好了以下相关工作：

（1）食品科学与工程专业2019级毕业论文的组织动员工作于2022年10月启动。食品科学与工程系成立了专门的毕业设计（论文）工作小组，对毕业设计（论文）全面负责，认真组织教师、学生学习学校《本科毕业设计（论文）工作指南》，使广大师生明确了各自要求，熟悉规范，在思想上高度重视本科毕业设计（论文）工作，为后续工作奠定了基础。

（2）本着抓早、抓紧、抓细、抓好的原则，食品科学与工程专业教研室认真组织具有指导资格的教师为本专业学生提供设计（论文）选题166个（110%的比例出题），选题全部与本专业直接相关，主要来源于教师的科研课题、学生的专业实习实践和教师选题。经过食品科学与工程教研室有关教师充分讨论，经系审核后，于2022年11月面向学生公布了论文选题。

（3）2022年11月，召开了学生设计（论文）选题会议，在学生教师双向选择的基础上，按照每位指导教师指导学生数不超过8名的规定，为所有学生安排了经验丰富的指导教师，保证毕业设计（论文）质量。

（4）为了保证本科毕业设计（论文）的质量，专业教研室按学校统一规定，指导老师每周至少指导学生一次，累计不少于12次，指导过程记录完整。通过CNKI系统对设计（论文）过程进行管理，严格把好三关：选题关、过程关、答辩关。

（5）认真指导学生的设计（论文）写作，规范毕业设计（论文）的写作格式，按规定时间先后完成资料收集、设计（论文）初纲、设计（论文）写作、初稿修改和最后定稿。

（6）高度重视答辩各环节工作，成立答辩委员会。答辩委员会负责组织制定毕业论文（设计）的成绩评定标准，制定答辩规则、程序，组织各专业成立答辩小组，答辩小组由5名讲师以上职称专任老师组成，其中答辩主席必须具有高级职称。

（7）设计（论文）成绩评定：根据《食品科学与工程系本科毕业设计（论文）分类评分标准》。采用指导老师评阅占分比为30%、同行评阅占分比为20%和论文（设计）答辩占分比为50%的方式得出总成绩。然后，根据总成绩分为以下五个等级：优秀（90—100分）、良好（80—89分）、中等（70—79分）、及格（60—69分）、不及格（60分以下）。

（8）效果评价：通过撰写毕业设计（论文），使毕业生总结归纳了所学的专业知识，提高了理论联系实际的能力，了解和初步掌握了设计（论文）的写作方法。

（9）教学总结：对毕业设计（论文）工作进行总结，查找问题与不足，提出合理的整改方案。对2019级学生毕业设计（论文）进行评优，完成2019级毕业论文集。整个毕业设计（论文）工作环节有制度、有规范、结合实际、符合培养目标的要求。

（10）学位授予：根据《中华人民共和国学位条例》《中华人民共和国学位条例暂行实施办法》及学校《学士学位授予实施细则（试行）》，经学生本人申请、各系学位评定小组审核，教务处复核，学校学位评定委员会2023年6月13日会议表决通过，2023年6月21日第十六次校长办公会研究同意，学校决定授予2023届徐科宇等1743名本科生学士学位，补授赵桥桥等17名往届本科生学士学位。其中，食品科学与工程系食品科学与工程专业2019级本科毕业生获得学位的人数为144名，占该专业的毕业生的95.36%（学位授予率）。

（三）质量管理

1. 教学质量监控

（1）多层次，多维度的学期评教

重视教学管理制度和质量监控建设，由教学督导小组监督，初步形成了教学督导巡视检查、督导全面督查、同行互评互促、学生评教、师生共同评学的质量监控体系；围绕教学计划、课程建设、课堂教学、课程考核等关键教学环节，建立有关管理制度。学期初，对教学准备工作、教学设备到位情况和教师备课情况进行检查；学期中，对课堂教学、教学进度、教案、辅导和作业等教学环节进行普查和抽查；学期末，对考试环节重点检查，对全体教师进行师生互评、同行互评的教学评价等。教研室成立教学检查小组集中检查和听课，对课程教学大纲与听课制度的执行情况进行检查，督促老师听课、填写听课记录表并存档。

本专业十分注意教学管理规范建设，不断完善教学管理制度，使教学检查制度化、常态化，形成了良好的教学秩序。教学质量监控采取的措施和成果如下：

① 进一步加强了教学规章制度建设。制定了《食品科学与工程系关于加强和完善教学质量监控与保障体系的若干意见》《食品科学与工程系课堂教学质量评价管理办法》《食品科学与工程系关于严肃教学纪律，规范教学行为的若干规定》《食品科学与工程系教学督导工作实施办法》《食品科学与工程系学生教学信息员管理办法》等管理制度。正在制定《食品科学与工程系教学指导委员会工作条例》《食品科学与工程系学术委员会工作条例》《食品科学与工程系教师座谈会制度》《食品科学与工程系学生座谈会制度》等规章制度，从而使教学管理规范化和有序化，取得了良好效果。

② 完善教学档案管理。教学档案按照学校有关管理办法及时归档。

③ 建立健全教学质量监控体系。形成校、系、教研室三级督导听课制度，保证教学质量。

校级督导听课，由质量监测与评估中心负责，包括校领导听课、校级教学督导组专家听课、教务处工作人员督导、质量监测与评估中心成立的班级教学信息员联络群等。

系级督导听课，由系领导班子成员和系督导负责督导听课，包括日常教学秩序的检查；教师学生的出勤纪律；严格把好请假、调课手续；做好期初、期中、期末教学检查工作；期末召开教师座谈会和学生座谈；系领导随机抽听课等。

教研室督导听课，由教研室主任负责，包括检查教师教学进度、教学效果、作业布置；教学科研管理工作的研究、落实、实施和检查；教研室隔周召开教研活动；试卷命题与考试监控体系、教研活动监控体系为核心的专业教学质量监控系统；教研室同行教师互听、教研室教学观摩集中听课、教研室主任随机抽听等。

④ 开展学生评教活动。每学期末，对每位在岗任课教师以班级为单位进行网上问卷调查，让学生给教师进行打分评估，使教学双方互相监督、互相促进，共同发展。学生评教结果显示，本专业任课老师的分值均在90分以上。

⑤ 日常教学监控由班主任负责。每个班配备专任教师作为班主任，通过随堂听课、联系学生、查寝聊天等方式获取日常班级学生学习状态和任课教师教学状态，进行日常教学质量监控。

⑥ 教学信息反馈和处理。校级教学督导反馈信息由质量监测与评估中心工作人员及时传达给系管理人员，该整改的及时整改，该学习的组织认真学习，保证教学监控和反馈机制畅通，有效提高教学质量。每学期分别召开学生座谈会，各学生代表分别从课堂情况、教师的上课情况、系教学管理情况等方面提出存在的问题和意见建议，系领导现场解答，提出解决办法。

(2) 持续的专业满意度年度调查

为全面了解食品科学与工程专业满意度现状，提高专业教学工作水平，结合专业实际，设计了食品科学与工程专业满意度调查问卷。对在读本专业学生进行专业满意度调查，共发放问卷 504 份，回收有效问卷 486 份。统计分析结果表明，各年级学生对专业满意度评价达到比较满意以上占比分别为 85.26%、89.43%、91.24%和 95.26%。

四、课外培训

(一) 创新创业

主要包括互联网+大学生创新创业大赛、学科竞赛以及参加创新创业训练计划等。通过实施国家级和省级大学生创新创业训练计划，促进高等学校转变教育思想观念，改革人才培养模式，强化创新创业能力训练，增强高校学生的创新能力和在创新基础上的创业能力，培养适应创新型国家建设需要的高水平创新人才。在学生团队和指导老师的积极努力下取得骄人的成绩，2022 年度获得 4 项省级创新项目立项。

本专业学生申报创新创业项目 40 余项，参与创新创业项目累计达 126 人次，参与教师科研项目训练 120 人次，总体参与率为 37.7%。学生获第六届中国国际“互联网+”创新创业大赛贵州省省赛高教主赛道银奖 1 项、第六届中国国际“互联网+”创新创业大赛贵州省省赛红旅赛道铜奖 1 项。2021 年“欧倍尔杯”第三届全国食品专业工程实践训练综合能力竞赛国家二等奖。2021 年第七届国际互联网+大学生创新创业大赛国赛中获得高教主赛道获得金奖。全国大学生机器人大赛 ROBOMASTER 机甲大师高校单项赛获三等奖。2023 年获得第八届全国大学生生命科学竞赛三等奖。2019 级食品科学与工程专业的学生获得 236 项学习和实践奖励，其中省级以上奖励为 21 项。

表 8-9 食品科学与工程专业学生获奖统计（部分）

序号	项目名称	所获奖励或支持名称	时间	等级	授予部门
1	第八届全国大学生生命科学竞赛	三等奖	2023. 08	国家级	全国大学生生命科学竞赛委员会
2	第十八届“挑战杯”全国大学生课外学术科技作品竞赛	二等奖	2023. 09	省级	贵州省教育厅
3	贵州省第二届大学生农产品创新创意大赛	一等奖	2022. 02	省级	贵州省食品科学技术协会
4	贵州省第二届大学生农产品创新创意大赛	二等奖	2022. 02	省级	贵州省食品科学技术协会
5	贵州省第二届大学生农产品创新创意大赛	三等奖	2022. 02	省级	贵州省食品科学技术协会
6	第四届全国食品专业工程实践训练综合能力竞赛总决赛	二等奖	2022. 08	省级	江南大学
7	第八届贵州省互联网+创新创业大赛（紫绣黔程）	铜奖	2022. 07	省级	贵州省教育厅
8	第八届贵州省互联网+创新创业大赛（仁间美酒馆）	铜奖	2022. 07	省级	贵州省教育厅
9	第六届贵州省互联网+创新创业大赛	银奖	2022. 07	省级	贵州省教育厅
10	2021 年第七届国际互联网+大学生创新创业大赛	金奖	2021. 10	国家级	教育部、共青团中央等 13 家单位共同主办
11	2021 年“欧倍尔杯”第三届全国食品专业工程实践训练综合能力竞赛	二等奖	2021. 11	国家级	教育部高等学校食品科学与工程类专业教学指导委员会

续表

序号	项目名称	所获奖励或支持名称	时间	等级	授予部门
12	全国大学生机器人大赛ROBOMASTER 机甲大师高校单项赛	三等奖	2021. 08	国家级	共青团中央
13	第十二届全国大学生数学竞赛	优秀奖	2021. 05	国家级	中国数学学会
14	2020 网络知识竞赛	优秀奖	2020. 10	国家级	中国大学生在线
15	2021 年贵州省高校大学生讲思政课公开课展示活动	二等奖	2021. 9	省级	贵州省教育厅
16	2020“全国高校爱国”知识竞赛	三等奖	2020. 10	省级	河北省传统文化促进会
17	第六届中国国际“互联网+”创新创业大赛贵州省省赛高教主赛道	银奖	2020. 09	省级	贵州省教育厅
18	第六届中国国际“互联网+”创新创业大赛贵州省省赛红旅赛道	铜奖	2020. 09	省级	贵州省教育厅
19	美丽中国我是行动者环保公益活动	优秀奖	2020. 09	省级	中华环保联合会
20	2020 年“全省大学生年度人物”	全省大学生年度人物	2020. 08	省级	贵州省教育厅
21	省级“先进班集体”	先进班集体	2019. 12	省级	贵州省教育厅
22	贵州省普通高校优秀学生干部	优秀学生干部	2019. 12	省级	贵州省教育厅
23	2018—2019 学年国家励志奖学金	国家励志奖学金	2019. 12	省级	贵州省教育厅
24	第十一届全国大学生数学竞赛	贵州赛区一等奖	2019. 11	省级	中国数学会
25	第十一届全国大学生数学竞赛	贵州赛区二等奖	2019. 11	省级	中国数学会

（二）综合实践

在每年的寒暑假社会实践活动中，食品科学与工程专业所有学生均需要结合自身实践，认真填写实践调研报告，作为个人第二课堂成绩认证材料。食品科学与工程专业学生还积极参与了学校组织的暑期三下乡社会实践活动，学生参加社会实践活动参与率达100%。

五、培养效果

（一）生源质量

1. 报到情况

生源数量与结构情况见表8-10，2019～2023级报到率分别为94%、94%、100%、97.1%和98.8%。近五年，学校食品科学与工程专业生源多元化发展，生源质量与专业发展势头良好。

表8-10　2019—2023级学生生源区域分布

生源分布	2019级	2020级	2021级	2022级	2023级
贵州	114	76	91	53	73
广西	1				
河北	3	2	2	2	2
河南	4	2	2	2	2
湖北	1				
湖南			2	2	2
山东	3	1	2	2	3
陕西	2				
四川	3	2	2	2	2
重庆	4	2		2	2
云南		2			
江苏					
吉林	2				
广东		1		2	2
福建					
安徽	3	2	2		

续表

生源分布	2019 级	2020 级	2021 级	2022 级	2023 级
辽宁	1	2	2	1	2
合计	141	94	105	68	89

（1）生源分布

由表8可以看出，2019级食品科学与工程专业生源扩大到9个省（市），2020级食品科学与工程专业生源进一步扩大到十个省（市）。

（2）入学成绩分析

表8-11　2019—2023级学生入学成绩情况

生源分布	2019 级		2020 级		2021 级		2022 级		2023 级	
	最低分	最高分	最低分	最高分	最低分	最高分	最低分	最高分	最低分	最高分
贵州	390	411	411	442	392	415	394	418	407	427
广西	386	393								
河北	437	446	472	474	451	451	464	466	469	469
河南	429	431	481	484	463	468	461	464	470	473
湖北	434	442								
湖南			475	477	473	475	446	451	453	454
山东	456	458	485	487	479	479	476	476	479	480
陕西	437	437								
四川			482	483	473	474	472	478	478	488
重庆							463	467	454	459
云南			461	463						
吉林	390	416								
广东			465	466			494	495	494	497
辽宁	436	442	437	437	427	436	438	440	442	444
安徽			464	464	442	444				

近5年，贵州省生源高考分数呈现整体上升趋势，2019到2023年，最低分390分到407分，最高分411分到427分。其他省份生源高考分数也呈现整体上升趋势。以山东省为例，食品科学与工程专业生源最低分从2019年456分增加到2022年的476分，2023年为479分；最高分从2019年的458分增加到2022年的476分，2023年为480分。综合来看，学校食品科学与工程专业生源高考分数越来越高，生源质量越来越好。

（二）就业率

食品科学与工程系坚持把促进毕业生就业创业工作摆在首要位置，将就业创业工作作为“一把手工程”，制定2023届毕业生就业工作计划。成立由系主要领导和教研室主任为成员的就业工作领导小组，2023届毕业班辅导员和班主任担任就业工作成员，全面推进毕业生就业创业工作。系里加强督查和考核，抓工作落实，明确工作职责，努力把就业工作做实、做细。实行食品科学与工程系毕业生就业创业工作领导小组集中领导，毕业班班主任和毕业设计（论文）指导教师参加，毕业班辅导员落实的三级毕业生就业创业工作管理模式。毕业生就业创业工作领导小组严格落实“三严禁”“四不准”要求，毕业班辅导员是本班级学生就业工作的第一责任人，班主任和毕业设计（论文）指导老师协助辅导员做好学生就业工作。辅导员根据班级学生思想状况和就业情况有针对性地进行指导，制定切实可行的措施，确保班级学生实现充分就业。在指导期间做好毕业生就业协议书的发放、催收、保管、报送和就业信息的录入、汇总等工作，及时对毕业生签约情况进行电话回访、确认。

我系对本科生班级细化工作目标，并对本科毕业班辅导员就业工作实行按月考核。实行党政领导约谈制，党政领导约谈未完成目标任务的辅导员。建立未就业学生信息数据库，准确了解毕业生未就业的原因以及自身的就业意愿，持续不断的为其提供就业指导和就业咨询等服务，切实做到“离校不离心，服务不断线”，帮助未就业毕业生转变就业观念，针对性地提供企业招聘信息，尽最大努力促使其及时实现就业创业。通过系里全体教师上下的共同努力，到2023年8月31日，食品科学与工程2023届毕业生总人数为151人，初次就业率为86.1%，截止到2023年12月24日就业率为92.7%。

学生的就业质量是高校人才培养成效的重要体现。为此，我系高度重视学生的就业与发展，将立德树人作为人才培养的根本任务，坚信良好的综合素质是学生立足社会的根本，是打开理想职业之门的基础。根据食品科学与工程专业学生主要就业岗位和企业反馈的岗位需求，不断深化课程体系改革，优化课程设置，根据需要适时更新课程内容，不断夯实学生的专业基础，以提升食品科学与工程专业学生的就业竞争力。秉持“知行合一”的原则，重视实践教学，不断探索提升食品科学与工程专业学生的动手操作能力的实践教学体系，形成一整套完善的实践教学体系。重视产教融合基地建设，产学研结合，在不断地合作中发展出一批成熟的实习基地，让学生在实践中不断提升自己的专业技术水平和实践创新能力，与企业互动，提高双向选择的效果和就业率。

（三）学生发展

1. 学生党员

（1）本专业的学生全部通过已开设的政治理论课程学习。

（2）以党建带团建，以团建促党建，完善推优机制，提高本专业学生的政治觉悟和理论水平，不断发展学生党员队伍。近四年来，先后有111名学生提交入党申请书，发展学生预备党员34名，确定学生发展对象51人，入党积极分子78人（含发展对象51人）。据不完全统计，先后有入党积极分子169人次参与无偿献血、疫情防控等志愿服务活动。

2. 职业证书

本专业高度重视学生专业基本理论与专业基本技能的教学与培养，强调与引导学生学好专业基础课程，鼓励学生把学与用紧密结合，提升学生的基本技能，学生学习积极性高，专业基础理论和基本知识掌握较为牢固。

学生积极考取各类职业、技能证书。截至2023年12月，食品科学与工程专业学生在各类学科、科技竞赛、文体竞赛中共计获奖230项，其中学科竞赛50项，文体竞赛106项。其中，国家级6项，省级10项，校级214项。食品科学与工程专业2019级、2020级、2021级共计320人次，考取农产品食品检验员、化学检验员、粮农食品安全评价等职业资格证书7人，二级以上计算机证书21人，其它各类证书获取人数为61人次。

3. 学位授予率

根据《中华人民共和国学位条例》《中华人民共和国学位条例暂行实施办法》及学校《学士学位授予实施细则（试行）》，经学生本人申请、各系学位评定小组审核，教务处复核，学校学位评定委员会2023年6月13日会议表决通过，2023年6月21日第十六次校长办公会研究同意，学校决定授予2023届徐科宇等1743名本科生学士学位，补授赵桥桥等17名往届本科生学士学位。其中，食品科学与工程系食品科学与工程专业2019级本科毕业生获得学位的人数为144名，占该专业的毕业生的95.36%（学位授予率）。

（四）满意度

1. 课程满意度

每学期末，对每位在岗任课教师的课程以班级为单位进行网上问卷调查，让学生给教师进行打分评估，使教学双方互相监督、互相促进，共同发展。在学评教中本专业任课老师的课程的分值均在90分以上。

2. 专业满意度

为全面了解食品科学与工程专业满意度现状，提高专业教学工作水平，结合专业实际，设计了食品科学与工程专业满意度调查问卷。对在读本专业学生进行专业满意度调查，共发放问卷356份，回收有效问卷345份。统计分析结果表明，学生对专业满意度评价达到比较满意以上占比为91.6%。

六、存在的主要问题与整改措施

（一）存在的主要问题

1. 教材建设

教材选用的是国家统编和规划教材，没有特色鲜明、与酒行业和地方食品行业生产实际贴近的产教融合自编教材。

2. 学生学风

少数学生还存在目标不明确，学习自律不强；创新、创业活动参与度有待进一步提高。

3. 教研教改

教学研究与改革项目相对不足，加强教研成果应用。

（二）整改措施

1. 推进教材建设

理论教材选用优秀或规划类教材，同时激励校企合作编写具有专业特色实验教材，确保产教融合课程内容服务酒行业和地方特色食品产业。

2. 强化学风建设

优化学风建设方案，奖惩并重；组织学生学习规章制度，人人知晓，依章办事；引导学生参加教师科研和“双创”活动中来，激发学生探索未知领域的热情。邀请校内外学者专家进行学术讲座，拓宽学生视野，立鸿鹄之志。

3. 激励教学改革

教学改革必须加强领导，与科学研究并重，加大激励教师申报各级各类教学研究与教改项目的力度。

七、自评结论

食品科学与工程专业依托茅台集团公司和地方食品产业资源，紧密结合我省发展战略和产业需要，构建符合学科前沿性和交叉性为特征的“基础研究–技术创新–工程应用”三位一体的产教融合课程体系，是本专业发展的一大亮点和特色。

经过5年的建设，专业内涵建设较丰富，人才培养目标和专业定位明确；师资队伍的职称、学历、年龄、学缘结构相对合理；教学观念、方法与方式契合现代信息技术应用、“金课”建设和“教学革命”的需求。我系获批建设省级工程技术中心、特色食品技术创新平台、厅级工程研究中心和市级人才基地建设；教学科研实验室及产教产研融合基地已经逐步展开；教学制度体系设计完整，教学、教改成果凸显，教风、学风较好；科研反哺教学效果良好。简而言之，食品科学与工程专业办学水平已达到“贵州省普通高等学校本科新设专业合格评估指标（试行）”的评审指标条件。

参考文献

[1] 李宝坤，张建，罗鹏，等. 以工程认证为导向，石河子大学食品科学与工程专业人才培养方案改革实践 [J]. 现代职业教育，2019，(19)：14-15.

[2] 张煌强. 食品类专业师资队伍的教学素养培养策略 [J]. 食品研究与开发，2020，41 (14)：233.

[3] 李瑞丽，姚二民，叶建斌，等. 新工科背景下食品科学与工程 (烟草科学与工程方向) 专业人才培养方案改革研究 [J]. 轻工科技，2020，36 (10)：173-174.

[4] 吴剑英，吴彩斌，杜侦. 从工学获国家级教学成果奖看工科人才培养发展趋势 [J]. 江西理工大学学报，2021，42 (2)：60-65.

[5] 崔文明，张秋会，赵秋艳，等. 基于"食品分析与检验"慕课的线上线下混合型金课建设初探 [J]. 农产品加工，2021，(19)：97-99.

[6] 马立红，林妍梅. 应用型大学教学改革研究项目管理创新与思考——以 U 大学为例 [J]. 北京联合大学学报，2021，35 (4)：6-10.

[7] 洪梦雨，孙颖，张鑫. 2022 版本科专业人才培养方案的优化研究——以食品科学与工程专业为例 [J]. 农产品加工，2022，(1)：81-83+86.

[8] 龙诚，杨智. 应用型地方本科院校教学改革研究项目管理实践探究——以贵州某高校为例 [J]. 科教文汇，2022，(12)：19-21.

[9] 李志红，余森艳，王强，等. 加强食品专业教学实验室管理助力课程思政建设 [J]. 河南农业，2022，(18)：18-19+22.

[10] 傅莉莉. "六卓越一拔尖"背景下工科院校高水平师资队伍建设研究——以江南大学食品学院为例 [J]. 中国轻工教育，2022，25 (5)：

12-18+25.

[11] 李雪，陈娟，夏伟. 基于超星学习通构建《食品营养学》金课的研究 [J]. 云南化工，2022，49 (11)：165-167.

[12] 郭兆斌，陈立业. 转型发展下食品科学与工程专业实验室的建设路径探索 [J]. 食品研究与开发，2023，44 (5)：238.

[13] 张新婷，顾永安，魏署光. 我国高等教育教学改革的现状与反思——基于2022年高等教育（本科）国家级教学成果奖候选项目的实证分析 [J]. 江苏高教，2023，(5)：82-88.

[14] 潘梦妍，汪超，周景文. 高校中试实验室建设与运行管理思考——以江南大学未来食品科学中心中试实验室建设为例 [J]. 广东化工，2023，50 (16)：209-211.

[15] 王乐文，任胜利，张文豪. 河南漯河打造中原食品实验室 建设现代化食品名城 科技赋能食品产业升级 [J]. 中国食品工业，2024，(2)：34-36.

[16] 谢琼. "翻转课堂+PBL"混合教学模式在食品营养与健康课程教学中的探索 [J]. 中国食品，2024，(4)：20-22.

[17] 李升福，邱春江，闻海波，等. 产教融合背景下翻转课堂教学模式在"食品分析"课程中的应用 [J]. 食品工业，2024，45 (4)：274-276.

[18] 教育部关于一流本科课程建设的实施意见 [J]. 中华人民共和国教育部公报，2019，(10)：45-50.

[19] 张建群，申丽静，曹巧巧，等. "食品分析检测"线上线下混合教学模式探索与实践 [J]. 农产品加工，2020 (13)：110-111+114.

[20] 李俊芳，程立坤，张乐道，等. "食品工艺学"课程混合式教学设计与改革 [J]. 农产品加工，2022 (5)：94-96.

[21] 战旭梅，蒋慧亮，王正云，等. "慕课堂"在线上线下混合式教学中的应用——以"食品理化检测技术"为例 [J]. 教育教学论坛，2022 (2)：150-155.

[22] 李光磊，牛生洋，陈春刚，等. 基于智慧教学平台雨课堂的混合式教学模式研究——以"食品分析"课程为例 [J]. 食品工业，2022，43 (4)：274-278.

[23] 崔文明，张秋会，赵秋艳，等．农业院校食品分析与检验课程线上线下混合式教学改革探析［J］．河南农业，2022（12）：25-27.

[24] 杨新秀．开发应用技术大学校本教材的可行性分析［J］．教育现代化，2019（54）：146-148.

[25] 李冬娜．高校校本教材建设的现状分析及思考［J］．教育现代化，2019（63）：168-170.

[26] 夏瑀．元上都历史文化校本教材开发与运用探研［D］．内蒙古师范大学，2017.

[27] 房敏．课程建设视角下应用型本科高校学科专业一体化建设的基本路径研究［J］．云南农业大学学报（社会科学），2019（1）：111-116.

[28] 高文惠，韩俊华，李巧玲．加强食品分析课程建设 深化课程改革［J］．教育教学论坛，2015，52（12）：111-112.

[29] 张沛然．满族历史文化校本课程开发研究［D］．东北师范大学，2019.

[30] 郑成．陕西省新建应用型本科院校课程建设研究［D］．山西师范大学，2018.

[31] 杨建荣，孙承锋，高娜，等．基于OBE理念的食品专业课程融合及教学创新探索——以“食品分析”为例［J］．食品工业，2022，43（1）：255-258.

[32] 国务院办公厅关于深化产教融合的若干意见［J］．教育科学论坛，2018（3）：3-7.

[33] 夏美茹，王飞，雍亚萍，等．以学生为中心的“食品分析实验”课程改革［J］．农产品加工，2021（22）：94-95，100.

[34] 宋立华．基于OBE理念的食品分析课程教学方式实践与探索［J］．高教学刊，2021，7（36）：115-118.

[35] 王俊彤，张爱武，王坤，等．面向应用型人才培养的食品分析与检测课程实践教学的改革与探索［J］．中国食品，2022（6）：128-130.

[36] 吴广辉，毕韬韬．茅台学院食品类专业课程校本教材开发研究［J］．科学咨询（科技·管理），2021（9）：119-120.

[37] 黄现青，乔明武，赵秋艳，等．基于学科引领产教融合新工科

背景下食品专业育人模式探索与实践 [J]. 高教学刊, 2021, 7 (13): 160-164.

[38] 金文, 余莉, 杨昌容. 产教融合视域下“双师型”师资队伍建设研究——以茅台学院为例 [J]. 中国多媒体与网络教学学报 (上旬刊), 2022 (2): 121-124.

[39] 张淑芬. “食品分析”课程思政的思考与实践 [J]. 农产品加工, 2021 (12): 106-108, 111.

[40] 国立东, 张燕丽, 刘晓艳, 等. OBE 理念下“食品分析”课程思政的教学设计与实践 [J]. 食品与发酵科技, 2021, 57 (6): 137-140.

[41] 钱时权, 刁恩杰, 王新风, 等. 浅谈 OBE 背景下应用创新性教学模式的构建与实践——以食品分析课程为例 [J]. 内江科技, 2023, 44 (6): 153-154.

[42] 陈碧, 王小明, 谢济运, 等. 基于混合教学的食品分析应用型人才培养模式改革与实践 [J]. 食品工业, 2019, 40 (11): 254-258.

[43] 董蕾, 韩明, 张挺, 等. 基于产教融合、工学一体的课程开发——以“食品微生物检验技术”课程为例 [J]. 教育现代化, 2020, 7 (29): 173-176.

[44] 米红波, 吕长鑫, 刁小琴, 等. OBE 理念下“食品机械与设备”教学大纲的设计 [J]. 食品工业, 2022, 43 (3): 230-232.

[45] 吴广辉, 毕韬韬, 宋亚, 等. “食品分析”线上线下混合式教学模式研究与实践 [J]. 科技风, 2023 (18): 115-117.

[46] 吴广辉, 毕韬韬, 梁桂娟, 等. 食品分析产教融合课程建设研究 [J]. 创新创业理论研究与实践, 2022, 5 (22): 1-4.

[47] 邵娟娟, 姜宝杰, 王鑫, 等. “食品分析”课程思政教学内容的设计思考[J]. 饮料工业, 2022, 25 (4): 70-73.

[48] 曹慧, 徐斐, 郝丽玲, 等. 新时代视角下“食品分析”课程思政教育的改革初探 [J]. 食品工业, 2023, 44 (9): 161-163.

[49] 崔丽伟, 常惟丹, 任聪, 等. “食品分析”线上线下混合式教学改革的措施与成效 [J]. 食品工业, 2023, 44 (8): 179-182.

[50] 毕韬韬, 吴广辉, 刘莉, 等. “大思政”背景下课程思政元素在

"食品工艺学"课程中的实践教学研究［J］. 粮食加工，2024，49（1）：113-117.

［51］毕韬韬，吴广辉，张倩，等. "食品感官评定"产教融合课程建设与实践研究［J］. 创新创业理论研究与实践，2022，5（16）：17-19+59.

［52］王愈，狄建兵，刘亚平. 工程教育认证背景下食品科学与工程专业改革探究——以山西农业大学为例［J］. 农产品加工，2022，（21）：117-120.

［53］刘醒省. 工程教育专业认证背景下毕业要求达成度评价研究［D］. 华东师范大学，2022.

［54］潘磊庆，宋菲，董洋，等. 新工科背景下食品质量与安全专业课程体系改革研究［J］. 高等农业教育，2021，（5）：96-100.

［55］李鹏，王凤舞，郭丽萍，等. 工程教育专业认证背景下食品科学与工程专业课程体系构建——以青岛农业大学食品科学与工程专业为例［J］. 安徽农业科学，2021，49（19）：278-282.

［56］李明. 基于工程教育专业认证的应用型人才培养研究与实践——以食品科学与工程专业为例［J］. 通化师范学院学报，2021，42（2）：138-144.

［57］省教育厅关于印发贵州省学士学位授权与授予审核管理办法（试行）的通知［J］. 贵州省人民政府公报，2020，（5）：40-59.

［58］钟芳. 产教融合背景下应用型大学学科建设的路径研究［D］. 武汉理工大学，2020.

［59］李光辉，肖付刚，张永清，等. 基于OBE理念的食品分析课程教学改革［J］. 广州化工，2019，47（14）：167-169.

［60］赵晓兵，赵光. 产教融合导向下应用型高校课程建设规划的思考［J］. 保定学院学报，2019，32（3）：113-118.

［61］李俊杰. 应用型本科专业课程标准建设研究［D］. 云南民族大学，2019.

［62］黄元英. 产教融合2.0时代地方高校的课程建设［J］. 商洛学院学报，2018，32（2）：37-40.

［63］教育部高等学校教学指导委员会. 普通高等学校本科专业类教学质量国家标准［M］. 北京：高等教育出版社，2018.

附录　食品科学与工程专业国家质量标准

1. 概 述

食品科学与工程专业是教育部《普通高等学校本科专业目录（2012年)》食品科学与工程类下属专业，是高等学校根据国家或地区科技、经济和社会发展对本科食品科学与工程人才培养的需要而提出，并经过教育部审核批准而设置的专业类别。本科食品科学与工程专业依托食品科学与工程学科开展人才培养，培养学生掌握食品科学与工程的基本理论、基本知识和技能，可从事同食品科学与工程研究领域或同生产行业相关的工作。

“民以食为天。”随着世界人口的增长、经济社会的发展和生存环境的改变，人类对食品供给、营养、健康、安全、美味、方便的关注度不断提高。食品消费水平在现代社会已成为经济发展、文明程度提高的主要标志。从世界范围看，目前食品产业已经成为世界上的第一大产业。食品消费是人生存权的最根本保障，食品产业的发展直接关系人民生活、社会稳定和国家发展。近几十年来，特别是进入新世纪以来，食品产业已成为我国三大支柱产业之一，在国民经济中的地位和作用日益显著，并且成为国民经济快速发展的重要增长点。食品在发展我国经济、保障人们健康、改善生活水平方面发挥着越来越重要的作用。随着我国工业化建设、城镇化建设的不断发展以及消费市场的日益扩大，食品产业的发展潜力巨大，对食品科学与工程的人才需求将会不断增加。

本专业的主干学科是食品科学与工程一级学科，涵盖食品科学、粮食油脂及植物蛋白工程、农产品加工及贮藏工程和水产品加工及贮藏工程4个二级学科。它是一门将化学、生物学、物理学、营养学、工程学等学科知识在食品科学中综合应用的多学科交叉学科，主要研究食品成分的组成、性质和在加工贮藏过程中的变化，以及加工对食品品质的影响；开发和创造满足消费者对食品营养、健康、美味、安全、方便等需求的新型食品；将高新技术应用于食品工业化制造。相关学科涉及农学、轻工技术与工程、公共卫生与预防医学。

食品科学与工程专业具有理工结合的特点，覆盖食品科学研究与产品开发、工程设计与生产技术管理等方面的基本理论和基本实验方法；涉及产业面广，包括食品原料生产、加工、流通、销售、服务等在内的第一、第二和第三产业；毕业生可在食品行业或与食品相关的医药、化工、环境、材料等行业开展工作，就业面广、量大，适合于创新创业。

2. 适用专业范围

2.1 专业类代码

食品科学与工程类（0827）

2.2 本标准适用的专业

食品科学与工程（082701）

3. 培养目标

3.1 专业培养目标

食品科学与工程专业培养具有高度的社会责任感，良好的科学、文化素养，较好地掌握食品科学与工程基础知识、基本理论和基本技能，具有创新意识和实践能力，能够在食品科学与工程及相关领域从事生产营销管理、技术开发、科学研究、教育教学等工作的人才。

3.2 学校制定专业培养目标的要求

各高校应根据上述培养目标和自身办学定位，结合各自专业基础和学科特色，在对行业和区域特点以及学生未来发展需求进行充分调研与分析的基础上，以适应国家和社会发展对多样化人才培养需要为目标，细化人才培养目标的内涵，准确定位本专业的人才培养目标。

各高校还应根据科技、经济和社会持续发展的需要，对人才培养质量与培养目标的吻合度进行定期评估，建立适时调整专业发展定位和人才培养目标的有效机制。

4. 培养规格

4.1 学制

4年。

4.2 授予学位

工学或农学学士。

4.3 参考总学时或学分

食品科学与工程专业参考总学分为140~180学分。其中必修课程、专业选修课程、其他选修课程（包括全校公共选修课程）的学分比例和设置，应符合教育部对工科专业人才培养通用标准的基本要求，各高校可根据具体情况做适当调整。

4.4 人才培养基本要求

4.4.1 思想政治和德育

按照教育部统一要求执行。

4.4.2 业务知识与能力

（1）系统掌握食品科学与工程的基础理论、专业知识和基本技能；了解本专业发展历史、学科前沿和发展趋势；认识本专业在经济社会发展中的重要地位与作用。

(2) 掌握本专业所需的数学、物理学、化学、生物学等自然科学的基本知识以及与工程领域工作相关的经济和管理基本知识。

(3) 掌握食品科学与工程研究的基本方法和手段，具备发现、提出、分析和解决问题的初步能力。

(4) 具有较好的安全意识、环保意识和可持续发展理念以及相应的工程实践学习经历。

(5) 掌握必要的计算机与信息技术，能够获取、加工和应用食品科学与工程及相关学科的信息。

(6) 具有一定的创新创业意识和实践能力。

(7) 具有国际视野和跨文化交流、竞争与合作能力。

(8) 具有较强的学习、表达、交流和协调能力及团队合作精神；初步具备自主学习、自我发展的能力，能够适应科学和经济社会发展。

各高校应根据自身的定位和人才培养目标，结合学科特点、行业和区域特色以及学生发展的需要，在上述业务要求的基础上，强化或者增加某些方面的知识、能力和素质要求，形成人才培养特色。

4.4.3 体育方面

掌握体育运动的一般知识和基本方法，形成良好的体育锻炼和卫生习惯，达到国家规定的大学生体育锻炼合格标准。

5. 师资队伍

5.1 师资队伍数量和结构要求

各高校食品科学与工程专业应当建立一支规模适当、结构合理、相对稳定、水平较高的师资队伍。

专任教师数量和结构满足本专业教学需要，生师比不高于 18∶1；新开办专业至少应有 10 名专任全职教师，在 120 名学生基础上，每增加 20 名学生，须增加 1 名教师。每 1.5 万实验教学人时数，至少配备 1 名实验技术人员。

教师队伍中应有学术造诣较高的学科或者专业带头人。专任教师中具有硕士、博士学位的比例不低于60%（不含在读），所有专任全职教师必须取得教师资格证书。在编的主讲教师中90%以上应具有讲师及以上专业技术职务或具有硕士、博士学位，并通过岗前培训；60%专任教师应有食品科学与工程及相关专业的学习经历；从事工程教学（含实验教学）工作的教师80%以上应有不少于3个月的工程实践（包括指导实习、与企业合作项目、企业工作等）经历；兼职教师人数不超过专任全职教师总数的1/4。35岁以下专任教师必须具有硕士及以上学位，35岁以下实验技术人员应具有相关专业本科及以上学历。

实验教学中每位教师同时指导学生人数不超过20人。每位教师指导学生毕业设计（论文）的人数原则上每届不超过6人。

5.2 教师背景和水平要求

（1）具有食品科学与工程或相关学科的教育背景，系统、扎实掌握食品科学与工程及相关学科的基本知识、基本理论和基本技能，能够熟练开展课程教学。

（2）认真完成教学任务，忠实履行教书育人职责。

（3）具有先进教育教学理念，掌握现代教学技术，积极改进教学方法，注重教学效果；能够根据人才培养目标、课程教学内容和学生的实际情况，合理设计教学过程，因材施教。

（4）能够指导学生课外学术和实践活动，培养学生的创新意识和实践能力；关心学生成长，能够对学生的学业与职业生涯规划提供必要指导。

（5）积极从事教学研究、教学改革和教学建设，不断提高教学水平。

（6）积极从事科学研究、技术开发和工程实践，及时了解和掌握食品科学与工程及相关学科研究、开发和应用的最新进展，不断提高学术水平，更新教学内容，用科研促进教学。

5.3 教师发展环境

（1）具有基层教学组织，能够组织集体备课和教学研讨活动。

（2）具有青年教师岗前培训制度、助教制度和任课试讲制度。

（3）具有教师发展机制，能够开展教育理念、教学方法和教学技术培训及专业培训，不断提高教师专业水平和教学能力。

6. 教学条件

6.1 教学设施要求

6.1.1 基本办学条件

教室、实验室及设备在数量和功能上满足教学需要。有良好的管理、维护和更新机制，使学生能够方便地使用。食品科学与工程专业的基本办学条件参照教育部相关规定执行。

6.1.2 食品科学与工程教学实验室

（1）实验设备完好、充足，在数量和功能上满足教学需要；实验时生均使用面积不小于2.5平方米。

（2）照明、通风设施良好，水、电、气管道及网络走线等布局安全、合理，符合国家规范；实验台应耐化学腐蚀，并具有防水和阻燃性能。

（3）实验室消防安全符合国家标准。应设置疏散通道并配备灭火设备、防护眼罩，装配喷淋器和洗眼器，具有应急处理预案。

（4）具有符合环保要求的三废收集和处理措施。

（5）化学品的购置、存放和管理符合国家有关规定。

6.1.3 食品科学与工程教学实验仪器

（1）基础教学实验仪器

可满足化学、物理学、生物学等基础教学实验的需要。

（2）专业教学实验仪器

可满足食品工程（或化学工程）单元操作、食品分析、食品微生物、食品工艺专业课程教学的需要。

（3）主要实验仪器

常用仪器与设备如常用玻璃仪器、小型仪器与台式加工设备；中型仪器与设备如紫外-可见分光光度计、红外光谱仪、原子吸收光谱仪、气相色谱仪、高效液相色谱仪、离心机、均质机、高压灭菌釜、旋转蒸发仪、冷冻干燥器、发酵罐等；大型仪器与设备（至少 2 种）如电子显微镜、核磁共振谱仪、色谱-质谱联用仪、物性分析仪、流变仪、质构仪、喷雾干燥机等。

（4）台套数要求

基础实验常用玻璃仪器应满足至少每 2 人 1 套的需要；综合实验、仪器实验与工艺实验的台套数满足每组实验不超过 6 人的需要。

6.1.4 实践基地

必须有满足教学需要、相对稳定的实习基地。应根据学科特色和学生的就业去向，与食品工厂、企业、公司以及相关科研院所加强合作，建立具有特色的实践基地，满足本专业人才培养的需要。

6.2 信息资源要求

6.2.1 基本信息资源

通过手册或者网站等形式，提供本专业的培养方案，各课程的教学大纲、教学要求、考核要求，毕业审核要求等基本教学信息。

6.2.2 教材及参考书

推荐教材和必要的数学参考资料。专业基础课程中 2/3 以上的课程应采用正式出版的教材，其余专业基础课程、专业必修课程和专业选修课程如无正式出版教材，应提供符合教学大纲的课程讲义。

6.2.3 图书信息资源

根据专业建设、课程建设和学科发展的需要，加强图书馆服务设施建设。注重制度建设和规范管理，保证图书资料购置经费的投入，使之更好地为教学、科研工作服务。图书资料包括文字、光盘、声像等各种载体的中、外文文献资料。

具有一定数量、种类齐全的专业相关图书资料（含电子图书）和国内外常用数据库（如中国知网，IEEE 工程和 EI 工程索引库等）及检索这些信息资源的工具并提供使用指导，满足教学和科研工作需要。

充分利用计算机网络，加强图书馆的信息化建设。具有基于计算机网络的完善的图书流通、书刊阅览、电子阅览、参考咨询、视听资料、文献复制等服务体系。能够方便学生学习网络课程与精品共享资源课程，并建设专业基础课、专业必修课课程网站，提供一定数量的网络教学资源。满足学生的学习以及教师的日常教学和科研所需。

信息资源管理规范，共享程度高。

6.3 教学经费要求

6.3.1 生均年教学运行费

教学经费有保障，总量能满足教学需要，且应随着教育事业经费的增长而稳步增长。教学经费投入较好地满足人才培养需要，专业生均年教学日常运行支出达到普通高校本科教学工作评估指标的合格数值。

6.3.2 新增教学科研仪器设备总值

平均每年新增教学科研仪器设备值不低于设备总值的10%。凡教学科研仪器设备总值超过500万元的专业，平均每年新增教学科研仪器设备值不低于50万元。

6.3.3 新专业开办的仪器设备价值

新开办的食品科学与工程专业，教学科研仪器设备总值（计算方法见附录2）不低于300万元，且生均教学科研仪器设备值不低于5000元。

6.3.4 仪器设备维护费用

专业年均仪器设备维护费不低于仪器设备总值的1%，或总额超过10万元。

7. 质量保障体系

各高校应在学校和学院相关规章制度、质量监控体制机制建设的基础上，结合专业特点，建立专业教学质量监控和学生发展跟踪机制。

7.1 教学过程质量监控机制要求

各高校应对主要教学环节（包括理论课、实验室课等）建立质量监控机制，使主要教学环节的实施过程处于有效监控状态；各主要教学环节应有明确的质量要求；应建立对课程体系设置和主要教学环节教学质量的定期评价机制，评价时应重视学生与校内外专家的意见。

7.2 毕业生跟踪反馈机制要求

各高校应建立毕业生跟踪反馈机制，及时掌握毕业生就业去向和就业质量、毕业生职业满意度和工作成就感、用人单位对毕业生的满意度等；应采用科学的方法对毕业生跟踪反馈信息进行统计分析，并形成分析报告，作为质量改进的主要依据。

7.3 专业的持续改进机制要求

各高校应建立持续改进机制，针对教学质量存在的问题和薄弱环节，采取有效地纠正与预防措施，进行持续改进，不断提升教学质量。

附录-1　食品科学与工程专业知识体系和课程体系建议

1. 专业知识体系

1.1 知识体系

1.1.1 通识类知识

必须包含的知识领域：思想政治理论课程、外语、体育、机械基础、工程基础、计算机与信息技术、经济与管理等。

除国家规定的教学内容外，人文社会科学、外语、计算机与信息技术、体育、艺术等内容由各高校根据办学定位与人才培养目标确定。

1.1.2 学科基础知识

必须包含的知识领域：主要包括数学、物理学和化学，以及生物化学、食品微生物学、食品营养学，在讲授相应专业基本知识领域和专业方向知识时，应讲授相关的专业发展历史和现状。

数学、物理学、化学的教学内容应不低于教育部相关课程教学指导委员会制定的基本要求。各高校可根据自身人才培养定位提高数学、物理学（含实验）和化学（含实验）的教学要求，以加强学生的数学、物理学和化学基础。

1.1.3 专业知识

（1）核心知识领域

食品化学和分析：食品组分的结构和性质，包括水分、碳水化合物、蛋白质、脂类、其他营养素和食品添加剂；加工、贮藏和使用过程中发生的化学变化；食品和食品成分的定性与定量；物理、化学、生物分析的原理、方法和技术。

食品安全和微生物：食品中的致病性和腐败性微生物；食品体系中的有益微生物；食品体系对微生物生长和生存的影响；微生物的利用与控制。

食品加工和工程：食品原料的特征；食品保藏加工原理与技术，包括低温和高温过程、水分活度、物理和化学因素保藏理论等；食品加工技术，如干燥、冷冻、杀菌、发酵等；工程原理，包括质量和能量平衡、热动力学、流体流动、传热和传质；包装材料和方法；食品机械与设备；食品工厂设计；清洁卫生；水和废物处理。

应用食品科学：食品科学原理的集成与应用（食品化学、微生物学、工程/加工等）；计算机技术；统计技术；质量保证；利用统计方法评定食品感官性质的分析和表达方法；食品科学的当前问题；食品法律法规。

成功技能：成功技能是指终身学习能力、批判思维能力和交流技能（如口语交流和书面表达、听、采访、展示等）。成功技能的培养必须在低年级课程中介绍，但尽可能在高年级课程中实践。

（2）理论教学基本内容

食品生物化学：生物体的有关物质组成、结构、性质和生物体内的化学变化、能量改变以及生物体内主要物质的代谢途径，生命新陈代谢过程的分子机理，遗传信息传递的分子过程；掌握蛋白质、核酸、酶、糖类、脂类的主要分析和分离方法。

食品化学：食品中主要成分的组成、理化性质及其在加工贮藏中的变化，食品风味成分及食品中有害成分，化学、食品添加剂等。

食品微生物学：微生物的形态、结构、类群、鉴定，微生物的生命活动规律、新陈代谢、遗传变异、传染与免疫，对微生物引起的环境污染、食品污染与病害发生及微生物活动的控制等。

食品工程原理：食品工业生产中传递过程与单元操作的基本原理、常用设备及过程的计算方法，包括流体流动、流体输送机械、机械分离与固体流态化、传热、蒸发、蒸馏、传质设备简介、干燥、结晶与膜分离等。

食品工艺学：食品干燥、冷冻、热杀菌、腌制发酵、辐照、化学保藏原理，食品加工工艺以及对食品质量的影响；原料加工特性与产品质量控制。

食品营养学：各类营养素的功能、营养价值、能量平衡、营养与膳食、不同生理状况的营养要求；合理营养的基本要求及功能性食品等。

食品机械与设备：食品分选机械，食品原料的清理与清洗机械，食品输送机械与设备，食品粉碎、搅拌、混合及均质机械，蒸发浓缩设备，干燥及热处理机械与设备，食品杀菌设备等。

食品分析：化学分析、仪器分析等方法的原理，食品中各种成分的分析测定等。

食品工厂设计：食品工厂工艺设计、工艺计算、设备选型，公用工程，辅助部门与卫生环保，工业建筑，安全生产，企业组织，技术经济分析等。

食品安全性：动植物内源性天然有害物质，食品的腐败变质，微生物毒素的污染，环境有害物的污染，包装材料和容器中有害物的污染，转基因食品的安全性，危害分析与关键控制点体系等。

（3）实验教学基本内容

食品工艺实验：罐藏食品、果蔬制品、乳制品和大豆制品、肉和蛋制品、水产制品、软饮料、糖果和巧克力、粮油制品的工艺制作；食品产品开发与设计；至少选择 4 类制品实验。

食品分析实验：水分、灰分和矿物质的测定，脂类、碳水化合物、蛋白质的测定，微量元素及添加剂的测定等实验；至少选择 4 个实验。

此处只列出了食品工艺实验和食品分析实验教学的基本内容，建议有条件的高校加强实践教学，还可开设食品化学或生化实验、食品微生物实验以及专业综合实验。

鼓励各高校在完成基本内容的前提下，传授学科的基本研究思路和研究方法，引入基础和应用研究的新成果；根据学科、行业、地域特色及学生就业和未来发展的需要，介绍化学工程、生命科学、材料科学、能源科学、环境科学、药学、医学等相关学科的知识及相关实验仪器设备和实验技能，以拓展学生的知识面，开阔学生的视野，构建更加合理和多样化的知识结构，形成自身的特色和优势。

1.2 主要实践性教学环节

具有满足教学需要的完备实践教学体系，主要包括实验课程、课程设计、实习与实践、毕业设计（论文）及科技创新等多种形式的实验实践活动。

(1) 实验课程：在无机及分析化学、有机化学、物理化学、食工原理、微生物学、食品工艺学、食品分析、食品化学等学科基础课程和专业核心课程中必须包括一定数量的实验。

(2) 课程设计：至少完成机械基础、食工原理 2 个有一定规模的课程设计。

(3) 实习与实践：进行必要的工程技术训练，如金工实习、生产实习、专业综合实验、工程实训等。

(4) 毕业设计（论文）（含毕业实习）：制定与毕业设计（论文）要求相适应的标准和检查保障机制，对选题、内容、学生指导、答辩等提出明确要求，保证课题的工作量和难度，并给学生有效指导。选题应符合本专业培养目标要求，一般应结合本专业的工程实际问题，有明确的应用背景，培养学生的工程意识、协作精神以及综合应用所学知识解决实际问题的能力。

2. 专业课程体系

2.1 课程体系构建原则

课程体系是人才培养模式的载体，课程体系构建是高等学校的办学自主权，也是体现学校办学特色的基础。各高校结合各自的人才培养目标和培养规格，依据学生知识、素质、能力的形成规律和学科的内在逻辑顺序，构建体现学科优势或者地域特色，能够满足学生未来多样化发展需要的课程体系。四年制食品科学与工程专业，可参照以下要求进行构建。

2.1.1 理论课程要求

食品科学与工程专业课程为1300~1700学时，其中选修课程约300学时。课程的具体名称、教学内容、教学要求及相应的学时、学分等教学安排，由各高校自主确定，同时设置体现学校、地域或者行业特色的相关选修课程。

2.1.2 实践课程要求

实习与实践类课程在总学分中所占的比例不低于25%，实验教学不少于450学时，应加强实验室安全意识和安全防护技能教育，注重培养学生的创新意识和实践能力。

应构建专业基础实验—专业综合性实验—专业研究性实验的多层次实验教学体系，其中综合性实验和研究性实验的学时不低于总实验学时的20%。专业基础实验至少2人1组，综合实验、大型实验每组不超过6人，除需多人合作完成的内容外，学生应独立完成规定内容的操作。

除完成实验教学基本内容外，应建设特色实验或者特色实验项目，满足特色人才培养的需要。

应根据人才培养目标，构建完整的实习（实训）、创新训练体系，确定相关内容和要求，多途径、多形式完成相关教学内容。食品工程方面应当提高实习的教学要求，加强工程训练的教学与实习，提高毕业设计（论文）要求，以增强学生工程能力。

欲获得食品科学与工程专业学士学位的学生，须通过毕业设计（论文）或者完成大学生创新实验计划项目等，形成从事科学研究工作或担负专门技术工作的初步能力。毕业设计（论文）应安排在第四学年，原则上为1个学期。

2.2 核心课程体系（括号内为建议学时数）

示例一

生物化学（56）、微生物学（48）、食品化学（40）、食品工程原理（96）、食品工艺学（40）、食品机械与设备（32）、食品工厂设计（32）、食品营养学（24）、食品安全学（48）、食品分析（32）、食品分析实验（32）、食品工艺学实验（32）。

示例二

食品生物化学（56）、食品微生物学（48）、食品化学（40）、化工原理（96）、食品工艺学（40）、食品工厂机械与设备（32）、食品工厂设计（32）、食品营养学（24）、食品安全学（48）、食品分析（32）、食品分析实验（32）、食品工艺学实验（32）。

示例三

食品生物化学（56）、微生物学（48）、食品化学（40）、食品工程原理（96）、食品技术原理（40）食品工厂机械与设备（32）、食品工厂设计（32）、食品营养与卫生学（24）、食品安全学（48）、食品分析（32）、食品分析实验（32）、食品工艺学实验（32）。

各核心课程的名称、学分、学时和教学要求以及课程顺序等由各高校自主确定，本标准不做统一要求。

3. 人才培养多样化建议

各高校应依据自身办学定位和人才培养目标，以适应社会对多样化人才培养的需要和满足学生继续深造与就业的不同需求为导向，积极探索研究型、应用型、复合型人才培养，或根据不同食品行业或食品产业链不同环节对人才的需求，培养专门化食品人才；实行建立多样化的人才培养模式和与之相适应的课程体系和教学内容、教学方法，设计优势特色课程，提高选修课程比例，由学生根据个人兴趣和发展进行选修。

附录-2　有关名词释义和数据计算方法

1. 名词释义

(1) 专任教师

是指承担食品科学与工程学科基础知识和专业知识教学任务的教师。为食品科学与工程类专业承担数学、物理学、化学、计算机与信息技术、思想政治理论、外语、体育、通识教育等课程教学的教师，及为学校其他专业开设食品公共课的教师和担任专职行政工作（如辅导员、党政工作）的教师不计算在内。如果有兼职教师，计算教师总数时，每2名兼职教师折算成1名专任全职教师。

(2) 主讲教师

是指每学年给本科生主讲课程的教师，给其他层次的学生授课或者指导毕业设计（论文）、实践等的教师不计算在内。

(3) 专业综合性实验

是指实验内容跨2个以上一级学科，或者至少涉及2个以上食品二级学科，能够将多个食品科学原理和实验方法复合在一个实验中，形成比较系统、复杂的实验操作过程，从而提高学生综合利用各类仪器和操作方法，解决比较复杂的食品科学与工程实验问题的能力。

(4) 专业研究性实验

是指由学生自己提出问题，确定实验原理，设计实验过程，完成实验操作，分析实验结果，撰写实验报告，体现科学研究基本过程与规律的实验。

研究性实验不同于创新性实验，应避免用简单的科研操作代替研究性实验教学的误区。应对经典实验教学内容进行系统化改造，改变照方抓药式的实验教学模式，按照研究过程设计实验教学过程，培养学生的科研素质和实践能力。

2. 数据计算方法

（1）折合在校生数

折合在校生数=普通本、专科（高职）生数+硕士生数×1.5+博士生数×2+留学生数×3+预科生数+进修生数+成人脱产班学生数+夜大（业余）学生数×0.3+函授生数×0.1。

（2）图书资料计算方法

本标准所指的图书资料特指化学类和化工类及相关学科的专业图书，包括院系资料室和学校图书馆的馆藏。

（3）教学科研仪器设备总值计算方法

只计算单价在800元及以上的仪器设备。

（4）学时与学分的对应关系

理论课教学通常每16~18学时计1学分。实验课教学通常每32~36学时计1学分。学时和学分的对应关系由各高校自主确定，本标准不做硬性规定。